T0245437

CAMBRIDGE LIBRARY COLLECTION

Books of enduring scholarly value

Botany and Horticulture

Until the nineteenth century, the investigation of natural phenomena, plants and animals was considered either the preserve of elite scholars or a pastime for the leisured upper classes. As increasing academic rigour and systematisation was brought to the study of 'natural history', its subdisciplines were adopted into university curricula, and learned societies (such as the Royal Horticultural Society, founded in 1804) were established to support research in these areas. A related development was strong enthusiasm for exotic garden plants, which resulted in plant collecting expeditions to every corner of the globe, sometimes with tragic consequences. This series includes accounts of some of those expeditions, detailed reference works on the flora of different regions, and practical advice for amateur and professional gardeners.

Catalogus bibliothecæ historico-naturalis Josephi Banks

Following his stint as the naturalist aboard the *Endeavour* on James Cook's pioneering voyage, Sir Joseph Banks (1743–1820) became a pre-eminent member of the scientific community in London. President of the Royal Society from 1778, and a friend and adviser to George III, Banks significantly strengthened the bonds between the practitioners and patrons of science. Between 1796 and 1800, the Swedish botanist and librarian Jonas Dryander (1748–1810) published this five-volume work recording the contents of Banks's extensive library. The catalogue was praised by many, including the distinguished botanist Sir James Edward Smith, who wrote that 'a work so ingenious in design and so perfect in execution can scarcely be produced in any science'. Volume 4 (1799) lists books pertaining to geology and mineralogy, including works on the medical and economic applications of minerals and metals.

Cambridge University Press has long been a pioneer in the reissuing of out-of-print titles from its own backlist, producing digital reprints of books that are still sought after by scholars and students but could not be reprinted economically using traditional technology. The Cambridge Library Collection extends this activity to a wider range of books which are still of importance to researchers and professionals, either for the source material they contain, or as landmarks in the history of their academic discipline.

Drawing from the world-renowned collections in the Cambridge University Library and other partner libraries, and guided by the advice of experts in each subject area, Cambridge University Press is using state-of-the-art scanning machines in its own Printing House to capture the content of each book selected for inclusion. The files are processed to give a consistently clear, crisp image, and the books finished to the high quality standard for which the Press is recognised around the world. The latest print-on-demand technology ensures that the books will remain available indefinitely, and that orders for single or multiple copies can quickly be supplied.

The Cambridge Library Collection brings back to life books of enduring scholarly value (including out-of-copyright works originally issued by other publishers) across a wide range of disciplines in the humanities and social sciences and in science and technology.

Catalogus bibliothecæ historico-naturalis Josephi Banks

Volume 4:

Mineralogi

Jonas Dryander

CAMBRIDGE
UNIVERSITY PRESS

University Printing House, Cambridge, CB2 8BS, United Kingdom

Published in the United States of America by Cambridge University Press, New York

Cambridge University Press is part of the University of Cambridge.
It furthers the University's mission by disseminating knowledge in the pursuit of education, learning and research at the highest international levels of excellence.

www.cambridge.org
Information on this title: www.cambridge.org/9781108069533

This edition first published 1799
This digitally printed version 2014

ISBN 978-1-108-06953-3 Paperback

CATALOGUS
BIBLIOTHECÆ
HISTORICO-NATURALIS
JOSEPHI BANKS

REGI A CONSILIIS INTIMIS,

BARONETI, BALNEI EQUITIS,

REGIÆ SOCIETATIS PRÆSIDIS, CÆT.

AUCTORE

JONA DRYANDER, A. M.

REGIÆ SOCIETATIS BIBLIOTHECARIO.

TOMUS IV.

MINERALOGI.

LONDINI:

TYPIS GUL. BULMER ET SOC.

1799.

ELENCHUS SECTIONUM.

Numerus prior Sectionem, posterior Paginam indicat.

PARS II. PHYSICA ET GEOLOGICA.

PARS III. MEDICA.

PARS IV. ŒCONOMICA.

1. *Historia Mineralogiæ.*

Johannes Gotschalk WALLERIUS.

Brevis introductio in historiam litterariam mineralogicam. Holmiæ, 1779. 8.

Novus titulus præfixus sequenti libro:

Lucubrationum academicarum specimen 1. de systematibus mineralogicis, et systemate mineralogico rite condendo.

Pagg. 158. Holmiæ, 1768. 8.

Supplementa. (impressa 1779, cum superiori titulo.) Pag. 159—194.

Gustav VON ENGESTRÖM.

Tal om mineralogiens hinder och framsteg i senare åren. Pagg. 26. Stockholm, 1774. 8.

Petrus Adrianus GADD.

Indicia mineralogiæ in *Fennia* sub gentilismo. Resp. Car. Rob. Giers. Pagg. 14. Aboæ, 1767. 4.

Indicia mineralogiæ Fennicæ, ab ortu christianismi ad jacta fundamenta Academiæ Aboensis. Resp. Dan. Hirn. Pagg. 12. ib. 1767. 4.

2. *Bibliothecæ Mineralogicæ.*

Jacob LEUPOLD.

Prodromus bibliothecæ metallicæ, oder verzeichnis der meisten schriften, so von dingen, die ad regnum minerale gezehlet werden, handeln.

Plagg. 2½. Leipzig. 8.

Continuatio 1. Plag. ½.

——— fortgesezt und vermehrt von Fr. Ern. Brückmann. Pagg. 157. Wolffenbuttel, 1732. 8.

Antoine Joseph Desallier D'ARGENVILLE.

Des principaux auteurs qui ont traité de la Lithologie et de la Conchyliologie. dans sa Lithologie et Conchyliologie, ed. de 1742. p. 6—35.

———: Analyse et notice critique des ouvrages qui traitent de la Lithologie et de la Conchyliologie. dans son Oryctologie, ed. de 1755. p. 1—36.

Johann Georg KRÜNIZ.

Verzeichniss der vornehmsten schriften von der sündfluth, der naturgeschichte der berge überhaupt, den seegeschöpfen und versteinerten körpern auf den bergen, und dem Blocksberge insonderheit.
Neu. Hamburg. Magazin, 55 Stück, p. 23—71.

Johann Friedrich GMELIN.

Eintheilung des mineralreichs von verschiedenen schriftstellern, nebst einem verzeichnisse aller mineralogischen schriften. in ejus Vollständiges natursystem des Mineralreichs (vide Tom. 1. p. 191.) 1 Theil, p. 83—306.

Carl Friedrich Wilhelm SCHALL.

Anleitung zur kenntniss der besten bücher in der mineralogie und physikalischen erdbeschreibung.
Zweyte vermehrte ausgabe.
Pagg. 286. Weimar, 1789. 8.

Franz Ambros REUSS.

Mineralogische schriftsteller von *Böhmen.*
in ejus Mineralogische geographie von Böhmen, 1 Band, Einleitung, p. i—xiv.

3. *Lexica Mineralogica.*

Sir John PETTUS.

Essays on metallick words, alphabetically composed. in his Fleta minor. Pagg. 133. London, 1683. fol.

Joannes Jacobus SCHEUCHZER.

Lexici mineralogici specimen. (Ab—Acha)
Act. Eruditor. Lips. Suppl. Tom. 6. p. 178—191.
Sciagraphia lithologica curiosa, seu lapidum figuratorum nomenclator, auctus et illustratus a Jac. Th. Klein.
Pagg. 77. tab. ænea 1. Gedani, 1740. 4.

William HOOSON.

The miners dictionary.
Plagg. dimidiæ 28. Wrexham, 1747. 8.

Elie BERTRAND.

Dictionnaire universel des fossiles propres, et des fossiles accidentels. La Haye, 1763. 8.
Tome 1. pagg. 284. Tome 2. pagg. 256.

Johann Samuel SCHRÖTER.

Lithologisches real-und verballexikon.

1 Band. A—D. pagg. 420.
Frankfurt am Mayn, 1779. 8.
2 Band. E—H. pagg. 424.
3 Band. I—L. pagg. 436. 1780.
4 Band. M—On. pagg. 368. 1781.
5 Band. Oo—Ra. pagg 396. 1782.
6 Band. Re—Se. pagg. 381. 1784.
7 Band. Si—Topa. pagg. 401. 1785.
8 Band. Topf—Z. pagg. 435. 1788.

Sven RINMAN.
Bergverks lexicon.
1 Delen. pagg. 1096. Stockholm, 1788. 4.
2 Delen. pagg. 1248. tabb. æneæ 34. 1789.

4. *Methodus studii Mineralogici, et Elementa Mineralogica.*

Francis BACON, *Lord Verulam, Viscount St. Alban.*
Articles of enquiry, touching metals and minerals; printed with the 9th edition of his Sylva sylvarum; p. 219—227.

Urban HIÄRNE.
Een kort anledning till åtskillige malm- och bergarters, mineraliers wäxters, och jordeslags, sampt flere sällsamme tings effterspöriande och angifvande.
Plagg. 3. Stockholm, 1694. 4.
——— Brückmann's Unterirdisch. schaz-cammer, 1 Suppl. p. 45—64.

Daniel TILAS.
En bergsmans rön och försök i mineral riket.
Pagg 36. Åbo, 1738. 8.
———: Phænomena et experimenta, quæ in minerali regno perquirenda dedit monticolis; latine per Eberh. Rosén.
Act. Liter. et Scient. Sveciæ, 1739. p. 518—539.

Axel Fredric CRONSTEDT.
Tal om medel til mineralogiens vidare förkofran.
Pagg. 16. Stockholm, 1754. 8.

Pebr KALM.
Några kännemärken til nyttiga mineraliers eller jord-och bärgarters upfinnande. Resp. Er. Hægglund
Pagg. 24. Åbo, 1756. 4.

Pebr Adrian GADD.
Anledningar, at til Finska mineral historiens upkomst, rätt

kunna känna och pröfva jordarter. Resp. Sal. Savenius.
Pagg. 22. Åbo, 1767. 4.

Gustav von Engeström.
Description and use of a mineralogical pocket laboratory, and especially the use of the blow-pipe in mineralogy. printed with his translation of Cronstedt's Mineralogy; p. 273—318. London, 1772. 8.

John Reinhold Forster.
An easy method of assaying and classing mineral substances. London, 1772. 8.
Pagg. 28; præter experimenta Scheelii de fluore spathoso, de quibus infra.

Deodat Dolomieu.
Exposé de la nouvelle methode adoptée par lui pour la description des mineraux.
Magazin encyclopédique, Tome 1. p. 35—38.

5. *Characteres Mineralium externi.*

Joannes Carolus Gehler.
De characteribus fossilium externis Dissertatio, Resp. Chr. Frid. Kadelbach.
Pagg. 36. tab. ænea 1. Lipsiæ, 1757. 4.
——— Ludwig. Delect. Opusc. Vol. 1. p. 491—534.
Programma: Fossilium physiognomiæ Specimen 1.
Pagg. 12. ib. 1786. 4.
——— Ludwig. Delect. Opusc. Vol. 1. p. 535—546.

Abraham Gottlob Werner.
Von den äusserlichen kennzeichen der fossilien.
Pagg. 302. Leipzig, 1774. 8.
———: Traité des caracteres exterieurs des fossiles.
Pagg. 350. Dijon, 1790. 12.

Jean Baptiste Louis de Rome' de l'Isle.
Des caracteres exterieurs des mineraux.
Pagg. 82. Paris, 1784. 8.

René Just Haüy.
De la structure, considerée comme caractere distinctif des mineraux. Journal d'Hist. nat. Tome 2. p. 56—71.

6. *De Methodis Mineralium Scriptores Critici.*

Joannes Daniel Titius.
Crisis concretorum lithologica. Programma.
Pagg. 16. Wittebergæ, 1765. 4.

———: Von den Steinwüchsen des H. Linnæus. in ejus Gemeinnüzige Abhandl. 1 Theil, p. 228—248. (Paullo diversa est hæc editio.)

——— ——— Neu. Hamburg. Magazin, 91 Stück, p. 3—24.

Johann Christian Polykarp ERXLEBENS

Betrachtungen der ursachen der unvollständigkeit der mineralsysteme. (Programma.)
Pagg. 8. Göttingen, 1768. 4.

Johannes Gotschalk WALLERIUS.

De systemate mineralogico rite condendo. in ejus Historia literaria mineralogica, (vide supra p. 1.) p. 119—158, et p. 188—194.

Carl Abraham GERHARD.

Welches die beste methode sey, ein gründliches und deutliches mineralsystem zu entwerfen.
in ejus Beitr. zur chymie, 1 Theil, p. 1—23.

Francesco DEMBSHER.

Della legittima distribuzione de' corpi minerali, saggio epistolare. Pagg. xxiv. Venezia, 1777. 4.

Torbern BERGMAN.

Meditationes de systemate fossilium naturali.
Nov. Act. Societ. Upsal. Vol. 4. p. 63—128.
——— in ejus Opusculis, Vol. 4. p. 180—278.
——— Pagg. 111. Oxoniæ, 1788. 8.

Albrecht HÖPFNER.

Ueber die klassifikation der fossilien. in sein. Magaz. für die naturk. Helvet. 4 Band, p. 255—316.

René Just HAÜY.

Memoire sur les methodes mineralogiques.
Annales de Chimie, Tome 18. p. 225—240.

August Ferdinand VON VELTHEIM.

Ueber der Herren Werner und Karsten reformen in der mineralogie, nebst anmerkungen über die ältere und neuere benennung einiger stein-arten.
Pagg. 84. Helmstedt, 1793. 8.

7. *Nomina Mineralium.*

Methode de nomenclature chimique, proposée par M. M. DE MORVEAU, LAVOISIER, BERTHOLET et DE FOURCROY; on y a joint un nouveau systeme de caracteres chimiques, adaptés à cette nomenclature, par M. M. Hassenfratz et Adet.
Pagg. 314. tabb. æneæ 6. Paris, 1787. 8.

———: A translation of the table of chemical nomenclature, proposed by de Guyton, formerly de Morveau, Lavoisier, Bertholet and de Fourcroy, with additions and alterations. (by *George* PEARSON.)
Pagg. 56. tabb. typis expr. 4. London, 1794. 4.

Christoph GIRTANNER.
Neue chemische nomenklatur für die deutsche sprache.
Pagg. 22. Berlin, 1791. 8.

Joannes Reinboldus FORSTER.
Onomatologia nova systematis oryctognosiæ, vocabulis latinis expressa. Plag. 1. Halæ, 1795. fol.

J. G. KOCHS
Vergleichungen mineralogischer benennungen der Deutschen mit arabischen wörtern.
Pagg. 54. Leipzig, 1795. 8.

8. *Mineralogiæ, et Systemata Mineralogica.*

THEOPHRASTUS *Eresius.*
Περι λιθων. (Græce.) Pagg. 16. Lutetiæ, 1577. 4.
——— in Operibus ejus, p. 215—220.
Basileæ, (1541.) fol.
——— in Operibus ejus, p. 569—582.
Venetiis, 1552. 8.
——— Græce et latine, Dan. Furlano interprete, in Operibus Theophrasti, ex recensione D. Heinsii, p. 391—401.
——— cum brevibus annotationibus, præmissus Jo. de Laet libris de Gemmis et lapidibus.
Plagg. 3. Lugd. Bat. 1647. 8.
——— in greek, with an english version, and notes by John Hill. Pagg. 211. London, 1746. 8.
——— en françois, avec des notes, traduites de l'anglois de M. Hill. Pagg. 287. Paris, 1754. 12.

ALBERTUS *Magnus.*
Liber mineralium. Foll. lxxi. Oppenheym, 1518. 4.
———: De mineralibus et rebus metallicis libri 5. impr. cum Raim. Lulio de secretis naturæ; fol. 57—183. Argentorati, 1541. 8.
——— Pagg. 391. Coloniæ, 1569. 12.

Camillus LEONARDUS.
Speculum lapidum. Fol. lxvi. Venetiis, 1502. 4.
——— Parisiis, 1610. 8.
Pagg. 244; præter Petri Arlensis sympathiam septem metallorum.

——— Hamburgi, 1717. 8.
Pagg. 186; præter Petri Arlensis librum.
———: The mirror of stones. (omisso libro 3tio.)
Pagg. 240. London, 1750. 12.

Georgius AGRICOLA.
De natura fossilium libri 10. (1546). impr. cum ejus De ortu et causis subterraneorum libris; p. 329—775. Wittebergæ, 1612. 8.
——— impr. cum ejus de re metallica libris; p. 567—664. Basileæ, 1657. fol.

Christophorus ENCELIUS.
De re metallica, hoc est, de origine, varietate, et natura corporum metallicorum, lapidum, gemmarum, atque aliarum, quæ ex fodinis eruuntur, rerum, ad medicinæ usum deservientium, libri 3.
Pagg. 271. Francofurti, (1551.) 8.

Andreas CÆSALPINUS.
De metallicis libri 3.
Pagg. 222. Romæ, 1596. 4.

Franciscus IMPERATUS.
De fossilibus opusculum. Neapoli, 1610. 4.
Pagg. 98; cum figg. ligno incisis.

Bernardus CÆSIUS.
Mineralogia. Pagg. 626. Lugduni, 1636. fol.

Ulyssis ALDROVANDI
Musæum metallicum, Bartholomæus Ambrosinus composuit. Bononiæ, 1648. fol.
Pagg. 979; cum figg. ligno incisis.

Johannis JONSTONI
Notitia regni mineralis, seu subterraneorum catalogus, cum præcipuis differentiis.
Pagg. 101. Lipsiæ, 1661. 12.

Gualterus CHARLTON.
De variis fossilium generibus. impr. cum ejus Onomastico zoico; p. 215—309. Londini, 1668. 4.
——— cum ejus De differentiis animalium; Pagg. 57. Oxoniæ, 1677. fol.

Emanuelis KÖNIG
Regnum minerale, physice, medice, anatomice, chymice, alchymice, analogice, theoretice et practice investigatum. Pagg. 192. Basileæ, 1687. 4.
——— Pagg. 181 et 428. ib. 1703. 4.

Christoph HELLWIG.
Anmuthige berg-historien, worinnen die eigenschafften und

nuz der metallen, mineralien, erden, edel-und andern steinen beschrieben. Pagg. 136. Leipzig, 1702. 12.

——— Particula prior (p. 1—78) in J. A. Bieringens Beschreibung des Mansfeldischen bergwerks, p. 152—169.

Johannes WOODWARD.

Methodica fossilium in classes distributio. impr. cum ejus Naturali historia telluris illustrata. Pagg. 9.

———: Distribution methodique de fossiles.

Lettres ecrites au sujet de la distribution methodique des fossiles. impr. avec sa Geographie physique; p. 393—496.

Giacinto GIMMA.

Della storia naturale delle gemme, delle pietre, e di tutti i minerali, ovvero della fisica sotterranea. Napoli, 1730. 4. Tomo 1. pagg. 551. Tomo 2. pagg. 603.

Ludovicus BOURGUET.

Scala fossilium.

Opere di Vallisneri, Tomo 2. p. 413—416.

Carolus LINNÆUS.

Observationes in regnum lapideum.

Pagg. 16. (forte Aboæ.) 8.

Est regnum lapideum primæ editionis systematis naturæ.

Föreläsningar öfver stenriket, hållne år 1747; uppteknade af Lars Montin. Manuscr. autogr. Pagg. xxxi et 193. 4.

Magni VON BROMELLS

Mineralogia, eller inledning til nödig kundskap at igenkiänna och upfinna allahanda berg-arter, mineralier, metaller samt fossilier, och huru de måge til sin rätta nytta användas. Andra gången uplagd.

Pagg 95. Stockholm, 1739. 8.

———: Mineralogia, et lithographia Svecana, ins teutsche übersezt von Mikrandern.

Stockh. und Leipzig, 1740. 8.

Pagg. 148; cum figg. petrificatorum ligno incisis, ex ejus lithographia Svecana, de qua infra, Parte 2.

Antoine Joseph Desalliers D'ARGENVILLE.

L'histoire naturelle eclaircie dans deux de ses parties principales, la Lithologie et la Conchyliologie.

Paris, 1742. 4.

Pagg. 105. tabb. æneæ 5; præter Conchyliologiam, de qua Tomo 2. p. 315; et lexicon, de quo Tomo 1. p. 183.

———: L'histoire naturelle eclaircie dans une de ses parties principales, l'Oryctologie.

Pagg. 560. tabb. æneæ 26. ib. 1755. 4.

Valentin KRÄUTERMANN.
Historisch-medicinisches regnum minerale, oder metallen- und mineralien-reich. Pagg. 472. Arnstadt, 1747. 8.

Johan Gotschalk WALLERIUS.
Mineralogia, eller mineral-riket indelt och beskrifvit.
Pagg. 479. tab. ænea 1. Stockholm, 1747. 8.
————: Mineralogie, übersezt von J. D. Denso. Zweite auflage.
Pagg. 600. tab. ænea 1. Berlin, 1763. 8.
————: Mineralogie, ou description generale des substances du regne mineral, traduite de l'Allemand.
Paris, 1753. 8.
Tome 1. pagg. 589. Tome 2. pagg. 284, tabb. æneæ 2; præter ejus Hydrologiam, non hujus loci.
Systema mineralogicum.
Tom. 1. pagg. 432. tab. ænea 1. Holmiæ, 1772. 8.
2. pagg. 640. 1775.

Johann Lucas WOLTERSDORFF.
Systema minerale. latine et germanice.
Pagg. 52. Berlin, 1748. 4 obl.
———— Pagg. 60. ib. 1755. 4 obl.

Fridericus Augustus CARTHEUSER.
Elementa mineralogiæ systematice disposita.
Pagg. 104. Francof. ad Viadr. 1755. 8.

(*Axel Fredric* CRONSTEDT.)
Försök til mineralogie, eller mineral-rikets upställning.
Pagg. 251. Stockholm, 1758. 8.
————: Versuch einer neuen mineralogie.
Pagg. 264. Kopenhagen, 1760. 8.
————: An essay towards a system of mineralogy, translated by G. von Engeström, revised by Em. Mendes Da Costa. The second edition, with additions and notes by M. T. Brunnich.
Pagg. 329 et 24. London, 1772. 8.
————; Versuch einer mineralogie, aufs neue übersezt, und mit äussern beschreibungen der fossilien vermehrt von A. G. Werner.
1 Bandes 1 Theil. pagg. 254. Leipzig, 1780. 8.

Jacobi Theodori KLEIN
Lucubratiuncula subterranea prior de lapidibus macrocosmi proprie talibus. Pagg. 38. Petropoli, 1758. 4.
Ulterior lucubratio subterranea de Terris et Mineralibus, (ac Salibus;) accedit ejusdem lucubratio posterior subterranea de lapidibus idiomorphis.
Pagg. 56. ib. 1760. 4.

Johann Gottlob LEHMANNS
Entwurf einer mineralogie.
Pagg. 150. Berlin, 1760. 3.
Rudolf Augustin VOGEL.
Practisches mineralsystem.
Pagg. 518. Leipzig, 1762. 8.
Johann Wilhelm BAUMER.
Naturgeschichte des mineralreichs.
Pagg. 520. tabb. æneæ 11. Gotha, 1763. 8.
2 Buch. pagg. 318. tabb. 9. 1764.
Historia naturalis regni mineralogici, ad naturæ ductum tradita.
Pagg. 554. tabb. æneæ 3. Francofurti, 1780. 8.
Johann Heinrich Gottlobs VON JUSTI
Grundriss des gesamten mineralreiches. Zweyte auflage.
Pagg. 232. Göttingen, 1765. 8.
Elie BERTRAND.
Essai de mineralogie, ou distribution methodique des fossiles propres et accidentels à la terre. dans le Recueil de ses traités sur l'Hist. nat. p. 381—434.
John Reinbold FORSTER.
An introduction to mineralogy, or, an accurate classification of fossils and minerals.
Pagg. 96. London, 1768. 8.
John HILL.
Fossils arranged according to their obvious characters.
Pagg. 420. London, 1771. 8.
An idea of an artificial arrangement of fossils, also of a natural method. Pagg. 40. ib. 1774. 8.
BUCQUET.
Introduction à l'etude des corps naturels, tirés du regne mineral. Paris, 1771. 12.
Tome 1. pagg. 453. Tome 2. pagg. 401. tabb. æneæ 3.
Joannis Antonii SCOPOLI
Principia mineralogiæ systematicæ et practicæ.
Pagg. 228. Pragæ, 1772. 8.
B. C. P. de la C. de P.
Elemens d'oryctologie, ou distribution methodique des fossiles. Neuchatel, 1773. 8.
Pagg. xxxix, 137 et xxi; cum tabb. xvi.
VALMONT DE BOMARE.
Mineralogie, ou nouvelle exposition du regne mineral.
Seconde edition. Paris, 1774. 8.
Tome 1. pagg. 590. Tome 2. pagg. 640.

Johann Samuel SCHRÖTER.
Vollstandige einleitung in die kenntniss und geschichte der steine und versteinerungen.
1 Theil. pagg. 424. Altenburg, 1774. 4.
2 Theil pagg. 502. tabb. æneæ 3. 1776.
3 Theil. pagg. 528. tabb. 9. 1778.
4 Theil pagg. 534. tabb 10. 1784.
(*Johan Gottlieb* VOLKELT. Gelehrt. Deutschl. 4 Ausg. 4 Band, p. 105.)
Historische mineralogie, oder beschreibung der mineralien, und anzeigung der örter, wo sie gefunden werden; für anfänger.
Pagg. 216. Bresslau u. Leipzig, 1775. 8.
George EDWARDS.
Elements of fossilogy.
Pagg. 120. London, 1776. 8.
Balthazar George SAGE.
Elemens de mineralogie docimastique. Paris, 1777. 8.
Tome 1. pagg. 339. Tome 2. pagg. 400 et xlvi.
Joannes SCHWAB.
Lapides in ordinem systematicum digesti.
Pagg. 86. Heidelbergæ, 1777. 8.
Martin Thrane BRÜNNICH.
Mineralogie, afhandlende egenskaber og brug af Jord-og Steenarter, Salter, mineralske brænlige legemer og Metaller. Pagg. 320. Kiöbenhavn, 1777. 8.
———: Mineralogie. übersezt (von J. G. Georgi), mit zusäzen des verfassers, und einer anzeige der bisher bekannten Russischen mineralien vermehrt.
Pagg. 347. St. Petersburg u. Leipzig, 1781. 8.
MONNET.
Nouveau systeme de mineralogie.
Pagg. 597. Bouillon, 1779. 12.
Johann Friedrich GMELINS
Einleitung in die mineralogie.
Pagg. 380. Nürnberg, 1780. 8.
(*Vicenzo* CHIARUGI. Opuscoli scelti, Tom. 3. libri nuovi, p. 35.)
Sistema di mineralogia, compilato recentemente per uso dei moderni gabinetti di storia naturale.
Pagg. 62. Firenze, 1780. 8.
(*August Ferdinand von* VELTHEIM.)
Grundriss einer mineralogie.
Plagg. 7. Braunschweig, 1781. fol.

Carl Abraham GERHARD.
Versuch einer geschichte des mineralreichs.
1 Theil. pagg. 302. tabb. æneæ 10. Berlin, 1781. 8.
2 Theil. pagg. 424. 1782.

Johann Georg LENZ.
Tabellen über das gesamte steinreich.
Tabb. 27. Jena, 1781. 4.
Versuch einer vollständigen anleitung zur kenntniss der mineralien. Leipzig, 1794. 8.
1 Theil. pagg. 640. 2 Theil. pagg. 420.

Torberni BERGMAN
Sciagraphia regni mineralis.
Pagg. 166. Lipsiæ et Dessaviæ, 1782. 8.
———: Manuel du mineralogiste, ou sciagraphie du regne mineral, traduite et augmentée de notes, par Mongez le jeune.
Pagg. lxxxviij et 343. tab. ænea 1. Paris, 1784. 8.

George Louis le Clerc Comte DE BUFFON.
Histoire naturelle des mineraux.
Tome 1. pagg. 557 et xl. Paris, 1783. 4.
2. pagg. 602 et xxvi.
3. pagg. 636 et xix. 1785.
4. pagg. 448 et xxxix 1786.
5. pagg. 208 et 368. tabb. æneæ 8. 1788.

Richard KIRWAN.
Elements of mineralogy. Pagg. 412. London, 1784. 8.
——— Second edition.
Vol. 1. pagg. 510. ib. 1794. 8.
2. pagg. 529. Dublin, 1796. 8.

Louis Jean Marie DAUBENTON.
Tableau methodique des mineraux. Paris, 1784. 8.
Foll. 36, altera tantum pagina impressa.

SOULAVIE.
Les classes naturelles des mineraux, et les epoques de la nature correspondantes à chaque classe ; ouvrage qui a remporté le second accessit sur la question proposée par l'Academie Imperiale des Sciences de St. Petersbourg, pour le prix de 1785.
Pagg. 161. tab. ænea 1. St. Petersbourg, 1786. 4.

Johann Jakob VON WELL.
Methodische eintheilung mineralischer körper.
Pagg. 375. tabb. æneæ 4. Wien, 1786. 8.

Tiberius CAVALLO.
Mineralogical tables. London, 1786. fol.
Plagg. 2, maximæ.

Explanation and index of two mineralogical tables.
Pagg. 44. London, 1786. 8.

John WALKER.
Classes fossilium, sive characteres naturales et chymici classium et ordinum in systemate minerali, cum nominibus genericis adscriptis.
Pagg. 108. Edinburgi, 1787. 8.

Karl Freyherr VON MEIDINGER.
Versuch einer naturgemässen eintheilung des mineralreichs für anfänger.
Pagg. 220. Wien, 1787. 8.

De LAUNAY.
Distribution systematique des productions du regne mineral.
Mem. de l'Acad. de Bruxelles, Vol. 5. p. 317—428.

Abrahami Gottlob WERNERI
Systema regni mineralis anni 1788.
Ludwig Delect. opuscul. Vol. 1. p. 547—560.

Dietrich Ludwig Gustav KARSTEN.
Tabellarische übersicht der mineralogisch-einfachen fossilien. Zweite auflage.
Pagg. 35. Berlin, 1792. fol.

Prince Demetri DE GALLITZIN.
Traité ou description abregée et methodique des mineraux.
Pagg. 244. Maestricht, 1792. 4.
——— Nouvelle edition, corrigée et augmentée par l'auteur.
Pagg. 380. Helmstedt, 1796. 4.

Johann Friederich Wilhelm WIDENMANN.
Handbuch des oryktognostischen theils der mineralogie.
Pagg. 1040. tabb. æneæ 2. Leipzig, 1794. 8.

James MILLER.
A synopsis of mineralogy. (London, 1794.) fol. max.
Foll. 13, altera tantum pagina impressa.

Johann Gottfried SCHMEISSER.
Syllabus of lectures on mineralogy.
Pagg. 148. London, 1794. 8.
A system of mineralogy, formed chiefly on the plan of Cronstedt.
Vol. 1. pagg. 344. ib. 1794. 8.
2. pagg. 374. tabb. æneæ 3. 1795.

William BABINGTON.
A systematic arrangement of minerals.
Pagg. 26. London, 1795. 4.

Anders Jahan RETZIUS.
Försök til mineral-rikets upställning.
Pagg. 374. Lund, 1795. 8.

Don Andrés Manuel DEL RIO.
Elementos de orictognosia, ó del conicimiento de los fósiles, dispuestos segun los principios de A. G. Wérner, para el uso del Real Semina.io de minería de México. 1 Parte, que comprehende las tierras, piedras y sales.
Pagg. XL et 171. México, 1795. 4.

Andreas TERAJEW.
Synopsis mineralogiæ, Russice.
Pagg. 64. Sanktpetersburg, 1796. 8.

René Just HAÜY.
Discours preliminaire d'un traité elementaire de mineralogie qu'il se propose de publier incessament.
Journal des Mines, an 5. p. 209—230.
Extrait du traité elementaire de mineralogie qu'il s'occupe de rediger. ibid. p. 249—358.

9. *Descriptiones Mineralium, et Observationes Mineralogicæ miscellæ.*

Johannes CHESNECOPHERUS.
Disputatio physica xviii. de succis concretis et terris pretiosis. Resp. Ol. Aurivillius.
Plagg. 2. Upsaliæ, 1625. 4.

Petro LOSSIO
Præside, Dissertatio de succis et terris mineralibus. Resp. Sim. Hoffman. Plagg. 2. Dantisci, 1633. 4.

Johannes Laurentius BAUSCHIUS.
Schediasma posthumum de Coeruleo et Chrysocolla.
Pagg. 168. Jenæ, 1668. 8.

Pierre DE ROSNEL.
Le Mercure Indien, ou le tresor des Indes. 1 Partie, dans laquelle est traitté de l'Or, de l'Argent et du Vif-argent. Pagg. 35. Paris, 1668. 4.
2 Partie, dans laquelle est traitté des Pierres precieuses et des Perles, avec un traitté sommaire des autres pierres moins precieuses. Pagg. 71. 1667.
De l'estimation des pierres precieuses, et des perles. Pagg. 23.

Juan DE ARPHE *y Villafañe.*
Quilatador de Oro, Plata y Piedras.
Pagg. 408. Madrid, 1678. 4.

Christianus Mentzelius.
De lapidibus rarioribus. Ephemer. Acad. Nat. Curios.
Dec. 2. Ann. 6. p. 1—6, et p. 116, 117.
7. p. 1—5.
Emanuelis Swedenborgii
Miscellanea observata circa res naturales.
Pagg. 173. tabb. æneæ 4. Lipsiæ, 1722. 8.
Johan Gottschalk Wallerius.
Tal om Salternas ursprung, och anledning, at utleta orsaken til kallbräckt järn.
Pagg. 16. Stockholm, 1750. 8.
Johannis Henrici Pott
Chymische untersuchungen, welche fürnehmlich von der Lithogeognosia, oder erkäntniss und bearbeitung der gemeinen einfacheren steine und erden handeln. Zweyte auflage.
Pagg. 88 et 44. Berlin, 1757. 4.
Fortsezung derer chymischen untersuchungen.
Pagg. 120. 1751.
Zweyte fortsezung. Pagg. 148. tab. ænea 1. 1754.
Friderici Zvingeri
Observata nonnulla lithologica.
Act. helvet. Vol. 3. p. 226—232.
Axel Fredric Cronstedt.
Mineralogische anmerkungen über des Hrn. Justi Neue wahrheiten zum vortheile der naturkunde und des gesellschaftlichen lebens der menschen, 1sten theil, 1754.
Hamburg. Magaz. 24 Band, p. 130—156.
Bengt Andersson Quist.
Utdrag af et bref til Herr Directeuren Rinman.
Vetensk. Acad. Handling. 1766. p. 227—231.
Christian Friedrich Gotthard Westfelds
Mineralogische abhandlungen. 1 Stück.
Pagg. 72. Göttingen u. Gotha, 1767. 8.
C. G. Schober.
Schreiben an Prof. Kæstner einige sonderbare steine betreffend.
Neu. Hamburg. Magaz. 13 Stück, p. 3—24.
Christianus Ehrenfried Weigel.
Observationes chemicæ et mineralogicæ. Dissertatio inaug.
Pagg. 78. tab. ænea 1. Goettingæ, 1771. 4.
Pars 2. pagg. 99. tabb. 2. Gryphiæ, 1773.
(*Johann Samuel* Schröter. Cobres, p. 707.)
Beyträge zur naturgeschichte, sonderlich des mineral-

reichs, aus ungedruckten briefen gelehrter naturforscher.
1 Theil. pagg. 212. tabb. æneæ 2.
Altenburg, 1774. 8.
2 Theil. pagg 264. tabb. 3. 1776.

Johann Christoph MEINEKE.
Mineralogische bemerkungen.
Naturforscher, 5 Stück, p. 169—183.
6 Stück, p. 205—215.
8 Stück, p. 245—258.
9 Stück, p. 248—261.
Ueber verschiedene gegenstände aus dem mineralreiche.
ib. 22 Stück, p. 145—166.
Merkwürdigkeiten aus dem mineralreiche.
ib. 24 Stück, p. 163—188.
Zufällige gedanken und erläuterungen über die ersten 20 stücke des Naturforschers, in rücksicht der darin enthaltenen lithologischen und mineralogischen abhandlungen. ib. 26 Stück, p. 176—232.
27 Stück, p. 92—127.

Johann Samuel SCHRÖTER.
Von einigen seltnen metallmüttern und minern.
ibid. 7 Stück, p. 217—235.

Johannes Jacobus FERBER.
Due memorie epistolari di osservazioni mineralogiche e orittografiche.
Raccolta di memorie dal Sig. Gio. Arduino, p. 23—35.
Mineralium quorundam rariorum recensio, adjectis observationibus geologicis.
Nov. Act. Acad Petropol. Tom. 3. p. 260—273.
Enumeratio mineralium quorundam rariorum in museis nonnullis Parisiensibus obviorum. ibid. Tom. 5. p. 280—286
Drey briefe mineralogischen inhalts.
Pagg. 70. Berlin, 1789. 8.

Graf VON K . . . (KINSKY.)
Schreiben an Herrn von Born über einige mineralogische und lithologische merkwürdigkeiten.
Abhandl. einer Privatges. in Böhmen, 1 Band, p. 243 —252.

Ignaz VON BORN.
Antwort auf das schreiben des Herrn Grafen von K . . .
ibid. p. 253—263.
Mineralogische bemerkungen aus den neuesten reisebe-

schreibungen. 1 Stück. Pallas reise, 1 Theil. Abhandl. ein. Privatges. in Böhmen, 1 Band, p. 264—358.

Peter Simon PALLAS.

Schreiben an Herrn von Born. ib. 3 Band, p. 191—198.

Peter WOULFE.

Experiments made in order to ascertain the nature of some mineral substances, and, in particular, to see how far the acids of sea-salt and of vitriol contribute to mineralize metallic and other substances.
Philosoph. Transact. Vol. 66. p. 605—623.

——— seorsim etiam adest. Pagg. 19. 4.

——— : Experiences pour determiner la nature de differentes substances minerales.
Journal de Physique, Tome 10. p. 367—377.

Carl DEICHMAN.

Efterretning om nogle steenarter og ertzer, samt deres forskieller i tyngden.
Kiöbenh. Selsk. Skrift. 11 Deel, p. 320—344.

Johann Friedrich Wilhelm CHARPENTIER.

Aus einem schreiben über mineralogische gegenstände.
Beschäft. der Berlin. Ges. Naturf. Fr. 3 Band, p. 439—444, et p. 464—466.

Christian Friedrich HABEL.

Mineralogische bemerkungen. ibid. p. 469—473.

Mineralogische nachrichten.
Beob. der Berlin. Ges. Naturf. Fr. 4 Band, p. 75—77.

Franz Freiherr VON BEROLDINGEN.

Beobachtungen, zweifel und fragen, die mineralogie überhaupt, und insbesondere ein natürliches mineralsystem betreffend.
1 Versuch. Die ölichten körper des mineralreichs.
Pagg. 203. Hannover, 1778. 8.

——— Zweyte auflage. Pagg. 457. ib. 1792. 8.

2 Versuch. Die uralten erd-und steinarten, nebst ihren unmittelbaren abkömmlingen. Pagg. 760. 1794.

MONNET.

Observations sur divers mineraux.
Journal de Physique, Supplem. Tome 13. p. 49—55, p. 333—342, et p. 416—431.

Sur une nouvelle substance minerale trouvée dans les mines de Braunsdorff, près de Freyberg en Saxe, en 1770. Mem. de l'Acad. de Turin, Vol. 3. p. 371—384.

Pierre BAYEN.

Examen chymique de differentes pierres.
Journal de Physique, Tome 14. p. 446—461.

Johann Christoph FUCHS.
Beytrag zur geschichte merkwürdiger versteinerungen und steine. Beschäft. der Berlin. Ges. Naturf. Fr. 4 Band, p. 518—533.
Schr. derselb. Gesellsch. 1 Band, p. 320—334.
3 Band, p. 132—160.
4 Band, p. 230—262.
5 Band, p. 289—328.
6 Band, p. 193—235.
7 Band, p. 350—385.

Balthasar HACQUET.
Mineralogische rapsodien.
Schr. der Berlin. Ges. Naturf. Fr. 2 Band, p. 139—161.
4 Band, p. 13—28.
6 Band, p. 72—87.
Neu. Schr. derselb. Gesellsch. 1 Band, p. 192—210.

Jean François Clement MORAND.
Observations diverses.
Mem. de l'Acad. des Sc. de Paris, 1781. p. 45—48.

Johann Jakob BINDHEIM.
Chemische untersuchungen einiger erz-und steinarten.
Schr. der Berlin. Ges. Naturf. Fr. 3 Band, p. 423—433.
4 Band, p. 388—403.
5 Band, p. 443—456.

VON RUPRECHT.
Ueber das Kapniker röthliche ganggestein, und andere mineralogische gegenstände.
Physik. Arbeit. der eintr. Freunde in Wien, 1 Jahrg. 1 Quart. p. 55—57, et p. 59—63.
———: Recherches sur la pierre de gangue rouge, appelée Feld-spath, de Kapnik en Transylvanie, et sur d'autres sujets de mineralogie.
Journal de Physique, Tome 30. p. 391—393.
31. p. 22—25.

Torbern BERGMAN.
Mineralogiske anmärkningar.
Vetensk. Acad. Handling 1784. p. 109—122.
———: Observationes mineralogicæ.
in ejus Opusculis, Vol. 6. p. 96—109.
———: Mineralogische anmerkungen.
Crell's chem. Annalen, 1784. 2 Band, p. 387—400.

Carl Abraham GERHARD.
Mineralogische beobachtungen.
Schr. der Berlin. Ges. Naturf. Fr. 6 Band, p. 282—306.

EVERSMANN.
Aus einem schreiben aus Sheffield. Schrift. der Berlin. Ges. Naturf. Fr. 6 Band, p. 423—427.

Comte DE RAZOUMOWSKY.
Sur des crystallisations metalliques, et quelques observations mineralogiques.
Journal de Physique, Tome 26. p. 441—451.

Johann MAYER.
Chemische versuche mit einigen steinarten.
Abhandl. der Böhm. Gesellsch. 1786. p. 242—253.

DE BOURNON.
Lettre à M. de la Metherie.
Journal de Physique, Tome 30. p. 370—391.
Memoire sur le Pechstein et l'Hydrophane. ibid. Tome 35. p. 19—29.
Extrait d'une lettre à M. Romé de l'Isle. ib. p. 153—157.

PROUST.
Lettre à M. de la Metherie. ib. Tome 30. p. 393—396.

Balthazar George SAGE.
Lettre à M. de la Metherie. (Observationes in antecedentem epistolam.) ib. Tome 31. p. 19, 20. conf. p. 177.

Marc Auguste PICTET.
Lettre à M. de la Metherie. ib. Tome 31. p. 368—372.

Joseph MAYER.
Ueber die Böhmischen Gallmeyarten, die grüne erde der mineralogen, die Chrysolithen von Thein, und die steinart von Kuchel.
Abhandl. der Böhm. Gesellsch. 1787. p. 259—271.

J. Bernhard HAIM.
Chemische versuche in absicht auf mineralische körper.
1 Stück. Oberdeutsche beyträge, 1787. p. 152—161.
2 Stück. Abhandl. einer Privatgesellsch. in Oberdeutschland, 1 Band, p. 245—260.

Karl Wilhelm NOSE.
Einige mineralogische nachrichten.
Crell's chem. Annalen, 1788. 1 Band, p. 118—125.

Martin Heinrich KLAPROTH.
Kleine mineralogische beyträge. ib. p. 387—392.
1789. 1 Band, p. 7—12.
1790. 1 Band, p. 291—298.

PROUST.
Lettre à M. D'Arcet.
Journal de Physique, Tome 32. p. 241—247.

———: Sul ritrovamento in Ispagna d'un vero acido fosforico minerale, e sopra il Salnitro, e il Vitriolo di Magnesia dello stesso regno.
Opuscoli scelti, Tomo 11. p. 315—322.

Urban Friedrich Benedikt Brückmann.
Aus briefen an den Hernn Siegfried.
Beob. der Berlin. Ges. Naturf. Fr. 3 Band, p. 197—205.

Anon.
Mineralogische nachrichten. ibid. p. 351, 352.

Dietrich Ludwig Gustaf Karsten.
Oryktognostische anmerkungen über den Apatit, Prasem und Wolfram, nach den abänderungen, welche sich davon in dem kabinette des Herrn Lud. Hannsen in Leipzig befinden. ib. p. 355—367.
Aeusere beschreibung des Melanits und Augits.
Göttingisches Journal, 1 Band. 2 Heft, p. 138—142.

Macquart.
Essais ou recueil de memoires sur plusieurs points de mineralogie.
Pagg. 580. tabb. æneæ 7. Paris, 1789. 8.

Joannes Fridericus Gmelin.
Observationum et experimentorum chemicorum spicilegium.
Commentat. Soc. Gotting. Vol. 10. p. 42—55.

Balthazar George Sage.
Observations lithogeognosiques.
Journal de Physique, Tome 39. p. 409—413.

Anders Jahan Retzius.
Mineralogische bemerkungen.
Naturforscher, 26 Stück, p. 174, 175.

Johann Thaddæus Lindaker.
Aeussere beschreibung einer im bruche glasigen, mit säuren aufbrausenden steinart. Mayer's Samml. physikal. Aufsäze, 2 Band, p. 284—286.

Robert M'Causlin.
An account of an earthy substance found near the falls of Niagara, and vulgarly called the spray of the falls.
Transact. of the Amer. Society, Vol. 3. p. 17—24.

Franz Ambros Reuss.
Einige allgemeine bemerkungen über die Trappformation in Böhmen, nebst einer beschreibung einiger basalthügel des Bunzlauerkreises, und der characteristik des blättrigen Olivins. Mayer's Samml. physik. Aufsäze, 4 Band, p. 313—338.

Domingos VANDELLI.
Varias observações de chimica, e historia natural.
Mem. da Acad. R. da Lisboa, Tomo 1. p. 259—261.
Karl Wilhelm NOSE.
Beschreibung einer sammlung von meist vulkanisirten fossilien, die Deodat Dolomieu im jahre 1791 von Maltha aus nach Augsburg und Berlin versandte, mit verschiedenen dadurch veranlassten aufsäzen.
Pagg. 82. Frankf. am Mayn, 1797. fol.

10. *Collectiones Opusculorum Mineralogicorum.*

De omni rerum fossilium genere, gemmis, lapidibus, metallis, et hujusmodi, libri aliquot, plerique nunc primum editi, opera Conr. Gesneri. Tiguri, 1565. 8.
Foll. 95, 22, 31, 30, 37, 28 et 85.
Bernard PALISSY.
Ses Oeuvres, avec des notes par M. M. Faujas de Saint Fond, et Gobet. (Primum edita 1557—1580.)
Pagg. 734. Paris, 1777. 4.
Georgii AGRICOLÆ
De ortu et causis subterraneorum; de natura eorum, quæ effluunt ex terra; de natura fossilium; de veteribus et novis metallis; Bermannus; recensiti et scholiis illustrati a Jo. Sigfrido.
Pagg. 1014. Wittebergæ, 1612. 8.
De re metallica; de animantibus subterraneis; de ortu et causis subterraneorum; etc. ut in priori.
Basileæ, 1657. fol.
Pagg. 708; cum figg. ligno incisis.
Guerneri ROLFINCII
Dissertationes chimicæ sex. Jenæ, 1660. 4.
Pagg. 36, 36, 28, 36. Plagg. $6\frac{1}{2}$ et $4\frac{1}{2}$.
——— Jenæ, 1679. 4.
Pagg. 36, 38, 28, 36, 50 et 34.
Johannis Henrici POTT
Observationum et animadversionum chymicarum Collectio 1. pagg. 197. Berolini, 1739. 4.
2. pagg. 120. 1741.
ANON.
A collection of scarce and valuable treatises, upon metals, mines, and minerals. London, 1739. 12.
Pagg. 215 et 66. tab. ænea 1.
——— 2d edition. ib. 1740. 12.
Pagg. 319. tab. ænea 1.

Metallurgie, traduite de l'Espagnol d'Alph. Barba ; avec les dissertations les plus rares sur les mines et les operations metalliques. La Haye, 1752. 12.
Tome 1. pagg. 456. tabb. æneæ 2. Tome 2. pagg. 456.

Jean Gotlob LEHMANN.
Traités de physique, d'histoire naturelle, de mineralogie et de metallurgie, traduits de l'Allemand.
Paris, 1759. 12.
Tome 1. pagg 419. tabb. æneæ 4. Tome 2. pagg. 402. Tome 3. pagg. 498. tabb. 6.

Elie BERTRAND.
Recueil de divers traités sur l'histoire naturelle de la terre et des fossiles.
Pagg. 552. Avignon, 1766. 4.

Johann Friedrich HENKELS
Kleine minerologische und chymische schriften, mit anmerkungen herausgegeben von Carl Friedr. Zimmermann. Wien und Leipzig, 1769. 8.
Pagg. 619. Tabula ænea deest in nostro exemplo.

Friedrich August CARTHEUSER.
Mineralogische abhandlungen.
Pagg. 190. Giessen, 1771. 8.
2 Theil. pagg. 243. 1773.

Carl Abraham GERHARD.
Beiträge zur chymie und geschichte des mineralreichs.
1 Theil. pagg. 394. tabb. æneæ 2. Berlin, 1773. 8.
2 Theil. pagg. 300. tabb. 5. 1776.

* * *
Raccolta di memorie chimico-mineralogiche, metallurgiche e orittografiche del Signor *Giovanni* ARDUINO, e di alcuni suoi amici, tratte dal Giornale d'Italia.
Venezia, 1775. 12.
Pagg. 76, 48, 27, 22 et 237. tabb. æneæ 2.

Johann Jacob FERBERS
Neue beyträge zur mineralgeschichte verschiedener länder.
1 Band.
Pagg. 462. tabb. æneæ 3. Mietau, 1778. 8.

P. E. KLIPSTEIN.
Mineralogische briefe.
1—3 Stück. Pagg. 198. Giesen, 1779. 8.
4 Stück. pagg. 72 et 4. 1781.
Mineralogischer briefwechsel.
2 Band. 1—3 Heft. pagg. 362. 1782.
4 Heft. pag. 363—477. 1784.

Anon.
Bergbaukunde.
1 Band. pagg. 408. tabb. æneæ 6. Leipzig, 1789. 4.
2 Band. pagg. 468. tabb. 5. 1790.

Martin Heinrich Klaproth.
Beiträge zur chemischen kenntniss der mineralkörper.
1 Band. pagg. 374. Posen, 1795. 8.
2 Band. pagg. 332. 1797.

Franz Ambros Reuss.
Sammlung naturhistorischer aufsäze mit vorzüglicher hinsicht auf die mineralgeschichte Böhmens.
Pagg. 398. Prag, 1796. 8.

11. *Mineralium collectio.*

Joan Daniel Denso.
Verteidigung der steinsamler. in seine Beitr. zur Naturkunde, 4 Stuk, p. 325—350.

Nils Psilanderhjelm.
Tal om mineral-samlingar.
Pagg. 16. Stockholm, 1755. 8.

Abraham Gottlob Werner.
Von den verschiednerley mineraliensammlungen, aus denen ein vollständiges mineralienkabinet bestehen soll. Sammlungen zur Physik, 1 Band, p. 387—420.

Benet Quist *Andersson.*
Tal innehållande anmärkningar om en nyttig mineralsamlare. Pagg. 30. Stockholm, 1782. 8.

Eugene Melchior Louis Patrin.
Lettre sur la question, s'il est utile à la science de rassembler, dans un depot public, les mineraux, par ordre de pays.
Journal de Physique, Tome 39. p. 69—71.

Balthazar George Sage.
Observations sur cette lettre. ib. p. 184—186.

12. *Musea Mineralogica.*

Johannes Kentmanus.
Nomenclaturæ rerum fossilium, quæ in Misnia præcipue, et in aliis quoque regionibus inveniuntur; s. Catalogus rerum fossilium Jo. Kentmani. inter Libros de fossilibus a C. Gesnero editos.
Foll. 95. Tiguri, 1565. 8.

Michaelis MERCATI

Metallotheca Vaticana, opus posthumum, studio Jo. M. Lancisii. Romæ, 1719. fol.

Pagg. 378. Appendix, pagg. 53; cum figg. æri incisis.

Cunradus Tiburtius RANGO.

Der Rangonischen naturalien-kammer Schönbergisches cabinet, darinn 336 stück, meist Meissnische, auch einige andere mineralien, metallen, flösse, erden, steine, etc. zusehen.

Pagg. 26. (Greifswald, 1697.) fol.

Jacobus PETIVER.

Catalogus concharum fossilium, metallorum, mineralium, etc. quæ a J. J. Scheuchzero accepit.

Philosoph. Transact. Vol. 24. n. 301. p. 2042—2044.

Mineralia quædam, conchylia petrefacta, et alia fossilia e Berolino a C. M. Spenero missa. ibid. n. 302. p. 2082—2084.

Account of some Swedish minerals, sent from Mr. Angerstein. ib. Vol. 28. n. 337. p. 222—224.

Gottlieb Friedrich MYLII

Cabinet, oder kurze beschreibung aller natürlicher und aus der erden sowohl frembder als absonderlich im Sachsenlande gefundener sachen, wie er sie durch grosse mühe colligiret und von ihm selbsten in diese consignation gebracht worden, und durch öffentliche auction Oster-messe 1716 feil gebothen werden sollen.

Plagg. 8. Leipzig. 8.

Joannes Theodorus ELLER.

Gazophylacium sive catalogus rerum mineralium et metallicarum (quas ipse collegit.)

Pagg. 144. Bernburgi, 1723. 8.

John WOODWARD.

A catalogue of the foreign fossils in the collection of J. Woodward, print. with his catalogue of english fossils; Tome 2.

Part 1. pagg. 52. Part. 2. pagg. 33. Addition. pagg. 21. Addition to the catalogue of the foreign extraneous fossils. pagg. 15.

Franciscus Ernestus BRÜCKMANN.

Epistola itineraria 39. (Centuriæ 1.) sistens museum metallicum autoris.

Plagg. $2\frac{1}{2}$. tab. ænea 1. Lycopol. 1735. 4.

Epist. itiner. 40. plagg. 2. tab. 1.

Ep. it. 41. sistens mineras Martis musei metallici autoris. Plagg. $2\frac{1}{2}$. tabb. 2.

Ep. it. 42. sistens mineras Jovis, Saturni et Cinci. Plag. 1½. tab. 1. 1736.
Ep. it. 43. sistens mineras Mercurii, Antimonii etc. Plagg. 2. tab. 1.
Ep. it. 44. exhibens mineras Cobalti, Magnesiæ, Lap. calaminaris etc. Plagg. 2. 1735.
Ep. it. 45. sistens concreta Salina et Sulphurea. Plagg. 2. tabb. 2.
Ep. it. 46. sistens recrementa metallica, Talcum, Spatum, Fluores et lusus minerales. Plag. 1½. tabb. 4. 1736.
Ep. it. 47. exhibens lapides vulgares. Plag. 1½.
81. museum metallicum autoris sistens. Pagg. 16. 1739.
82. pagg. 16. tab. 1.
83. pagg. 12. tab. 1.
84. pagg. 28. tabb. 2.
20 et 21. Cent. 2. p. 179—199.
42. p. 430—441.
43. sistens mineras Argenti musei autoris, p. 442—456.
44. offerens mineras Cupri. p. 457—482.
45. sistens lapides Ferreos. p. 483—501.
46. sistens mineras Jovis. p. 502—509.
47. sistens mineras Saturni. p. 510—516.
48. sistens mineras Marcasitæ, Mercurii. p. 517—523.
51. sistens Marcasitas. p. 543—553.
52. sistens mineras Pyriticosas. p. 554—558.
53. sistens Cobalta. p. 559—571.
54. sistens Magnesias, lapides calaminares, mineras sylvestres, Pseudo-galenas etc. p. 572—583.
55. offerens Salia. p. 584—598.
56. offerens concreta Sulphurea. p. 599—617.
57. sistens lapides Talcosos, Spaticos, Quarzosos, Fluores etc. p. 618—629.
58. sistens ingemmationes, vulgo Drusen. p. 630—634.
59. sistens Asbestum. p. 635—638.
60. sistens Alumina plumosa, scissilia, Ardesias, lap. speculares etc. p. 655—666.
93. sistens Terras. p. 1179—1187.
94. de Argillis. p. 1188—1202.
95. de Bolis. p. 1203—1209.
96. de Bolo Armena. p. 1210—1214.

Ep. it. 97. de medullis saxorum. p. 1215—1223.
98. de Margis. p. 1224—1229.
100. de Creta Veneta. p. 1241—1249.
1. Cent. 3. de Creta vulgari. p. 1—12.
2. de Creta nigra. p. 13—16.
3. de Creta rubra. p. 17—21.
4. de Ochra. p. 22—29.
5. de Terra Umbra. p. 30—33.
6. de Terris medicinalibus in genere. p. 34—40.
7. de Terris sigillatis. p. 41—66.
8. de Terris sigillandis: p. 67—73.
9. sistens terras metallicas. p. 74—84.
10. de Lacte lunæ, terra Tripolitana. p. 85—91.
11. de terris non satis cognitis. p. 92—101.

Fridericus Christianus LESSER.
Epistola de præcipuis naturæ et artis curiosis speciminibus musei, vel potius physiotechnotamei Friderici Hoffmanni. Pagg. 16. 1736. 4.

Jodocus Leopold FRISCH.
Musei Hoffmanniani petrefacta et lapides, oder ausführliche beschreibung der versteinerten dinge und anderer curieusen steine, welche in dem cabinet Herrn D. Friederich Hoffmanns befindlich sind.
Pagg. 119. Halle, 1741. 4.

Johannes Fredericus GRONOVIUS.
Index suppellectilis lapideæ quam collegit J. F. G.
Pagg. 29. Lugduni Bat. 1740. 8.
——— Editio altera. Pagg. 106. ib. 1750. 8.

Joannon DE S. LAURENT.
Description abregée du cabinet de Mr. le Chevalier de Baillou, pour servir à l'histoire naturelle des pierres precieuses, metaux, mineraux, et autres fossiles.
Pagg. 156. Luques, 1746. 4.
In Museo Cæsareo Vindobonensi nunc asservatur hoc museum, vide Haidingeri præfationem libri mox dicendi.

Chevalier DE BAILLOU.
Memoire presenté à la Societé Colombaria, à l'occasion du livre qui donne la description abregée de son cabinet. Memorie della Società Columbaria, Tom. 1. p. 165—230; cum tabb. æneis 3.

Johann Joachim LANGE.
Vollständiges mineralien-cabinet, welches verschiedene kenner zusammen gebracht, und zulezt Herr August Heinrich Decker besessen.
Pagg. 132. Halle; 1753. 8.

ANON.

Verzeichniss des naturalien-cabinets des sel. Herrn Zacharias Pfannenschmidts, welches entweder im ganzen, oder durch eine öffentliche auction, bey dem nunmehrigen besizer desselben Carl Friedrich Gnaspe, soll verkauft werden.

Pagg. 342. Hamburg, 1770. 8.

Museum Graueliarum, sive collectionis regni mineralis præcipue historiam naturalem illustrantis, a b. Johanne Philippo Grauel magna solertia comparatæ, a filio ejus pie nuper defuncto egregie auctæ recensio.

Pagg. 184. Argentorati, 1772. 8.

Ignatius Eques A BORN.

Index fossilium quæ collegit, et in classes ac ordines disposuit J. a B.

Pagg. 157. tabb æneæ 3. Pragæ, 1772. 8.

Pars altera. Pagg. 148. tabb. 3. 1775.

Jean Baptiste Louis DE ROME' DELISLE.

Description methodique d'une collection de mineraux, du cabinet de M. D. R. D. L.

Pagg. 299. Paris, 1773. 8.

Lettre relative à la description methodique d'une collection de metaux, avec la reponse de M. Rozier.

Journal de Physique, Tome 3. p. 219—227.

VALMONT DE BOMARE.

Notice d'une collection minerale que le Roi de Suede a envoyée à S. A. S. le Prince de Condé. ib. Tome 4. p. 375—383.

C. C. E. ENGELBRONNER.

Musei Grilliani catalogus, continens præstantissima, rarissima, pretiosissima omnis generis Fossilia, quæ collegit Antonius Grill, publica sub hasta distrahenda Amstelodami 4 Id. April. 1776. Pagg. 105. 8.

Carolus HAIDINGER.

Dispositio rerum naturalium Musei Cæsarei Vindobonensis.

Pagg. 61. Vindobonæ, 1782. 4.

* * *

Verzeichniss des naturalienkabinets, welches sich bey Hrn. Franz Reymann in Wien befindet.

Pagg. 133. ib. 1784. 8.

Franciscus GÜSSMANN.

Lithophylacium Mitisianum.

Pagg. 632. tab. ænea 1. ib. 1785. 8.

Dietrich Ludwig Gustaf KARSTEN.
Des Herrn N. G. Leske hinterlassenes mineralienkabinet, systematisch geordnet und beschrieben.
1 Band. pagg. 578. 2 Band. pagg. 280. tabb. æneæ color. 5. Leipzig, 1789. 8.

(*Ignace* VON BORN.)
Catalogue methodique et raisonné de la collection des fossiles de Mlle. Eleonore de Raab. Vienne, 1790. 8.
Tome 1. pagg. 240. 2. partie. pag. 241—500. tab. ænea 1. Tome 2. pagg. 232. 2 partie. pag. 233—499.

Balthazar George SAGE.
Lettre à M. de Born. (Observations sur le livre precedent.)
Journal de Physique, Tome 38. p. 66—68.

Abraham Gottlob WERNER.
Verzeichnis des mineralien-kabinets des Herrn Karl Eugen Pabst von Ohain.
1 Band. pagg. 368. Freiberg u. Annaberg, 1791. 8.
2 Band. pagg. 286. 1792.

ANON.
Verzeichniss von mineralien, die von den erben des weyl. Berghauptmanns von Reden wo möglich im ganzen verkauft werden sollen.
Pagg. 111. Clausthal, 1792. 8.

Friedrich Wilhelm Heinrich VON TREBRA.
Mineraliencabinett, gesammlet und beschrieben von dem verfasser der erfahrungen vom innern der gebirge.
Pagg. 212. tab. ænea 1. Clausthal, 1795. 8.
Verzeichniss von dem mineralien-cabinette des Berghauptmanns von Trebra, welches derselbe zu Clausthal durch öffentliche auction will vereinzeln lassen.
Pagg. 216. ib. 1797. 8.

13. *Mineralogi Topographici.*

George Adolph SUCKOW.

Ueber die mittel zur vervollkommnung der mineralienkunde eines landes. Bemerk. der Kuhrpfälz. Phys. Ökonom. Gesellsch. 1781. p. 113—145.

Tobias GRUBER.

Ueber die bereisung eines landes, in absicht auf physikalische entdeckungen, und verfertigung einer petrographischen karte. Abhandl. der Böhm. Gesellsch. 1785. 2 Abtheil. p. 57—82.

14 *Variarum regionum.*

Jean Etienne GUETTARD.

Memoire et carte mineralogique sur la nature et la situation des terreins qui traversent la France et l'Angleterre. Mem. de l'Acad. des Sc. de Paris, 1746. p. 363—392.

Memoire dans lequel on compare le Canada à la Suisse, par rapport à ses mineraux. ibid. 1752. p. 189—220, p. 323—360, et p. 524—538.

Sur la nature du terrain de la Pologne, et des mineraux qu'il renferme. ib. 1762. p. 234—257, et p. 293—336.

Observations mineralogiques, faites en France et en Allemagne. ib. 1763. p. 137—166, et p. 193—228.

William BOWLES.

Some observations on the country and mines of Spain and Germany, with an account of the formation of Emery stone.
Philosoph. Transact. Vol. 56. p. 229—236.

———: Einige anmerkungen über das land und die erzgruben in Spanien und Deutschland, nebst einer nachricht von der bildung des Schmergels.
Neu. Hamburg. Magaz. 71 Stück, p. 446—456.

15. *Magnæ Britanniæ et Hiberniæ.*

Herman MOLL.

A set of fifty new and correct maps of England and Wales. London. 1724. 4 obl.
In margine tabularum quarundam figuræ exhibentur petrefactorum et mineralium variorum Angliæ.

John WOODWARD.

An attempt towards a natural history of the fossils of England, in a catalogue of the english fossils in the collection of J. Woodward. London, 1729. 8.
Tome 1. Part 1. pagg. 243. Part 2. pagg. 115.
Tome 2. pagg. 110; præter Catalogue of foreign fossils, de quo supra pag. 24.

VON LINDENTHAL.

Nachricht von mineralien und bergwerken in England, besonders Cornwallis und Derbishire.
Klipstein's mineralog. Briefwechsel, 2 Band, p. 1—14.

Philip RASHLEIGH.

Specimens of British minerals, selected from his cabinet, with general descriptions of each article.
Pagg. 56. tabb. æneæ color. 33. London, 1797. 4.

John HAWKINS.

Einige mineralogische nachrichten von *Cornwall,* und den dortigen Kupfererzen.
Crell's Beyträge, 2 Band, p. 43—48.

Martin Heinrich KLAPROTH.

Mineralogisch-chemischer beytrag zur naturgeschichte Cornwallischer mineralien.
Beob. der Berlin. Ges. Naturf. Fr. 1 Band, p. 141—196.

———— : Observations relative to the mineralogical and chemical history of the fossils of Cornwall, translated by John Gottlieb Groschke.
Pagg. 84. tab. ænea color. 1. London, 1787. 8.
Partes hujus commentarii sunt: Chemische untersuchung des Cornwallischen Seifensteins. in sein. Beitr. zur chem. kenntn. der Mineralkörp. 2 Band, p. 180—183. et
Chemische untersuchung des Zinnkieses. ib. p. 257—264.
Alia Pars hujus commentarii est: Untersuchung des angeblichen Tungsteins, und des Wolframs aus Cornwall. Crell's chem. Annalen, 1786. 2 Band, p. 502—507.

Kurze berichtigung, betreffend den Schwerstein von Pengilly.
Beob. der Berlin. Ges. Naturf. Fr. 4 Band, p. 319—322.

Göran VALLERIUS.

Berättelse om et bärg, (prope *Bristol*) bestaende af åtskilliga jord-sten-sand-och ler-arter, hvarftals under hvarandra liggande.
Vetensk. Acad. Handling. 1743. p. 143—153.

Edward OWEN.
Observations on the earths, rocks, stones and minerals, for some miles about Bristol, and on the nature of the Hot-well.
Pagg. 250. tabb. æneæ 2. London, 1754. 12.

B. HOLLOWAY.
An account of the pits for Fullers-earth in *Bedfordshire.*
Philosoph. Transact. Vol. 32. n. 379. p. 419—421.

LEWIS.
An account of the strata of earths and fossils found in sinking the mineral wells at *Holt.*
Philosoph. Transact. Vol. 35. n. 403. p. 489—491.

William ARDERON.
Observations on the precipices or cliffs on the north-east seacoast of *Norfolk.* ibid. Vol. 44. n. 481. p. 275—284.

James LIMBIRD.
An account of the strata observed in sinking for water at *Boston,* in Lincolnshire. ib. Vol. 77. p. 50—54.
——— Seorsim etiam adest. Pagg. 7. 4.

Johann Jacob FERBERS
Versuch einer oryktographie von *Derbyshire.*
Pagg. 104. tabb. æneæ 4. Mietau, 1776. 8.

Fettiplace BELLERS.
A description of the several strata of earth, stone, coal, &c. found at the coal-pit at the west end of *Dudley* in Staffordshire.
Philosoph. Transact. Vol. 27. n. 336. p. 541—544.

Thomas ROBINSON.
An essay towards a natural history of *Westmorland* and *Cumberland.* London, 1709. 8.
Pagg. 88; præter Lawsonii catalogum plantarum rariorum, de quo Tomo 3. p. 138.

Johann Gottlieb GROSCHKE.
Auszug eines briefes. (Observationes mineralogicæ in *Scotia.*)
Bergbaukunde, 1 Band, p. 396—401.

C. G. VON MURR.
Beschreibung der tropfhöhle bey *Slains,* im nördlichen Schottland. Naturforscher, 1 Stück, p. 255—257.

Abraham MILLS.
Some account of the strata and volcanic appearances in the north of *Ireland* and western islands of Scotland.
Philosoph. Transact. Vol. 80. p. 73—100.
———: Ueber die schichten oder steinlagen und vul-

kanischen erscheinungen in dem nördlichen theile von Irland, und den western-inseln von Schottland.
Voigt's Magazin, 8 Band. 1 Stück, p. 43—76.

Richard BARTON.
Lectures in natural philosophy, designed to be a foundation for reasoning pertinently upon the petrifications, gems, crystals, and sanative quality of Lough Neagh in Ireland.
Pagg. 184. tabb. æneæ 6. Dublin, 1751. 4.

James KELLY.
An account of the strata met with in digging for marle in Ireland.
Philosoph. Transact. Vol. 34. n. 394. p. 122,123.

Adam WALKER.
Account of the cavern of Dunmore Park, near Kilkenny in Ireland. ibid. Vol. 63. p. 16—19.
————: Description de la grotte du parc de Dunmore, près Kilkenny en Islande (Irlande.)
Journal de Physique, Tome 3. p. 303, 304.

16. *Belgii.*

Sebaldi Justini BRUGMANS
Lithologia Groningana. Dissertatio inaug.
Pagg. 120. tab. ænea 1. Groningæ, 1781. 8.

17. *Galliæ.*

Antonius Josephus Desallier DARGENVILLE.
Enumerationis fossilium, quæ in omnibus Galliæ provinciis reperiuntur, tentamina.
Pagg. 131. Parisiis, 1751. 8.
————: Essai sur l'histoire naturelle des fossiles qui se trouvent dans toutes les provinces de France. in ejus Oryctologie, p. 387—532. ib. 1755. 4.

Jean Etienne GUETTARD.
Memoire sur une carte mineralogique detaillée de la France.
Journal de Physique, Tome 5. p. 357—365.
Carte mineralogique de France, dressée sur les observations de M. Guettard, par le Sr. Dupain-Triel, pere. 1780.
Tab. ænea, long. 16 unc. lat. 21 unc.

Comte Gregoire DE RAZOUMOWSKY.
Voyage mineralogique et physique, de Bruxelles à Lau-

sanne, par une partie du pays de Luxembourg, de la Lorraine, de la Champagne, et de la Franche-comté; fait en 1782.

Pagg. 118. Lausanne, 1783. 8.

1 Partie de ses Oeuvres. Tomum 2. vide infra pag. 46.

——— Journal de Physique, Tome 23. p. 241—262, et p. 321—336.

ANON.

Arrete du Conseil des Mines, relatif à la publication d'une notice des richesses minerales de la Republique Françoise, par ordre de departemens.

Journal des Mines, an 4. Thermidor, p. 37, 38.

Departement de l'Ain. ib. p. 39—50.

Aisne. an 5. p. 49—73.

Allier. ib. p. 119—159.

Robert DE LIMBOURG.

Memoire sur l'histoire naturelle d'une partie du Pays *Belgique*.

Mem. de l'Acad. de Bruxelles, Tome 1. p. 193—228.

Memoire pour servir à l'histoire naturelle des fossiles des Pays-bas. ibid. p. 361—410.

DE WITRY.

Sur les fossiles du Tournaisis. ib. Tome 3. p. 11—44.

Memoire pour servir de suite à l'histoire des fossiles Belgiques ib. Tome 5. p. 84—94.

François Xavier BURTIN.

Oryctographie de *Bruxelles*, ou description des fossiles tant naturels qu'accidentels decouverts jusqu'à ce jour dans les environs de cette ville.

Bruxelles, 1784. fol.

Pagg. 152. tabb. æneæ color. 32.

Voyage et observations mineralogiques, depuis Bruxelles par Wavre, jusqu'à Cour-St.-Etienne.

Mem. de l'Acad. de Bruxelles, Tome 5. p. 123—138.

MONNET.

Nouveau voyage mineralogique, fait dans cette partie du Hainaut, connue sous le nom de *Thierache*.

Journal de Physique, Tome 25. p. 81—94, et p. 161—173.

ANON.

Memoires sur quelques fossiles d'*Artois*, pour servir à l'histoire naturelle de cette province.

Pagg. 104. 1765. 12.

S. B. J. NOEL.

Memoire sur les anciennes salines situées entre les rivieres de Seine et d'Arques, et sur les mines de fer qu'on exploitoit encore vers la fin du quinzieme siecle dans le ci-devant pays de *Bray*, departement de la Seine inferieure.

Magasin encyclop. 2 Année, Tome 2. p. 438—452.

Auguste Denis FOUGEROUX DE BONDAROY.

Sur la nature du terrein de la montagne de *St. Germain-en-Laie*, et la comparaison d'un morceau de bois fossile qui y a été trouvé avec le jayet.

Mem. de l'Acad. des Sc. de Paris, 1770. p. 252—254.

Abraham BACK.

Beskrifning på en af lerbrunnarna omkring *Paris*.

Vetensk. Acad. Handling. 1745. p. 285—287.

Carl HÅRLEMAN.

Gips-stens brottens belägenhet i Frankrike. ibid. p. 279, 280.

Jean Étienne GUETTARD.

Description mineralogique des environs de Paris.

Mem. de l'Acad. des Sc. de Paris, 1756. p. 217—258.
1762. p. 172—204.
1764. p. 492—525.

dans ses Memoires, Tome 4. p. 470—502.

Joseph Marie François DE LASSONE.

Diverses observations d'histoire naturelle, faites aux environs de la ville de *Compiegne*.

Mem. de l'Acad. des Sc. de Paris, 1771. p. 75—92.

Jean Etienne GUETTARD.

Memoire ou on examine en general le terrein, les pierres et les differens fossiles de la *Champagne*, et de quelques endroits des provinces qui l'avoisinent. ibid. 1754. p. 435—494.

Pierre Joseph BUC'HOZ.

Vallerius Lotharingiæ, ou catalogue des mines, terres, fossiles, sables et cailloux, qu'on trouve dans la *Lorraine* et les trois evechés.

Pagg. 382. Nancy, (1768.) 8.

DE SIVRY.

Journal des observations mineralogiques, faites dans une partie des Vosges et de l'Alsace.

Pagg. 117. ib. 1782. 8.

Hactenus Lotharingia tantum; an plura prodierint, ignoro.

———: Mineralogische beschreibung eines theils der Vogesischen gebirge und des Elsasses.
Sammlungen zur Physik, 4 Band, p. 124—197.

Cosmus COLLINI.
Journal d'un voyage, qui contient differentes observations mineralogiques. (sur la rive gauche du *Rhin.*)
Pagg. 384. tabb. æneæ 15. Mannheim, 1776. 8.

DANZ.
Beschreibung einer reise in die Baumholder berg-reviere im Herzogthum *Zweybrücken*, und in die gegend Oberstein; über die Achat-gebirge, und den sogenannten Bohn-oder Nierenstein.
Crell's chem Annalen, 1785. 2 Band, p. 422—427.

Franz Freyherr VON BEROLDINGEN.
Bemerkungen auf einer reise durch die Pfälzischen und Zweybrückschen Quecksilber-Bergwerke.
Berlin, 1788. 8.
Pagg. 240; cum mappa petrographica, æri incisa.

Johann Daniel SCHÖPFLIN.
Von den fossilien in *Elsass.* (ex ejus Alsatia illustrata.)
Hamburg. Magaz. 8 Band, p. 464—477.

Philipp Friedrich Baron VON DIETRICH.
Bemerkungen über einen theil der Vogesischen gebirge.
Schr. der Berlin. Ges. Naturf. Fr. 6 Band, p. 361—367.
Beschreibung der in der Grafschaft *Steinthal* in Unter-Elsass befindlichen gänge und eisengruben. ibid. 8 Band. 2 Stück, p. 47—74.

Ludovicus Reinhardus BINNINGER.
Dissertatio inaug. sistens Oryctographiæ agri *Buxovillani* et viciniæ specimen. Pagg. 36. Argentorati, 1762. 4.

Chrysologue DE GY.
Plan d'une carte physique, mineralogique, civile et ecclesiastique de la *Franche-Comté* et de ses frontieres.
Journal de Physique, Tome 30. p. 271—284.

Johann Jakob FERBER.
Mineralogische und metallurgische bemerkungen in Neuchatel, Franche Comté und *Bourgogne.*
Pagg. 77. tabb. æneæ 5. Berlin, 1789. 8.

DE MORVEAU et CHAMPY.
Examen d'une mine de Plomb trouvée à Saint-Prix-sous-Beuvray, et observations mineralogiques sur cette partie de la Bourgogne.
Mem. de l'Acad. de Dijon, 1782. 2 Sem. p. 41—52.
Prior pars de minera plumbi, germanice, in Crell's chem. Annalen, 1788. 2 Band, p. 161—163.

PASUMOT.

Observations d'histoire naturelle sur le terrein du chateau de Regennes et des environs, près Auxerre.
Journal de Physique, Tome 5. p. 406—408.

Observations d'histoire naturelle dans la traversée de la province de Bourgogne, depuis Auxerre jusqu'à Chalons.
Mem. de l'Acad. de Dijon, 1782. 2 Sem. p. 111—139.
1783. 1 Sem. p. 49—64.

Description des grottes d'Arcy-sur-Cure. ibid. 1784. 1 Sem. p. 33—85.

DEFAY.

Mineralogie de l'*Orleanois.* impr. avec ses Mem. sur diverses parties de l'hist. nat. p. 161—221.

DE LAUMONT.

Sur la description de plusieurs filons metalliques de *Bretagne,* et l'analyse de quelques substances nouvelles.
Journal de Physique, Tome 28. p. 366—387.

DU HAMEL.

Observations sur la mine de Plomb de Huelgoat en basse Bretagne. Mem. etrangers de l'Acad. des Sc. de Paris, Tome 9. p. 711—716.

MONNET.

Memoire sur la mineralogie d'*Aunis.*
Journal de Physique, Tome 20. p. 39—48.

LAVILLEMARAIS.

Lettre à M. Monnet. ibid. p. 460—469.

Henry REBOUL.

Description de la vallée du *Gave Bearnois* dans les Pyrenées.
Annales de Chimie, Tome 13. p. 143—178.

DE SECONDAT.

Observations sur les fossiles des environs de *Bagneres* et de Barege. dans ses Observations de physique et d'hist. nat. p. 28—53.

Jean D'ARCET.

Discours sur l'etat actuel des Montagnes des *Pyrenées,* et sur les causes de leur degradation. Paris, 1776. 8. Pagg. 134; sed inde a pag. 61, Notes sur les pyrenées, alius auctoris.

——— : Discorso sullo stato attuale de le montagne de' Pirenei, e sulle cagioni del loro degradamento.
Scelta di Opusc. interess. Vol. 35. p. 49—89.
Versio hæc sermonem D'Arceti tantum continet.

Philipp Friedrich Baron VON DIETRICH.
Auzug aus einem schreiben über die Pyrenäen.
Schr. der Berlin. Ges. Naturf. Fr. 6 Band, p. 431—435.

Philippe Picot DE LA PEIROUSE.
Notice de quelques mineraux des Pyrenées.
Journal de Physique, Tome 26. p. 427—440.
Fragmens de la mineralogie des Pyrenées; excursions dans une partie du Comté de *Foix*.
Mem. de l'Acad. de Toulouse, Tome 3. p. 384—427.

MARCORELLE.
Voyage souterrain, ou description des grottes de Lombrive et de Bedeilhac, dans le pays de Foix; du minier des Indes près Arles en Roussillon; du minier de Sournia en Languedoc, et de Saint-Dominique aux environs de Castres dans la meme province; avec des remarques sur les Priapolites qu'on trouve au voisinage de cette derniere grotte.
Mem. etrangers de l'Acad. des Sc. de Paris, Tome 7. p. 565—592.

Abbé DE SAUVAGES.
Observations de lithologie, pour servir à l'histoire naturelle du *Languedoc*, et à la theorie de la terre.
Mem. de l'Acad. des Sc. de Paris, 1746. p. 713—758.
1747. p. 699—743.

DE GENSSANE.
Histoire naturelle de la province de Languedoc, partie mineralogique et geoponique.
Tome 1. pagg. 288. tabb. æneæ 2.
Montpellier, 1776. 8.
2. pagg. 267.
3. pagg. 275. 1777.
4. pagg. 304. 1778.
5. pagg. 320. 1779.

POUGET.
Sur les atterrissemens des côtes du Languedoc.
Journal de Physique, Tome 14. p. 281—292.

DORTHES.
Apperçus sur les atterrissèmens de la mediterranée dans le Bas-Languedoc, et application d'une nouvelle methode lithologique aux diverses pierres qu'on y rencontre.
Pagg. 40. 8.

MONTET.
Memoire de mineralogie.
Mem. de l'Acad. des Sc. de Paris, 1778. p. 615—623.

Baron DE SERVIERES.

Observations lithologiques sur le territoire de *Nismes.*

Journal de Physique, Tome 24. p. 48—56.

MARSOLLIER.

Description de *la Baume* ou Grotte de Demoiselles à Saint Bauzile près de Ganges dans les Cevennes.

Journal Encyclopedique, 15 Aout 1787. p. 110—128.

——— Esprit des Journaux, Decembre 1787. p. 327—343.

———: Beschreibung der Baume, oder Jungfern-grotte zu St. Bauzile bey Ganges in den Cevennen.

Voigt's Magazin, 5 Band. 3 Stück, p. 1—27.

Jean Etienne GUETTARD.

Memoire sur la mineralogie de l'*Auvergne.*

Mem. de l'Acad. des Sc. 1759. p. 538—576.

MONNET.

Voyages mineralogiques faites en Auvergne dans les années 1772, 1784 et 1785. Journal de Physique, Tome 32. p. 115—132, et p. 179—199.
33. p. 112—129, et p. 321—339.

ANON.

Notice sur les mines des environs de *Lyon,* tirée de differens memoires et rapports deposés aux archives du Conseil des mines.

Journal des Mines, an 4. Brumaire, p. 23—57.

Jean Etienne GUETTARD.

Mineralogie du *Dauphiné.*

Pagg. 255. tabb. æneæ 20. fol.
Pars 2. Voluminis 1. libri cujùsdam.

DE BOURNON.

Apperçu sur la mineralogie du Dauphiné.

Journal de Physique, Tome 24. p. 200—213. conf. p. 492, 493.

SCHREIBER.

Lettre à M. Mongez. (Observations sur ce memoire.) ibid. p. 387—389.

DE BOURNON.

Lettre à M. Schreiber, en reponse à ses observations sur l'apperçu de la Mineralogie du Dauphiné. ib. p. 430—437.

Jean François Clement MORAND.

Description de la grotte de la *Balme* en Dauphiné.

Mem. etrangers de l'Acad. des Sc. de Paris, Tome 2. p. 149—154.

Marquis DE LA POYPE.
Description de la grotte de la Balme, près de Lyon.
Journal de Physique, Tome 21. p. 156—158.

D. F.
Descriptions des grottes et des cuves de *Sassenage* en Dauphiné, suivie d'une analyse des pierres de Sassenage, connues sous le nom de pierres d'hirondelle. ibid. Tome 4. p. 246—257.

SCHREIBER.
Observations sur la montagne de *Chalanches*, près d'Allemont en Dauphiné. ibid. Tome 24. p. 380—387.
Memoire sur differentes especes de mines, qui se trouvent dans les filons de la montagne de Chalanches, près d'Allemont en Dauphiné. ib. Tome 28. p. 143—149.

PRUNELLE DE LIERRE.
Voyage à la partie des montagnes de *Chaillot-le-Vieil*, qui avoisinent la vallée de Champoleon en Dauphiné, et considerations et vues sur ces montagnes et sur celles du Champsaur, qui tiennent aux premieres. ib. Tome 25. p. 174—190.

DHELLANCOURT.
Observations mineralogiques faites dans le Dauphiné, depuis la source de la Romanche, jusqu'à la plaine de l'Oisans. ib. Tome 29. p. 61—70.

ANGERSTEIN.
Remarques sur quelques montagnes et quelques pierres en *Provence*. Mem. etrangers de l'Acad. R. des Sc. de Paris, Tome 2. p. 557—565.

DE RAMATUELLE.
Memoire sur la colline gypseuse d'*Aix* en Provence, avec la description d'un très grand fossile trouvé dans cette colline.
Journal d'Hist. nat. Tome 2. p. 301—

BARRAL.
Memoire sur l'histoire naturelle de l'isle de *Corse*, avec un catalogue lythologique de cette isle.
Pagg. 126. tab. æn. color. 1. Paris, 1783. 8.

CADET *le jeune*.
Memoire sur les Jaspes et autres pierres precieuses de l'isle de Corse, suivi de notes sur l'histoire naturelle.
Bastia, 1785. 8.
Pagg. 148; præter Opuscula Platonis, non hujus loci.

18. *Hispaniæ.*

Casimiro Gomez ORTEGA.
Noticia de los minerales que se encuentran en el sitio, e inmediacion de los baños (de *Trillo.*)
in ejus Tratado de las aguas termales de Trillo, p. 48—53. Madrid, 1778. 8.

IMRIE.
A short mineralogical description of the mountain of *Gibraltar.* Transact. of the R. Soc. of Edinburgh, Vol. 4. p. 191—202.
——— Seorsim etiam adest. Pagg. 12. 4.
——— Nicholson's Journal, Vol. 2. p. 185—187, et p. 219—223.

19. *Italiæ.*

Jean Etienne GUETTARD.
Sur la mineralogie de l'Italie.
dans ses Memoires, Tome 1. p. 347—439.

Horace Benoit DE SAUSSURE.
Lettre à M. le Chevalier Hamilton.
Journal de Physique, Tome 7. p. 19—38.
———: Osservazioni fisiche sul terreno d'Italia.
Scelta di Opusc. interess. Vol. 18. p. 56—76.
19. p. 101—118.
20. p. 3—19.

Giovanni ARDUINO.
Memoria epistolare sopra varie produzioni vulcaniche, minerali e fossili.
Pagg. 36. Venezia, 1782. 12.

Lazaro SPALLANZANI.
Lettera relativa a diversi oggetti fossili e montani.
Mem. della Società Italiana, Tomo 2. p. 861—899.
——— Opuscoli scelti, Tomo 8. p. 3—36.
———; Lettre sur divers objets fossiles, ou relatifs à l'histoire des montagnes.
Journal de Physique, Tome 29. p. 18—29.
———; Physische und oryktologische bemerkungen.
Sammlungen zur Physik, 4 Band, p. 561—588.

Ermenogildo PINI.
Osservazioni su i Feldspati, ed altri fossili singolari dell' Italia.
Mem. della Società Italiana, Tomo 3. 688—717.

Horatius Benedictus SAUSSURE.
Nachricht von einer reise auf den *Mont-Rose.* (e gallico in Journal de Physique.)
Voigt's Magazin, 7 Band. 3 Stück, p. 19—40.

Hermenegilde PINI.
Memoire sur des nouvelles cristallisations de Feldspath, et autres singularités renfermés dans les granites des environs de *Baveno.*
Pagg. 62. tabb. æneæ 2. Milan, 1779. 8.

Carlo AMORETTI.
Osservazioni sulla collina di *S. Colombano* nel territorio Lodigiano.
Opuscoli scelti, Tomo 8. p. 235—244.

Gio. Seraphino VOLTA.
Osservazioni mineralogiche intorno alle colline di S. Colombano, e dell' Oltrepò di Pavia, coll' aggiunta dell' analisi chimica del Sal Piacentino. ibid. Tomo 11. p. 337—351.

Luigi BOSSI.
Osservazioni orittologiche intorno ad alcune colline dell' Oltrepò Pavese poste nella provincia di *Vogbera,* colla descrizione di alcuni fossili ivi ritrovati. ib. Tomo 14. p. 24—46.

Gio. Serafino VOLTA.
Osservazioni di storia naturale sul viaggio da *Fiorenzola* a Velleja. ib. Tomo 8. p. 140—156.

Alberto FORTIS.
Lettera su alcuni fenomeni naturali delle montagne del *Bergamasco.* ibid. Tomo 1. p. 215, 216.

Giovanni MAIRONI.
Sulla storia naturale della provincia Bergamasca dissertazione prima. Pagg. 148. Bergamo, 1782. 8.
Memoria orografico-mineralogica delle montagne Bergamasche délle Valli di Scalve, e di Bondione.
Mem. della Società Italiana, Tomo 4. p. 554—576.

Giovanni ARDUINO.
Di varie minere di metalli, e d' altre specie di fossili delle montane provincie Venete di *Feltre,* di *Belluno,* di Cadore, e della Carnia, e Friuli; e specialmente del sale catartico amaro a base di magnesia scoperto recentemente in quelle montagne. ibid. Tomo 3. p. 297—330.
Due lettere sopra varie sue osservazioni naturale. Nuova raccolta d'opuscoli scientifici, Tomo 6. p. xcvii—clxxx.

Delle acque minerali di Recoaro nel *Vicentino*, e della natura e struttura delle montagne, dalle quali scaturiscono. in ejus Raccolta di memorie chim. miner. p. 1 bis —42.

Girolamo FESTARI.

Saggio di osservazioni sopra alcune montagne e alpi altissime del Vicentino, confinanti collo stato Austriaco. ibid. Pagg. 27.

Niccolò DA RIO.

Notizie oritografiche sopra la valle di *Valdagno*.
Opuscoli scelti, Tomo 14. p. 346—357.

Joannis Hieronymi ZANNICHELLI

De lithographia duorum montium *Veronensium*, unius nempe vulgo dicti di Boniolo, et alterius di Zoppica, epistola.
Pagg. 31. tabb. æneæ 2. Venetiis, 1721. 8.

Alberto FORTIS.

Della valle vulcanico-marina di *Roncà* nel territorio Veronese memoria orittografica.
Pagg. lxx. tabb. æneæ 4. Venezia, 1778. 4.

Giovanni STRANGE.

Lettera geologica scritta al Dottor Gio. Targioni Tozzetti. in hujus Viaggi della Toscana, Tomo 10. p. 119 —134.

Catalogo ragionato di varie produzioni naturali del regno lapideo, raccolte in un viaggio per i colli *Euganei* nel mese di luglio 1771. ibid. p. 134—158.

Marchese Antonio-Carlo DONDI OROLOGIO.

Prodromo dell' istoria naturale de' monti Euganei.
Pagg. 62. Padova, 1780. 8.

Saggio di litologia Euganea, o sia distribuzione metodica, e ragionata delle produzioni fossili de' monti Euganei.
Saggi dell' Acad. di Padova, Tomo 2. p. 164—184.

Conte Marco CARBURI.

Sopra la rena nera dei colli Euganei.
Opuscoli scelti, Tomo 15. p. 186—198.

Basilio TERZI.

Memoria seconda intorno alle produzioni fossili dei monti Euganei. ib. Tomo 18. p. 3—15.

Alberto FORTIS.

Osservazioni orittografiche sopra parecchie località de' monti *Padovani*.
Mem. della Società Italiana, Tomo 6. p. 236—255.

Jacobi BLANCANI
Iter per montana quædam agri *Bononiensis* loca.
Comm. Instit. Bonon. Tom. 5. Pars 2. p. 151—168.
Ambrosius SOLDANI.
Dissertatio geologica de agro *Clusentinate* et *Valdarnensi.* in ejus Testaceographia microscopica, Tom. 1. p. 121 —200
Giuseppe BALDASSARRI.
Saggio di produzioni naturali dello stato *Sanese*, che si ritrovano nel museo del Sign. Cav. Giovanni Venturi Gallerani. impr. cum ejus de sale della creta.
Pagg. 32. Siena, 1750. 8.
Biagio BARTALINI.
Osservazioni di storia naturale, fatte in alcuni luoghi dello stato di Siena, et attorno ai Lagoni di Castelnuovo di Valdicecina presso Volterra.
Atti dell' Acad. di Siena, Tomo 6. p. 330—352.
Ermenogildo PINI.
Osservazioni mineralogiche su la miniera di ferro di Rio ed altri parti dell' isola d' *Elba.*
Pagg. 110. tabb. æneæ 2. Milano, 1777. 8.
———: Observations mineralogiques sur les mines de fer de l'isle d'Elbe.
Journal de Physique, Tome 12. p. 413—438. (In hac versione omissus est Catalogus fossilium Ilvæ, qui in italico pag. 87—108.)
Paolo SPADONI.
Transunto d'una lettera orittografica sulle grotte ultimamente scoperte a Longone nell' isola dell' Elba.
Opuscoli scelti, Tomo 13. p. 123—128.
———: Ueber einige zu Longone auf der insel Elva neuerlich entdeckte felsenhöhlen.
Voigt s Magazin, 7 Band. 2 Stück, p. 30—36.
Giambattista PASSERI.
Istoria de' fossili del *Pesarese*, e di altri luoghi vicini. Dissertazione 1. Raccolta d' opuscoli scientifici, Tomo 49. p. 159—229.
Parte 2. ibid. Tomo 50. p. 241—288.
Dissertazione 3. Nuova raccolta d' opusc. scientifici, Tomo 1. p. 289—407.
Diss. 4. ibid. Tomo 5. p. 1—120.
———: Della storia de'fossili dell'agro Pesarese, e d'altri luoghi vicini, discorsi sei. Pagg. 366. Bologna, 1775. 4. (In hac editione duæ dissertationes additæ, quæ primum et ultimum locum occupant.)

Pier-Maria CERMELLI.

Carte corografiche, e memorie riguardanti le pietre, le miniere, e i fossili per servire alla storia naturale delle provincie del *Patrimonio, Sabina,* Lazio, Marittima, Campagna, e dell' agro Romano.
Pagg. 48. tabb. æneæ 4. Napoli, 1782. fol.

Joannis Mariæ LANCISII

Physiologicæ animadversiones in Plinianam villam nuper in Laurentino detectam, in quibus tum de novis aggestionibus circa ostia Tiberis, tum de ibidem succrescentibus arenarum tumulis disseritur. impr. cum Marsilio de generatione fungorum; p. xix—xlvii.
Romæ, 1714. fol.

Giuseppe GIOENI.

Saggio di litologia *Vesuviana.*
Pagg. 272. Napoli, 1791. 8.

Alberto FORTIS.

Osservazioni litografiche su l' isole di *Ventotene* e *Ponza.*
Saggi dell' Accad. di Padova, Tomo 3. P. 1. p. 155—193.

Don Angiolo FASANO.

Saggio geografico-fisico sulla *Calabria* ulteriore.
Atti dell' Accad. di Napoli, 1787. p. 251—311.

Michel Jean Comte DE BORCH.

Lythographie *Sicilienne,* ou catalogue raisonné de toutes les pierres de la Sicile.
Pagg. 50. Naples, 1777. 4.

Lythologie Sicilienne, ou connaissance de la nature des pierres de la Sicile.
Pagg. 228. Rome, 1778. 4.

Mineralogie Sicilienne docimastique et metallurgique, ou connaissance de tous les mineraux, que produit l'ile de Sicile, avec les details des mines et des carrieres, et l'histoire des travaux anciens et actuels de ce pays.
Turin, 1780. 8.
Pagg. 226; præter libellum de aquis mineralibus Siciliæ, non hujus loci.

BELLY.

Extrait de ses memoires sur la mineralogie de la *Sardaigne.*
Mem. de l'Acad. de Turin, Vol. 4. present. p. 145—164.

20. *Helvetiæ.*

Johann Jacob SCHEUCHZER.

Helvetiæ stoicheiographia, orographia et oreographia, oder beschreibung der elementen, grenzen und bergen des Schweizerlands; der natur-histori des Schweizerlands 1 theil. Pagg. 268. Zürich, 1716. 4.

Hydrographia helvetica, beschreibung der seen, flüssen, brünnen, bäderen, und anderen mineral-wasseren des Schweizerlands; der nat. hist. des Schweiz. 2 theil. Pagg. 480. 1717.

Meteorologia et oryctologia helvetica, oder beschreibung der luft-geschichten, steinen, metallen, und anderen mineralien des Schweizerlands, absonderlich auch der überbleibselen der sündfluth; 3 theil der natur-geschichten des Schweizerlands. Pagg. 336. 1718. Cum tabulis æneis.

Gottlieb Sigmund GRUNER.

Die naturgeschichte Helvetiens in der alten welt. Pagg. 101. Bern, 1775. 8.

———: Histoire naturelle de la Suisse dans l'ancien monde. Pagg. 159. Neuchatel, 1776. 12.

Versuch eines verzeichnisses der mineralien des Schweizerlandes. Pagg. 183. Bern, 1775. 8.

Johannes Henricus HOTTINGER.

Montium glacialium Helveticorum descriptio. Ephem. Ac. Nat. Cur. Dec. 3 Ann. 9 & 10. App. p. 41—75.

Johann Georg ALTMANNS

Versuch einer historischen und physischen beschreibung der Helvetischen eisberge. Zweyte auflage. Pagg. 271. tabb. æneæ 2. Zürich, 1753. 8.

Gottlieb Sigmund GRUNER.

Die eisgebirge des Schweizerlandes beschrieben. Bern, 1760. 8.
1 Theil. pagg. 237. 2 Theil. pagg. 224. 3 Theil. pagg. 219; cum tabb. æneis.

Marc Theodore BOURRIT.

Nouvelle description des vallées de glace et des hautes montagnes qui forment la chaine des Alpes Pennines et Rhetiennes. Geneve, 1783. 8.
Tome 1. pagg. 247. tabb. æneæ 4. Tome 2. pagg. 285. tabb. 4.

Gottlieb Conrad Christian STORR.

Ueber die spuren von veränderungen, die das Helvetische alpengebürge durch eine grosse naturbegebenheit erlitten zu haben scheint. Höpfner's Magaz. für die naturk. Helvet. 1 Band, p. 171—178.

Comte Gregoire DE RAZOUMOWSKI.

Voyage aux environs de Vevay, et dans une partie du Bas-Vallais,
Mem. de la Soc. de Lausanne, Tome 1. p. 76—94.

Voyages dans le gouvernement de l'Aigle et dans le Vallais. Relation d'une excursion sur le lac de Lucerne.
Pagg. 183. tabb. æneæ 2. Lausanne, 1784. 8.
2 Partie de ses Oeuvres. Tomum 1. vide supra pag. 33.

Johann David SCHÖPF.

Mineralogische bemerkungen über einen theil der Schweizergebürge, auf einer reise durch dieselbe.
Naturforscher, 21 Stück, p. 129—170.

ANON.

Versuch eines allgemeinen umrisses der mineralogischen beschreibung eines theils der westlichen Schweiz.
Höpfner's Magaz. für die naturk. Helvet. 4 Band, p. 109—134.

J BERTHOUT.

Lettre sur une nouvelle route pour aller sur le Buet, sur le relief de M. Exschaquet, et sur les mines de Servoz.
Magazin encyclopedique, Tome 4. p. 145—158.
2 Lettre. Col d'Anterne, vallée de Sixt, vallée de Thaninge, montagne Marcheli. ibid. p. 293—303.

Elie BERTRAND.

Essai de la minerographie, et de l'hydrographie du canton de *Berne*. dans le Recueil de ses traités sur l'hist. nat. p. 435—495.

Comte Gregoire RAZOUMOWSKY.

Observations et recherches sur la nature de quelques montagnes du canton de Berne.
Nov. Act. Helvet Vol. 1. p. 238—258.

François Samuel WILD.

Essai sur la montagne salifere du gouvernement d'Aigle, situé dans le canton de Berne.
Pagg 350. tabb æneæ 2. Geneve, 1788. 8.
Excerpta hujus libri, de formatione montium, italice, in Opuscoli scelti, Tomo 12. p. 185—190.

MANUEL.

Bericht von der in begleitung des Herrn Ferber in einem theil der Bernischen alpen unternommenen reise, die untersuchung der dortigen Bley-und Eisenwerken betreffend. Höpfner's Magaz. für die naturk. Helvet. 4 Band, p. 73—108.

Ermenegildo PINI.

Osservazioni mineralogiche sulla montagna di *S. Gottardo.* Opuscoli scelti, Tomo 4. p. 289—315.

Memoria mineralogica sulla montagna e suoi contorni di S. Gottardo.

Pagg. 128. tab. ænea 1. Milano, 1783. 8.

21. *Germaniæ.*

Philipp Engel KLIPSTEIN.

Gedanken über die zwey hauptgebürge,welche in Deutschland vorkommen, deren verschiedene beschaffenheit, und zug durch Europa. in sein. Mineralog. Briefwechsel, 1 Band. 1 Stück, p. 5—50.

JASKEVICH.

Voyage mineralogique depuis Vienne jusqu'à Freiberg. Journal de Physique, Tome 21. p. 306—313.

Jean Henri MERCK.

Lettre sur differens objets d'histoire naturelle. ibid. Tome 27. p. 190—192.

Johann Carl Wilhelm VOIGTS

Mineralogische reise von Weimar über den Thüringer wald, Meiningen, die Rhönberge, bis Bieber und Hanau, im herbst 1786. Pagg. 57. Leipzig. 8.

DANZ.

Kurze beschreibung und abbildung zweyer merkwürdigen berge, und der darinnen befindlichen stein-und bergarten. Beob. der Berlin. Ges. Naturf. Fr. 2 Band, p. 197—201.

O. F. LASIUS.

Auszug aus dem tagebuche über eine reise von Hannover, bis in die gegenden des Oberrheins, und der Pfalzischen Quecksilberbergwerke.

Bergbaukunde, 1 Band, p. 361—393.
2 Band, p. 353—382.

22. *Circuli Austriaci.*

Gian Giacomo FERBER.

Lettera orittografica, nella quale sono riferite le osservazioni da esso fatte nelle montagne e minere dell' Austria, Stiria e Carniola, nel suo viaggio da Vienna a Venezia l'anno 1771.

Raccolta di Memorie dal Sig. Gio. Arduino. Pagg. 22.

STÜTZ.

Schreiben über die mineralgeschichte von *Oesterreich unter der Ens.* Abhandl. einer Privatges. in Böhmen, 3 Band, p. 291—336.

Nachtrag zur mineralgeschichte von Oesterreich unter der Enss. Physik. Arbeit. der eintr. Freunde in Wien, 1 Jahrg. 1 Quart p. 77—107.

———— : Uterque commentarius, sub titulo:

Versuche über die mineralgeschichte von Oesterreich unter der Enss. Pagg. 92. Wien, 1783. 8.

Ignaz VON BORN.

Versuch einer mineralgeschichte des Oberösterreichischen Salzkammergutes. Abhandl. einer privatges. in Böhmen, 3 Band, p. 166—190.

Karl PLOYER.

Beschreibung des streichens der hauptgebürge aus der Schweiz durch die Innerösterreichischen länder.

Physikal. Arbeit. der eintr. Freunde in Wien, 2 Jahrg. 1 Quart. p. 45—58.

Nicolaus PODA.

Descriptio corporum terrestrium, et mineralium, quæ in monte vulgo *Ærzberg*, Stiriæ superioris, reperiuntur. impr. cum Continuat. Select. ex Amoen. Academ. C. Linnæi Dissertationum; p. 229—254.

Balthazar HACQUET.

Oryctographia Carniolica, oder physikalische erdbeschreibung des herzogthums *Krain*, Istrien, und zum theil der benachbarten länder.

1 Theil. pagg 162. Leipzig, 1778. 4.
2 Theil. pagg. 186. 1781.
3 Theil. pagg. 184. 1784.
4 Theil. pagg. 91. 1789.

Cum tabb æneis, et figuris æri incisis.

Tobias GRUBERS

Briefe hydrographischen und physikalischen inhalts aus Krain. Wien, 1781. 8.

Pagg. 159. tabb. æneæ 3. figuræ æri incisæ 29.

Anhang. Physikal. Arbeit. der eintr. Freunde in Wien, 1 Jahrg. 2 Quart. p. 1—24.

Alberto FORTIS.

Lettera orittografica al Sig. Abate Girol. Carli. Opuscoli scelti, Tomo 1. p. 254—264.

Joseph WALCHER.

Nachrichten von den eisbergen in *Tyrol*. Pagg. 96. tabb. æneæ 5. Wien, 1773. 8.

23. *Circuli Bavarici.*

Johann Ernst Immanuel WALCH.

Beytrag zur mineralgeschichte von *Bayern* und der Pfalz. Naturforscher, 7 Stück, p. 195—210.

Johann Jakob FERBERS

Verzeichnis der vorzüglichsten bergwerke in dem churfürstenthum Bayern, und der dazu gehörigen Oberpfalz. ibid. 10 Stück, p. 112—118.

Johann Georg WISGERS

Beschreibung der *Bredewinder* höhle. Naturforscher, 8 Stück, p. 280—285.

24. *Circuli Svevici.*

Verzeichniss derjenigen örter in der grafschaft *Öttingen*, bey welchen nach beschriebene aus dem reich der thiere und pflanzen versteinerte naturalien, wie auch figurirte steine zu finden sind. Aus den schriften des Herrn MICHEL heraus gezogen. Schröter's Journal, 3 Band, p. 321—350.

Einige nähere nachrichten von den fossilien der grafschaft Öttingen. ibid. 4 Band, p. 366—398.

Johann Friedrich GMELINS

Beytrag zu der natürlichen geschichte *Würtembergs* aus der classe der Erden und Steine. Naturforscher, 13 Stück, p. 132—159.

Gottlieb Friedrich RÖSLER.

Probe einer topographie des herzogthums Würtemberg, an einer beschreibung des flusses *Fils*, und der anliegenden gegenden. Deutsche schrift. der Soc. zu Götting. 1 Band, p. 1—32, et p. 301, 302.

Heinrich SANDERS

Beschreibung einer tropfstein-höle in der landgrafschaft *Sausenburg*. Naturforscher, 18 Stück, p. 167—181.

——— in seine kleine schriften, 1 Band, p. 298—311.

25. *Circuli Franconici.*

Friedrich Gottlob GLÄSER.
Versuch einer mineralogischen beschreibung der gefürsteten grafschaft *Henneberg* Chursächsischen antheils.
Leipzig, 1775. 4.
Pagg. 106; cum mappa geographica, æri incisa.
ANON.
Aus einem briefe an den Herrn Bergsecretair Voigt.
Leipzig. Magazin, 1787. p. 80—82.
(In librum antecedentem observatio.)
Johann Matthæus ANSCHÜTZ.
Ueber die gebirgs-und steinarten des Chursächsischen Hennebergs, nebst einer allgemeinen übersicht aller bis jezo bekannten mineralien dieses landes, und einem anhange vom Schneekopf und Rupberg.
Pagg. lii et 120. Leipzig, 1788. 8.
——— Leipzig. Magazin, 1787. p. 133—193, p. 261—314, et p. 389—407.
Joannes Fridericus GLASER.
Descriptio mineralium præcipuorum, quæ in regione urbis Hennebergicæ *Sublæ* reperiuntur.
Nov. Act. Ac. Nat. Cur. Tom. 5. App. p. 73—102.
Johann Carl Wilhelm VOIGT.
Ueber die *Rhönberge.*
Leipzig Magazin, 1781. p. 1—20.
Kurze nachricht von einem höchstmerkwürdigen berge. (*Ehrenberg.*) ibid. 1787. p. 227—235.
C. F. KESSLER VON SPRENGSEYSEN.
Ueber die beschaffenheit des bei Friedels-oder Frickelshausen gelegnen berges. ibid. 1781. p. 472—476.
Johann Theodor KÜNNETH.
Von einigen wundersamen höhlen und ihren neuesten produkten auf dem gebürge in Franken.
Schröter's Journal, 1 Band. 4 Stück, p. 296—299.
Versuch einer lithologischen beschreibung der Bayreuthischen *Fichtelbergischen* gegend. 1 Stück. von den Steinen. ibid. 2 Band, p. 249—264.
Johann Friedrich ESPERS
Reise zu den *Gailenreuther* Osteolithen-höhlen.
Schr. der Berlin. Ges. Naturf. Fr. 5 Band, p. 56—106.
Johann Theodor Benjamin HELFRECHT.
Versuch einer orographisch-mineralogischen beschreibung

der Landeshauptmannschaft *Hof*, oder des combinirten bergamtes Lichtenberg-Lauenstein. Hof, 1797. 8. Pagg. 162. tab. ænea 1. Supplemente. pagg. 32.

Eugenius Joannes Christophorus ESPER.
Oryctographiæ *Erlangensis* specimina quædam. Nov. Act. Acad. Nat. Cur. Tom. 8. p. 194—204.

Joannis Jacobi BAJERI
Ορυκτογραφια Norica, sive rerum fossilium et ad minerale regnum pertinentium, in territorio *Norimbergensi* ejusque vicinia observatarum succincta descriptio.
Pagg. 102. tabb. æneæ 6. Norimbergæ, 1708. 4.
Supplementa Oryctographiæ Noricæ. impr. cum Sciagraphia Musei ejus; p. 27—64; cum tabb. æneis 3. ib. 1730. 4.
——— Act. Ac. Nat. Cur. Vol. 2. App. p. 91—128.
——— cum supplementis A. 1730 editis, recusa.
Pagg. 65. tabb. æneæ 8. ib. 1758. fol.
Monumenta rerum petrificatarum præcipua, Oryctographiæ Noricæ supplementi loco jungenda, interprete filio Ferd. Jac. Bajero.
Pagg. 20. tabb. æneæ 15. ib. 1757. fol.

26. *Circuli Rhenani Inferioris s. Electoralis.*

Johann Jacob FERBERS
Bergmännische nachrichten von den merkwürdigsten mineralischen gegenden der Herzoglich-Zweybrückischen, Chur-Pfälzischen, Wild-und Rheingräflichen und Nassauischen länder.
Pagg. 94. tabb. æneæ 2. Mietau, 1776. 8.

Georg Adolph SUCKOW.
Systematische beschreibung der vorzüglichsten in den Rheinischen gegenden bisher entdeckten mineralien, besonders der Quecksilber-erze. Vorles. der Churpfälz. Phys. Oeconom. Gesellsch. 3 Band, p. 561—642.

Bernhard Sebastian NAU.
Schreiben an Hrn. Suckow, die entdeckung einiger Pfälzischen fossilien betreffend. in sein. Neu. entdeckungen, 1 Band, p. 261—268.

Freyherr Georg VON STENGEL.
Beschreibung des gebirges bey *Laudenbach*.
Abhandl. einer Privatgesellsch. in Oberdeutschland, 1 Band, p. 135—138.

Franz von Paula SCHRANK.
Probsteine von Laudenbach, beschrieben.
Abhandl. einer Privatgesellsch. in Oberdeutschland, 1 Band, p. 138—170.
Carl Christian GMELIN.
Mineralogische beobachtungen in einigen vulkanischen gegenden am Rhein.
Naturforscher, 23 Stück, p. 114—125.
Carl Wilhelm NOSE.
Orographische briefe über das *Siebengebirge*, und die benachbarten zum theil vulkanischen gegenden beyder ufer des Nieder-Rheins.
1 Theil. pagg. 278. tabb. æneæ duplæ 3.
Frankf. am Mayn, 1789. 4.
2 Theil. pagg. 438. tabb. 2; cum mappa geogr.
1790.

27. *Circuli Rhenani Superioris.*

Johann Samuel SCHRÖTER.
Nachricht von den fossilien des fürstenthums *Solms*.
in sein. Neu. Litteratur der naturgesch. 1 Band, p. 320—354.
Petrus WOLFART.
Historiæ naturalis *Hassiæ* inferioris Pars 1.
Pagg. 52. tabb. æneæ 25. Cassel, 1719. fol.
Conrad MÖNCH.
Beiträge zur mineralogie aus einigen in Hessen gesammelten beobachtungen.
Hessische Beiträge, 1 Band, p. 303—314.
Johann Carl Wilhelm VOIGT.
Mineralogische beschreibung des hochstifts *Fuld*, und einiger merkwürdigen gegenden am Rhein und Mayn.
Dessau u. Leipzig. 1783. 8.
Pagg. 244; cum mappa petrographica, æri incisa.
Friedrich Albert Anton MEYER.
Ueber einige mineralien des hochstifts Fulda.
Voigt's Magazin, 7 Band. 3 Stück, p. 124—131.
Georg Friedrich GÖTZ.
Beyträge zur mineralogischen geschichte der grafschaft *Hanau*.
Naturforscher, 18 Stück, p. 86—114.
23 Stück, p. 102—113.
Philipp Engel KLIPSTEIN.
Beyträge zur mineral-und bergwerksgeschichte der *Hes-*

sen-Darmstädtischen landen. in sein. Mineralog. Briefwechsel, 1 Band. 2 Stück, p. 67—134.
4 Stück, p. 1—65.
2 Band, p. 33—55, p. 146—208, et p. 281—362.

Versuch einer mineralogischen beschreibung des *Vogelsgebirgs* in der landgrafschaft Hessen-Darmstadt.
Pagg. 96. Berlin, 1790. 8.

Etwas über das Vogelsgebirge.
Beob. der Berlin. Ges. Naturf. Fr. 4 Band, p. 161—163.

ANON.

Verzeichniss der in den Hessen-Darmstättischen landen vorhandenen mineralien.
Voigt's Magazin, 5 Band. 1 Stück, p. 70—73.

Fortgesezte nachrichten von den in der grafschaft Cazenellenbogen sich findenden mineralien. ibid. 2 Stück, p. 77—79.

28. *Circuli Westphalici.*

Christian Friedrich HABEL.

Beyträge zur mineralgeschichte der *Nassauischen* lande.
Klipstein's Mineralog. briefwechsel, 1 Band. 3 Stück, p. 137—178.

Von der Nassauischen mineralgeschichte, und vom brennenden berg zu Dutweiler.
Schr. der Berlin. Ges. Naturf. Fr. 1 Band, p. 78—84.

Beyträge zur naturgeschichte und ökonomie der Nassauischen länder.
Pagg. 69. Dessau, 1784. 8.

Johann Philipp BECHER.

Mineralogische beschreibung der Oranien-Nassauischen lande, nebst einer geschichte des Siegenschen hutten- und hammerwesens.
Pagg. 624. tabb. æneæ 4. Marburg, 1789. 8.

Mineralogische beschreibung des *Westerwalds*, insbesondere der beiden Holzkohlen-bergwerke zu Stokhausen und Hoen.
Beob. der Berlin. Ges. Naturf. Fr. 1 Band, p. 1—118.

Franciscus BEUTH.

Juliæ et *Montium* subterranea, sive fossilium variorum per utrumque Ducatum hinc inde repertorum syntagma. Pagg. 181. Düsseldorpii, 1776. 8.

A. v. P. S.

Schreiben an seine leser, zur beantwortung des von E. Eh.

B. Freih. von Dethmaris in druck ausgefertigten schreibens an seine freunde, wider das werklein Juliæ et Montium subterranea, und die darauf erfolg e continuation des Missionars P. Beuth.
Pagg. 56. Frankf. am Mayn, 1780. 8.

Carl Wilhelm NOSE.
Orographische briefe über das *Sauerländische* gebirge in Westphalen.
Pagg. 204. tabb. æneæ 4. Frankf. am Mayn, 1791. 4.

Johann Esaias SILBERSCHLAG.
Beschreibung der *Kluterhöhle* in der grafschaft Mark.
Schr. der Berlin. Ges. Naturf. Fr. 6 Band, p. 132—155.

Johann Heinrich Siegismund LANGER.
Beytrag zu einer mineralogischen geschichte der hochstifter *Paderborn* und Hildesheim.
Pagg. 45. Leipzig, 1789. 8.
——— Leipzig. Magazin, 1788. p. 121—165.

Georg Friedrich GÖTZ.
Beytrag zur mineralogischen beschreibung der grafschaft *Schaumburg* in Westphalen.
Schr. der Berlin. Ges. Naturf. Fr. 1 Band, p. 385—392.

29. *Circuli Saxonici Inferioris.*

Heinrich Friedrich LINK.
Etwas über die gebirge und gebirgsarten in Niedersachsen.
Crell's Beyträge, 4 Band, p. 300—314.

Francisci Ernesti BRÜCKMANNI
Thesaurus subterraneus Ducatus *Brunsvigii*, id est: Braunschweig mit seinen unterirrdischen schäzen und seltenheiten der natur.
Pagg. 155. tabb. æneæ 26. Braunschweig, 1728. 4.

Albertus RITTER.
Syllabus fossilium *Carlsbüttensium*. in Supplementis scriptorum suorum, p. 113—120.

J. Lud. JORDAN.
Geologisch-mineralogische bemerkungen über die *Zeller*- und *Lüneburgersandhaide*.
Göttingisches Journal, 1 Band. 3 Heft, p. 55—109.

Fridericus LACHMUND.
Ορυκτογραφια *Hildesheimensis*, sive admirandorum fossilium, quæ in tractu Hildesheimensi reperiuntur, descriptio. Hildesheimii, 1669. 4.
Pagg. 80; cum figg. ligno incisis.

Franciscus Ernestus Brückmann.

De figuratis et aliis quibusdam curiosis lapidibus in Electoratu *Hannoverano* obviis, Epistola itineraria 7 (Cent 1.)

Plag. 1. tabb. æneæ 2. Wolffenbüttelæ, 1729. 4.

Albertus Ritter.

Specimen 1. oryctographiæ *Calenbergicæ*, sive rerum fossilium, quæ in ducatu electorali Brunsvico-Lunenburgico Calenberg eruuntur, historico-physicæ delineationis

Act. Acad Nat. Curios. Vol. 7. App. p. 51—66.

Specimen 2 adjecto indice lapidum quorundam figuratorum reliquarum provinciarum Hannoveranarum.

Pagg. 32. tab ænea 1. Sondershusæ, 1743. 4.

——— Act. Ac. Nat. Cur. Vol. 7. App. p. 67—94.

Supplementa. in Supplementis scriptorum suorum, p. 89—108.

Heinrich Friedrich Link.

Oryctologische beschreibung der gegend um *Göttingen*. in seine Annalen der Naturgesch. 1 Stück, p. 38—63.

Georg Sigismund Otto Lasius.

Beobachtungen über die *Harzgebirge*.

Hannover, 1789. 8.

1 Theil. pagg. 296. tab. ænea 1. 2 Theil. pag. 297—559.

Friedrich Wilhelm von Trebra.

Beschreibung einer druse in dem Andreasberger gebirge, am Harze.

Götting. Magaz. 4 Jahrg. 2 Stück, p. 65—83.

Franciscus Ernestus Brückmann.

De 4 figuratis rupibus ad fauces Hercyniæ sylvæ prope Ilfeldam, Epistola itineraria 4. (Cent. 1.)

Plag. 1. tabb æneæ 2. Wolffenbuttelæ, 1729. 4.

De antro Schartzfeldiano et Ibergensi Epist. it. 34.

Plagg. 2. tab. 1. 1734.

De sylvæ Hercyniæ antris Die alte-und neue-kelle, nec non die Hölle vocatis Epist. it. 72.

Pagg. 12. tab. 1. 1738.

Alberti Ritter

Oryctographia *Goslariensis*.

Pagg. 15. tab. ænea 1. Helmstadii, 1733. 4.

——— Editio altera.

Pagg. 32. tabb. æneæ 2. Sondershusæ, 1738. 4.

Supplementa. in Supplementi scriptorum suorum, p. 30—44.

Johannes Conradus TRUMPHIUS.

Epistola, qua sistitur υπερ-ορυκτηρινα circa Goslariam.
Pagg. 8. Stadæ, 1733. 4.

Franciscus Ernestus BRÜCKMANN.

De fossilibus *Blanckenburgicis* Epistola itineraria 37. (Cent. 1.)
Pagg. 12. tabb. æneæ 2. Wolffenbuttelæ, 1735. 4.

Memorabilia Blanckenburgica. Epist. it. 75 Cent. 3. p. 994—998.

Friedrich Wilhelm Heinrich VON TREBRA.

Bergmännische beobachtungen auf einer reise nach Blankenburg, und von da zurück.
Leipzig. Magazin, 1782. p. 173—190.

Hermannus VON DER HARDT.

Descriptio speluncæ ad sylvam Hercyniam in agro Brunsvicensi sitæ, vulgo *Baumannianæ* dictæ.
Act. Eruditor. Lips. 1702. p. 305—308.

Friedrich Christian LESSERS

Anmerckungen von der Baumanns-höhle, wie er sie selbst anno 1734 den 21 May befunden.
Pagg. 78. Nordhausen, 1745. 8.

Christian Friedrich SCHRÖDER.

Naturgeschichte und beschreibung der Baumans-und besonders der Bielshöle, wie auch der gegend des Unterharzes, worin beyde gelegen sind.
Pagg. 64. Hildesheim, 1789. 8.

Reise nach dem *Rostrap*, und seinen felsenbrüdern, in der grafschaft Regenstein oder Reinstein am Unterharz.
Götting. Magaz. 4 Jahrg. 1 Stück, p. 25—46.

Joan Daniel DENSO.

Von *Meklenburgischen* gegrabenen seltenheiten. in sein. Physikal. Bibliothek, 1 Band, p. 193—218, p. 289—327, et p. 673—692.

30. *Circuli Saxonici Superioris.*

Joan Daniel DENSO.

Von einigen *Pommerischen* seltenheiten. in sein. Beitr. zur Naturkunde, 5 Stük, p. 404—428.
6 Stük, p. 488—494.

Von einigen seltenen kabinetsstükken.
ibid. 10 Stük, p. 884—914.
11 Stük, p. 986—1011.

Vom *Gollenberge*. ib. 12 Stük, p. 1019—1044.

Franciscus Ernestus BRÜCKMANN.
De naturalibus *Uckero-Marchicis,* Epistola itiner. 72.
Cent. 2. p. 901—910.

ANON.
Nachricht von den versteinerungen und andern fossilien in der Uckermarck.
Physikal. Belustigungen, 2 Band, p. 51—61.

Johann Gottlob LEHMANNS
Historische und physikalische nachricht von dem *Freyenwaldischen* bade, alaunwerke, und andern daselbst befindlichen merkwürdigkeiten der natur. ibid. 1 Band, p. 483—517, et p. 712—719.
Excerpta, gallice, in ejus Traites de physique, Tome 1. p. 331—349.

Friderici Augusti CARTHEUSER
Rudimenta oryctographiæ *Viadrino-Francofurtanæ.*
Pagg. 78. Francof. ad Viadr. 1755. 8.

Christlob MYLIUS.
Nachricht von den Kalkbergen bey *Riedersdorf.*
Physikal. Belustigungen, 1 Band, p. 403—417.
2 Band, p. 61—63.

Friderico HOFFMANNO
Præside, Dissertatio sistens oryctographiam *Halensem,* sive fossilium et mineralium in agro Halensi descriptionem. Resp. Jo. Jac. Lerche.
Pagg. 56. Halæ, 1730. 4.

Johannes Christianus Daniel SCHREBER.
Lithographia Halensis. Dissertatio, Præside Joh. Joach. Langio. Pagg. 58. Halæ, 1758. 4.
——— præfatus est J. J. Langius.
Pagg. 80. tab. ænea 1. ib. 1759. 8.

C. C. SCHMIEDER.
Topographische mineralogie der gegend um Halle in Sachsen. Pagg. 151. Halle, 1797. 8.

Dietrich Ludwig Gustav KARSTEN.
Mineralogische beschreibung der gegenden um *Bennstedt, Beidersee* und *Morl,* mit wahrscheinlichen vermuthungen über die entstehung der dasigen Thon-und Porzellan-erden-lager begleitet.
Neu. Schrift. der Berlin. Ges. Naturf. Fr. 1 Band, p. 321—343.

Johann JOCKUSCH.
Versuch zur natur-historie der grafschaft *Mannssfeld,* welche zu entwerffen und herauszugeben er willens ist.
Pagg. 19. Eissleben, (1730.) 4.

Johann Christoph MEINEKE.

Lithographische und mineralogische beschreibung der gegend um *Oberwiederstedt* in der grafschaft Mannsfeld.
Naturforscher, 3 Stück, p. 127—155.
12 Stück, p. 225—244.
13 Stück, p. 160—173.
17 Stück, p. 45—65.
21 Stück, p. 180—189.

Friedrich Christian LESSER.

Von merckwürdigen natürlichen sachen des gräflichen Stolbergischen amtes *Hohnstein*.
in seine kleine Schriften, p. 99—137.

Alberti RITTER

Lucubratiuncula de Alabastris Hohnsteinensibus, nonnullisque aliis ejusdem loci rebus naturalibus.
Pagg. 16. tab ænea 1. (Helmstadii,) 1731. 4.

Supplementa. in Supplementis scriptorum suorum, p. 6—22.

Lucubratiuncula 2. de Alabastris *Schwartzburgicis*, cui subnexa est rerum quarumdam naturalium ejusdem terræ brevis delineatio.
Pagg. 31. tab. ænea 1. (Helmstadii,) 1732. 4.

Supplementum. in ejus Comm. de Zoolitho-dendroidis, p. 28—34.
in Supplementis scriptorum suorum, p. 22—30.

Friedrich Christian LESSER.

Nachricht von natürlichen merckwürdigkeiten der fürstlich Schwarzburg-Rudolstädtischen unterherrschaft *Franckenhausen*.
in seine kleine schriften, p. 5—98.

Georgius Christianus FUCHSEL.

Historia terræ et maris, ex historia *Thuringiæ*, per montium descriptionem.
Act. Acad. Mogunt. Tom. 2. p. 44—254.

C. G. SCHOBER.

Von den Toffstein-und Turf-lagen bey *Langensalze* in Thüringen.
Hamburg. Magaz. 6 Band, p. 441—445.

Johann Heinrich VOIGT.

Ueber einige physikalische merkwürdigkeiten der gegend von *Bergtonna* im herzogthum Gotha.
Lichtenberg's Magaz. 3 Band, 4 Stück, p. 1—19.

Jo. Wilhelmus BAUMER.

Dissertatio de mineralogia territorii *Erfurthensis*. Resp. Jac. Henr. Rittermann. Pagg. 40. Erfurthi, 1759. 4.

Johann Carl Wilhelm VOIGT.
Mineralogische reisen durch das herzogthum *Weimar* und *Eisenach*, und einige angränzende gegenden.
1 Theil. pagg. 151. tabb. æneæ 6. Dessau, 1782. 8.
2 Theil. pagg. 134. Weimar, 1785. 8.

Johannis Henrici SCHÜTTEI
Ορυκτογραφια *Jenensis*, sive fossilium et mineralium in agro Jenensi brevissima descriptio.
Lipsiæ et Susati, 1720. 8.
Pagg. 100. tabb. æneæ 2; præter epistolam de Vino Jenensi, de qua Tomo 3. pag. 569.
——— revidit, adnotationesque subjecit Christ. Valent. Merckelius.
Pagg. 141. Jenæ, 1761. 8.

Friedrich Christian SCHMIDT.
Historisch-mineralogische beschreibung der gegend um Jena.
Pagg. 144. tabb. æneæ 3. Gotha, 1779. 8.

Johannes Godofredus BÜCHNER.
Epistola de memorabilius *Voigtlandiæ* subterraneis, adnexa Centuriæ 1. Epistolarum itinerariar. Fr. Ern. Brückmann.
Pagg. 8. 1742. 4.
Dissertationes epistolicæ (5) de memorabilibus Voigtlandiæ subterraneis.
Singulæ pagg. 8. 1743. 4.
——— Act. Acad. Nat. Curios. Vol. 7. p. 281—286. Vol. 5. p. 106—113, p. 101—105, et p. 98—101. Vol. 7. p. 286—289. Vol. 6. p. 282—284.
Paullo diversæ sunt hæ duæ editiones.

Tobias Conrad HOPPE.
Kurze beschreibung versteinerter Gryphiten, dass solche zurückgebliebene zeugen der allgemeinen sündfluth sind, nebst anderer fossilien so hier in *Gera* befindlich sind.
Pagg. 28. Gera, 1745. 4.
Scripta eristica occasione hujus libelli edita, vide Tom. 2. p. 219.
Kurzer entwurf der Geraischen gegend.
Physikal. Belustigungen, 1 Band, p. 615—626.

M. C. G. G.
Sendschreiben an Herrn. Zach. Pfannenschmidt, betreffend einige steinabhandlungen.
Plag. 1. Altenburg, 1750. 4.

SCHULZE.
Sachsens vorzügliche reichthümer und seltenheiten des mineralreichs.
Dresdnisches Magazin, 2 Band, p. 67—79.

ANON.
Mineralogische geschichte des Sächsischen Erzgebirges.
Pagg. 52. Hamburg, 1775. 8.

Johann Friedrich Wilbelm CHARPENTIER.
Mineralogische geographie der Chursächsischen lande.
Pagg. 432. tabb. æneæ 7. Leipzig, 1778. 4.

ANON.
Nachricht von den in den Churfürstl. Sächsischen landen vorhandenen mineralien.
Voigt's Magaz. 4 Band. 4 Stück, p. 8—15.

Gottbelf Friedrich OESFELD.
Nachricht von dem *Scheibenberger* berg im Ober-erzgebürge bey der bergstadt Scheibenberg.
Dresdnisches Magazin, 2 Band, p. 402—410.

Friedrich Wilbelm Heinrich VON TREBRA.
Nachricht von einigen merkwürdigen stuffen aus dem bergamtsrevier *Marienberg.*
Beschäft. der Berlin. Ges. Naturf. Fr. 2 Band, p. 326—339.

SCHULZE.
Kurze nachricht von der *Chemnitzer* gegend, und den daselbst befindlichen mineralien.
Dresdnisches Magazin, 2 Band, p. 259—281.

David FRENZELS
Verzeichniss der edelgesteine, fossilien, naturalien, erdarten und versteinerungen, welche im bezirk der stadt Chemnitz in Meisen bemerket worden.
Pagg. 32. Chemnitz, 1769. 8.

Friedrich Traugott SONNESCHMID.
Beschreibung eines gebirges um *Braunsdorf,* seinen mannigfaltigen steinarten, und ihrer sichtligen übergänge in einander.
Crell's Beyträge, 2 Band, p. 63—81.

Johann Christian HELCK.
Einige zur naturhistorie gehörige nachrichten von dem sächsischen bergstädtgen *Berggiesbübel.*
Hamburg. Magazin. 12 Band, p. 286—293.
Beschreibung des *Pirnischen* sandsteingebirges.
Hamburg, Magaz. 6 Band, p. 213—219.

SCHULZE.

Nachricht von den in der *Dresdnischen* gegend vorhandenen mineralien und fossilien.

Neu. Hamburg. Magaz. 33 Stück, p. 195—232.

J. C. H. (HELCK?)

Von den erd-und steinlagen in einem bey *Rossthal* unweit Dresden abgesunkenen schachte.

Hamburg. Magaz. 7 Band, p. 554—558.

C. G. PÖTZSCHEN.

Versuch einer mineralogischen beschreibung der gegend um *Meissen.*

Schrift. der Leipziger Ökonom. societät, 2 Theil, p. 249—284.

————: Ausführliche mineralogische beschreibung der gegend um Meissen.

Pagg. 138. tabb. æneæ 5. Dresden, 1779. 8.

ANON.

Verzeichniss derer fossilien, welche in der gegend um *Leipzig* gefunden werden.

Hamburg. Magazin, 15 Band, p. 533—536.

Georgius Caspar KIRCHMAJER.

Dissertatio: Ferax metallorum atque mineralium *Dübensis* saltus, prope Schmidebergam, in Saxoniæ Electorali circulo. Resp. Joh. Schockwitz.

Pagg. 16. Wittebergæ, 1692. 4.

———— Brückmann's Magnalia Dei, 2 Theil, p. 535—542.

31. *Lusatiæ.*

Johann Philipp von CAROSI.

Beyträge zur naturgeschichte der *Niederlausiz,* insbesondere aber des mineralreichs derselben.

Pagg. 68. tabb. æneæ 2. Leipzig, 1779. 8.

(*Carl Gottlob Adolph* VON SCHACHMANN.)

Beobachtungen über das gebirge bey *Königshayn* in der Oberlausiz.

Pagg. 71. tabb. æneæ 2. Dresden, 1780. 4.

32. *Bohemiæ.*

Giovan Jacopo FERBER.

Memorie epistolari di osservazioni mineralogiche e orittografiche, scritte dalla Boemia.

Atti dell' Accad. di Siena, Tomo 5. p. 203—227.

STOUTZ.

Memoire pour servir à l'histoire naturelle de la Boheme, ainsi qu'à celle des Basaltes.
Abhandl. der Böhm. Gesellsch. 1788. p. 171—229.

Franz Ambros REUSS.

Orographie des nordwestlichen mittelgebirges in Böhmen.
Pagg. 180 Dresden, 1790. 8.

Mineralogische geographie von Böhmen.
1 Band. pagg. 406; cum mappa petrographica, æri incisa. ib. 1793. 4.

Beyträge zur mineralgeschichte Böhmens. Mayer's Samml. physikal. Aufsäze, 4 Band, p. 339—374.

Carl Anton RÖSSLER.

Mineralogische bemerkungen über die gebirge, bey einer reise von Prag nach Joachimsthal.
Bergbaukunde, 1 Band, p. 337—360.
(Initium tantum hujus commentationis, quæ in sequenti editione integra.)

——— Mayer's Samml. physikal. Aufsäze, 2 Band, p. 97—222.

Mineralogische bemerkungen auf einer reise von Prag bis Georgenthal, an der Laussnizer gränze, von da auf Leutmeriz, und weiter über Libschhausen auf Saaz, Liebenz, Libkowiz und Karlsbad. ibid. p. 57—96.

Gottfried LANGHANSS.

Das in Böhmen gelegene verwundernswürdige *Adersbachische* stein-gebirge.
Pagg. 32. tab. ænea 1. Bresslau, 1739. 4.

Prokop Thomas PERKA.

Ueber das Böhmische sandsteingebirge, besonders jenes von Adersbach. Mayer's Samml. physikal. Aufsäze, 2 Band, p. 309—316.

Johann Rostislaw KHUN.

Ueber den *Iserfluss*, und dessen natürlichen merkwürdigkeiten des steinreichs.
Abhandl. der Böhm. Gesellsch. 1788. p. 111—120.

Franz Ambros REUSS.

Bemerkungen auf einer reise durch einige gegenden des *Leitmerizer* kreises. ibid. 1786. p. 25—30.

Oryctographie der gegend von *Bilin*. ib. 1787. p. 58—74.

Johann JIRASEK.

Mineralogische nachrichten von der gegend von *Sobrusan*,

eine halbe stunde von Dux entlegen. Abhandl. der Böhm. Gesellsch. 1785. p. 123—129.

Graf VON K * * * * * (KINSKY.)

Nachricht von einigen erdbränden im *Ellenbogner* kreise in Böhmen. Abhandl. einer privatgesellsch. in Böhmen, 2 Band, p. 58—73.

————: Relazione di alcune terre abbruciate nel circolo Ellbogano in Boemia.

Scelta di Opusc. interess. Vol. 32. p. 22—39.

Franz Ambros REUSS.

Mineralogische bemerkungen auf einer reise durch einen theil des Ellbogner kreises. Neu. Abhandl. der Böhm. Gesellsch. 1 Band, p. 209—224.

Mineralogische bemerkungen auf einer reise nach *Carlsbad.* Neu. Schrift. der Berlin. Gesellsch. Naturf. Fr. 1 Band, p. 268—303.

Johann Christ. LINDACKER.

Beytrag zur mineralgeschichte von *Gottesgaab.* Mayer's Samml. physikal. Aufsäze, 3 Band, p. 9—18.

Franz Ambros REUSS.

Mineralogische beschreibung des *Egerischen* bezirks. in ejus Beschreibung des Egerbrunnens, p. 1—83.

Prag u. Dresden, 1794. 8.

Geognostische bemerkungen auf einer reise durch einen theil des *Pilsner* kreises im jahr 1794. in sein. Samml. naturhist. Aufsäze, p. 47—170.

Johann Thaddäus LINDACKER.

Mineralgeschichte von *Mies.* Neu. Abhandl. der Böhm. Gesellsch. 1 Band, p. 129—154.

Jos. K. E. HOSER.

Mineralogische bemerkungen über einige gegenden des *Rakonitzer* kreises. Schmidt's Samml physikal. Aufsäze, 1 Band, p. 287—364.

Joseph Anton ERLACHER.

Beschreibung der erdarten und mineralien, die in der gegend um *Ginez* im Berauner kreise gefunden werden Abhandl. einer privatgesellsch. in Böhmen, 5 Band, p 281—299.

33. *Moraviæ.*

Johann Nepomuk Graf VON MITROWSKY.

Beyträge zur Mährischen mineralogie. Mayer's Samml. physikal. Aufsäze, 2 Band, p. 223—266.

Johann MAYER.
Versuch einer beschreibung der gegend um *Sluppe* in Mähren.
Schr. der Berlin. Ges. Naturf. Fr. 2 Band, p. 56—65.
Karl RUDZINSKY.
Fossilien vom berge *Hradissko* nächst Hrossna in Mähren.
Schmidt's Samml. physikal. Aufsäze, 1 Band, p. 373—375.

34. *Silesiæ.*

Casparus SCHWENCKFELT.
Fossilium Silesiæ catalogus. impr. cum ejus Stirpium Silesiæ catalogo ; p. 349—407. Lipsiæ, 1600. 4.
Georg Anton VOLKMANNS
Silesia subterranea, oder Schlesien mit seinen unterirrdischen schätzen. Leipzig, 1720. 4.
Pagg. 344. tabb. æneæ 34, 10 et 10.
Charles Abraham GERHARD.
Observations physiques et mineralogiques sur les montagnes de la Silesie.
Mem. de l'Acad. de Berlin, 1771. p. 100—122.
Mineralogische beobachtung über die gegend, Grosswanderiz, Nickelstadt, und Klosterwahlstadt, an der Katzbach.
Schr. der Berlin. Ges. Naturf. Fr. 6 Band, p. 105—115.
Johann Gottlieb VOLKELTS
Nachricht von den Schlesischen mineralien, und den örtern, wo dieselben gefunden werden.
Pagg. 123. Breslau u. Leipzig, 1775. 8.
Dietrich Ludwig Gustav KARSTEN.
Bemerkungen über das Serpentinsteingebirge in Niederschlesien.
Beob. der Berlin. Ges. Naturf. Fr. 4 Band, p. 348—355.
Geognostische beobachtungen auf einer reise in Schlesien.
Neu. Schr. derselb. Gesellsch. 1 Band, p. 249—267.
Leopold VON BUCH.
Versuch einer mineralogischen beschreibung von *Landeck.* Pagg. 52. Breslau, 1797. 4.

35. *Imperii Danici.*

Heinrich Ludwig DOMEJER.

Von den steinarten und versteinerungen, auch erdarten einiger gegenden in *Holstein*.

Schröter's Neue litteratur, 2 Band, p. 385—397.

Sören ABILDGAARD.

Physisk-mineralogisk beskrivelse over *Möens klint*.

Pagg. 70. tabb. æneæ 2. Kiöbenhavn, 1781. 8.

——: Physikalisch-mineralogische beschreibung des vorgebirges auf der insel Möen, nach den neuesten berichtigungen des verfassers, übersezt von Chr. Heinr. Reichel.

Pagg. 61. tabb. æneæ 2. ib. 1783. 8.

Beskrivelse over *Stevens klint* og dens naturlige mærkværdigheder, oplyst og udfördt med mineralogiske og chymiske betragtninger.

Pagg. 50. tabb. æneæ 3. ib. 1759. 4.

T. ROTHE.

Om en formedelst sin störrelse og form merkværdig steen, hvilken findes vid *Tybierggaard* i Sielland, og hvilken der i egnen kaldes Orestenen.

Naturhist. Selsk. Skrivt. 2 Bind, 2 Heft. p. 1—11.

ANON.

Mineralogische beschreibung von *Bornholm*, nebst einer kurzen erzählung der daselbst gemachten bergmännischen versuche auf steinkohlen.

Beob. der Berlin. Ges. Naturf. Fr. 5 Band, p. 92—104.

Peter Christian ABILDGAARD.

Om drypsteensformige Calcedoner, og om nogle nye ubeskrevne *Norske* og *Grönlandske* steenarter.

Naturhist. Selsk. Skrivt. 2 Bind, 1 Heft. p. 107—132.

Johan Ernst GUNNERUS.

Adskillige efterretninger, fornemmelig angaaende mineralier i *Nordland* og Finmarken.

Norske Vidensk. Selsk. Skrift. 1 Deel, p. 271—283.

Egerhardus OLAVIUS.

Enarrationes historicæ de natura et constitutione *Islandiæ*, formatæ et transformatæ per eruptiones ignis. Particula 1. de Islandia, antequam coepta est habitari.

Pagg. 148. Hafniæ, (1749.) 8.

Theodor Thorkelsohn WIDALIN.

Von den Isländischen eisbergen.

Hamburg. Magaz. 13 Band, p. 9—27, et p. 197—218.

Christian ZIENERS
Beskrivelse over nogle Surtebrands-fielde i Island, saa og nogle steder hvor jernhaltig jord er funden. impr. cum O Olavii Reise igiennem Island; p. 735—756.
Kiöbenhavn, 1780. 4.

36. *Sveciæ.*

Lars BENZELSTIERNA.
Berättelse om åtskillige nyare malm-och mineral-upfinningar i riket.
Vetensk. Acad. Handling. 1741. p. 237—248.
Daniel TILAS.
Utkast til Sveriges mineral-historia.
Pagg. 104. tab. ænea 1. Stockholm, 1765. 8.

Anders Jahan RETZIUS.
Anmärkningar vid *Skånes* mineralhistoria.
Physiogr. Sälskap. Handling. 1 Del, p. 65—87.
Kilian STOBÆUS.
Designatio petrefactorum, lapidumve figuratorum, nec non aliorum, quos in arenosis territoriorum Villandiani, Gersensis, Lydgothiani, Biærensis et Schytiani locis collectos, meum scriniolum lapidarium asservat.
Act. Literar. Sveciæ, 1731. p. 12—16.
Bengt Reinhold GEIJER.
Rön och anmärkningar om Flussspats och Blyglans anledningar vid Cimbrishamn i Skåne.
Vetensk. Acad. Handling. 1786. p. 34—45.
———: Versuche und anmerkungen über die anleitungen auf Flussspath und Bleyglanz bey Cimbrishamn in Schonen.
Crell's chem. Annalen, 1787. 2 Band, p. 169—181.
Peter ASCANIUS.
An account of a mountain of Iron ore, at *Taberg* in Sweden.
Philosoph. Transact. Vol. 49. p. 30—34.
———: Nachricht von einem berge von Eisenerz zu Taberg in Schweden.
Nordische Beyträge, 1 Band. 1 Theil, p. 67—74.
Daniel TILAS.
Tabergs Järnmalms-berg i Småland beskrifvit.
Vetensk. Acad. Handling. 1760. p. 14—29.
Anton SWAB.
Anmärkningar öfver Gull-gångarne vid *ädelfors.* ibid. 1745. p. 117—136.

Anders SWAB.
Om strykande Quarts-gångar i Ädelfors gullmalmstracter i Småland. Vetensk. Acad. Handling. 1762. p. 291—293.

J. M. GRÅBERG.
Tankar om sten-och jordlägen på *Gotland*, och om där funnit Jordbeck, samt om Gotlands-stenens generation. ib. 1741. p. 251—255.
———: Bedenkingen over de beddingen van steen en aarde, die in Gothland zyn, benevens den oorsprong van den Gothlandschen steen.
Uitgezogte Verhandelingen, 8 Deel, p. 510—517.

Torbern BERGMAN.
Anmärkningar om *Västgötha* bergen.
Vetensk. Acad. Handling. 1768. p. 324—336.
———; De montibus Vestrogothicis.
in ejus Opusculis, Vol. 5. p. 115—130.

Samuel Gustaf HERMELIN.
Rön och försök hörande til mineral-historien öfver *Skaraborgs Län* i Västergötland.
Vetensk. Acad. Handling. 1767. p. 20—34.

Johan Svenson LIDHOLM.
Kinne-kulle aftagen i profil och beskrifven. ib. 1747. p. 54—57.

Axel Friedrich CRONSTEDT.
Mineralgeschichte über das *Westmanländische* und *Dalekarlische* erzgebirge, auf beobachtungen und untersuchungen gegründet; nach dessen handschrift aus dem schwedischen übersezt von J. G. Georgi.
Pagg. 216. tab. ænea 1. Nürnberg, 1781. 8.

Daniel TILAS.
Mineral-historia öfver Osmunds-berget i *Öster-Dalarne*.
Vetensk. Acad. Handling. 1740. p. 194—201.
Om nordre Mässevåla fjell, beläget i riksgränsen emot Österdalarne. ibid. 1743. p. 81—84.
Om Svucku fjell. ib. 179—186.

Johan Gustaf EDELFELT.
Strödde minerographiske observationer (i *Norrland*.) ib. 1784. p. 89—103.
———: Zerstreute mineralogische wahrnehmungen.
Crell's chem. Annalen, 1786. 1 Band, p. 243—255.

Axel Fredric CRONSTEDT.
Anmärkningar vid *Jämtlands* mineral historia.
Vetensk. Acad. Handling. 1763. p. 268—289.

Johanne Gotschalck WALLERIO
Præside, Dissertatio: Observationes mineralogicæ ad pla-

gam occidentalem sinus bothnici factæ. Resp. Er. Hellberg. Pagg. 13. Holmiæ, 1752. 4.
——— in ejus Disputat. Academ. Fascic. 2. p. 150—164.

Pehr Adrian GADD.
Inledning til *Österbotns* mineral-historia. Resp. Carl Kreander. Pagg. 18. Åbo, 1788. 4.
Inledning til *Tavastlands* mineral-historia. Förra delen. Resp. Mart. Lilius. Pagg. 20.
Senare delen. Resp. Abr. Lilius. Pag. 21—30. ib. 1789. 4.
Observationes mineralogico metallurgicæ de monte cuprifero *Tilas wuori.* Resp. Jac. Malleen. Pagg. 12. ib. 1769. 4.
Inledning til *Björneborgs Läns* mineral-historia. Förra delen. Resp. Carl Gust. Sanmark. Pagg. 24. ib. 1789. 4.

Sören ABILDGAARD.
En märkvärdig förändring på jordens superficies i Finland.
Vetensk. Acad. Handling. 1757. p. 222—225.

Daniel TILAS.
Anmärkningar vid föregående rön. ib. p. 226—234.

37. *Borussiæ.*

Georgii Andreæ HELWINGS
Lithographia *Angerburgica,* sive lapidum et fossilium, in districtu Angerburgensi et ejus vicinia, ad trium vel quatuor milliarium spatium, collectorum consideratio. Pagg. 96. tabb. æneæ 11. Regiomonti, 1717. 4.
Pars 2. pagg. 132. tabb. 4. Lipsiæ, 1720. 4.

Jean Philippe DE CAROSI.
Essai d'une lithographie de *Mlocin.*
Pagg. 96. Dresde, 1777. 8.
Excerpta, germanice, in Samml. zur Physik, 1 Band, p. 81—104.

38. *Hungariæ*
(et adjacentium regionum Imperii Austriaci.)

John Baptiste MERIN.
A journey to the mines of Hungary.
Churchill's Collection of voyages, Vol. 4. p. 756—761.

G. A. VON SPRINGER.

Nachricht von einigen in den Ungarischen bergwerken befindlichen besondern erz und gangarten.

Dresdnisches Magazin, 2 Band, p. 441—447.

Beylage.

Neu. Hamburg. Magaz. 68 Stück, p. 154—162.

Ignatz Edler VON BORN.

Briefe über mineralogische gegenstände, auf seiner reise durch das Temeswarer Bannat, Siebenbürgen, Ober- und Nieder-Hungarn, an den herausgeber derselben, J. J. Ferber, geschrieben.

Frankf. u. Leipzig, 1774. 8.

Pagg. 228. tabb. æneæ 3.

Johann Ehrenreich VON FICHTEL.

Mineralogische bemerkungen von den Karpathen.

Wien, 1791. 8.

1 Theil. pagg. 411. 2 Theil. pag. 415—730. tab. ænea 1.

Beytrag zur mineralgeschichte von *Siebenbürgen*. 1 Theil. Nachricht von den versteinerungen des grossfürstenthums Siebenbürgen, mit einem anhange über die sämmtlichen mineralien und fossilien dieses landes.

Pagg. 158. tabb. æneæ 7. Nürnberg, 1780. 4.

Partem 2. vide infra, inter scriptores de Salibus.

Samuel KÖLISER DE KERES-EER.

Achates &c. Transilvaniæ.

Ephemer. Acad. Nat. Cur. Cent. 9 & 10. p. 426, 427.

VON MÜLLER.

Mineralgeschichte der goldbergwerke in dem Vöröschpataker gebirge bey *Abrudbanya* im grossfürstenthume Siebenbürgen.

Bergbaukunde, 1 Band, p. 37—91.

Balthazar HACQUET.

Courtes remarques oryctographiques sur la mine d'or proche du village de *Nagy-Ag*, dans le territoire de Hunyad en Transilvanie.

Journal de Physique, Tome 26. p. 25—33.

Francisci Ernesti BRÜCKMANNI

Epistola itineraria 77. (Cent. 1.) sistens antra draconum *Liptoviensia*.

Pagg. 16. tab. ænea 1. Wolffenbuttelæ, 1739. 4.

Karl Freyherr VON MEIDINGER.

Von einigen *Sklavonischen* fossilien. Beschäft. der Berlin. Ges. Naturf. Fr. 3 Band, p. 449—452.

ANON.
Beschreibung der doppelhöhle zu *Thuin* in Kroatien.
Ungrisches Magazin, 3 Band, p. 460—464.

39. *Imperii Russici.*

Johann Samuel SCHRÖTER.
Nachrichten von einigen Russischen mineralien.
Naturforscher, 22 Stück, p. 167—182.
23 Stück, p. 54—101.

ANON.
Auszug eines briefes aus St. Petersburg. (de montibus in occidentali et septentrionali parte Russiæ.)
Sammlungen zur Physik, 1 Band, p. 749—751.

Eric LAXMAN.
Vorläufige nachricht von einigen gebirgen im Europäischen Russland.
Leipzig. Magazin, 1781. p. 44—46.

H. M. RENOVANZ.
Bemerkungen über diejenige fortsezung der Schwedischen gebürge, welche zwischen dem weissen meer und den seen Onega und Ladoga auf Russischen boden eintritt.
Pallas Neu. Nord. Beyträge, 1 Band, p. 132—150.

Johannes Gottlob LEHMANN.
Specimen oryctographiæ *Stara-Russiensis* et lacus Ilmen.
Nov. Comm. Acad. Petropol. Tom. 12. p. 391—402.
———: Versuch einer mineralogischen beschreibung der gegenden um Stararussa und den Ilmensee.
Neu. Hamburg. Magaz. 55 Stück, p. 72—87.

Peter Simon PALLAS.
Ueber die orographie von Siberien. Physik. Arbeit. der eintr. Fr. in Wien, 1 Jahrg. 1 Quart. p. 1—22.
Mineralogische neuigkeiten aus Sibirien. in sein. Neu. Nord. Beyträg. 5 Band, p. 275—300.

Eugene Melchior Louis PATRIN.
Apperçu des mines de Siberie.
Journal de Physique, Tome 33. p. 81—96.
Extrait du rapport de MM. l'Hermina, le Lievre, Gillet, Forster et Fourcroy, fait à la Societé d'Histoire naturelle de Paris, le 10 Juillet 1791, sur la collection de mineraux de Siberie, rapportée par M. Patrin.
Journal de Fourcroy, Tome 2. p. 129—135.

H. M. Renovantz.
Mineralogisch-geographische nachrichten von den *Altaischen* gebürgen Russisch Kayserlichen antheils.
Pagg. 272. tabh. æneæ 4. Reval, 1788. 4.

Benedikt Franz Hermann.
Verzeichniss der vorzüglichsten steinarten, welche durch die 1786 ins Altaische gebirge ausgeschickte schurfexpedizion entdeckt worden. in ejus Beyträge zur physik &c. der Russischen länder, 3 Band, p. 31—54.
Ueber die porphyrgebirge am westlichen ausgehenden des Altaischen erzgebirges.
Crell's chem. Annalen, 1789. 1 Band, p. 488—496.

Peter Simon Pallas.
Bericht von dem neuen grubenbau am flusse *Buchturma*, ausserhalb der Kolywanischen gränzlinie.
in sein. Neu. Nord. Beyträg. 5 Band, p. 266—270.

Eugene Melchior Louis Patrin.
Notice mineralogique de la *Daourie*.
Journal de Physique, Tome 38. p. 225—245, et p. 289—299.

Johann Jacob Bindheim.
Mineralogische nachrichten aus Daurien.
Neu. Schrift. der Berlin. Ges. Naturf. Fr. 1 Band, p. 177—182.

Anon.
Verzeichniss aller im *Nertschinskischen* hüttenbezirk beobachteten berg-und erzarten, ingleichen mineralien. (aus einer russischen urschrift.)
Pallas Neu. Nord. Beyträge, 4 Band, p. 239—248.

Peter Simon Pallas.
Verzeichniss einiger in der gegend um den *Penschinischen* meerbusen, und auf *Kamtschatka* bemerkten merkwürdigen fossilien.
in sein. Neu. Nord. Beyträg. 5 Band, p. 271—274.

Philippe Frederic Baron de Dieterich.
Recueil d'observations sur les volcans et la mineralogie de Kamtschatka.
Journal de Physique, Tome 18. p. 29—44.

10. *Imperii Osmanici.*

Jacopo Mollart di Reineggs.
Lettera orittografica, sopr' alcune osservazioni fatte nell' *Arcipelago*.
Scelta di Opusc. interess. Vol. 32. p. 3—21.

Lazaro SPALLANZANI.
Osservazioni fisiche istituite nell' isola di Citera, oggidì detta *Cerigo.*
Mem. della Società Italiana, Tomo 3. p. 439—464.
——— Opuscoli scelti, Tomo 9. p. 387—409.

Deodat DE DOLOMIEU.
Memoire sur la constitution physique de l'*Egypte.*
Journal de Physique, Tome 42. p. 41—61, p. 108—126, et p. 194—214.

Gregorius WAD.
Fossilia Ægyptiaca musei Borgiani Velitris.
Pagg. 32. Velitris, 1794. 4.

41. *Africæ et Insularum adjacentium.*

William ANDERSON.
Account of a large stone near *Cape town*; with a letter from Sir William Hamilton, on having seen pieces of the said stone.
Philosoph. Transact. Vol. 68. p. 102—106.

DE LAMANON et MONGEZ.
Extrait d'un voyage au *Pic de Teneriffe.*
Journal de Physique, Tome 29. p. 150—153.

42. *Indiæ Orientalis.*

Johannes Gerhardus KÖNIG.
Observationes mineralogicæ in India Orientali, e litteris ejus excerptæ a Joh. Jac. Ferber.
Nov. Act. Societ. Upsal. Vol. 4. p. 41—50.

James ANDERSON.
An attempt to discover such minerals, as correspond with the classification of Cronstedt, and thus lead to a more extensive knowledge of the mineralogy of this country (the coast of *Coromandel.*)
The Phoenix, 1797. p. 14—17, p. 80—84, et p. 116, 117.

Carl Peter THUNBERG.
Beskrifning på ön *Ceilons* mineralier och ädla stenar.
Vetensk. Acad Handling. 1784. p. 70—81.
———: Beschreibung der mineralien und edlen steine, auf der insel Ceylon.
Crell's chem. Annalen, 1785. 2 Band, p. 461—475.

Georgius Josephus KAMEL.
De mineralibus et fossilibus *Philippensibus.*
Philosoph. Transact. Vol. 25. n. 311. p. 2404—2408.

43. *Americæ.*

Johann David SCHÖPF.
Beyträge zur mineralogischen kenntniss des östlichen theils von Nordamerika, und seiner gebürge.
Pagg 194. Erlangen, 1787. 8.

Andreas Gotthelf SCHÜTZ.
Beschreibung einiger Nordamerikanischen fossilien.
Pagg. 16. Leipzig, 1791. 8.

Jeremy BELKNAP.
Description of the White mountains in *New-Hampshire.*
Transact. of the Amer. Society, Vol. 2. p. 42—50.

Benjamin LINCOLN.
An account of several strata of earth and shells on the banks of York-river, in *Virginia*; of a subterraneous passage, &c.
Mem. of the Amer. Academy, Vol: 1. p. 372—376.

P. DE LA COUDRENIERE.
Observations sur les depots du fleuve *Mississipi,* pour servir à l'histoire des revolutions physiques de la surface de la terre.
Journal de Physique, Tome 21. p. 230—242.

ANON.
Extract of a narrative, concerning a voyage from Spain to *Mexico,* and of the minerals of that kingdom.
Philosoph. Transact. Vol. 3. n. 41. p. 817—824.
———: Extrait de la relation sur un mineral semblable à de l'or battu en feuilles, trouvé au Mexique. impr. avec la Metallurgie de Barba; Tome 2. p. 277—283.

Don Fausto D'ELHUYAR.
Auszug eines briefes. (Observationes ad geographiam physicam Mexicanam.)
Bergbaukunde, 2 Band, p. 462—464.

DE GENTON.
Essai de mineralogie de l'isle de *Saint-Domingue* dans la partie Françoise.
Journal de Physique, Tome 31. p. 173—177.

John Andrew PEYSSONEL.
Observations made upon the Brimestone-hill (in french la Soufriere) in the island of *Guadelupa.*
Philosoph. Transact. Vol. 49. p. 564—579.
———: Anmerkungen über den Schwefelberg auf der insel Guadelupa.
Hamburg. Magazin, 21 Band, p. 247—266.

44. *Poëmata de Mineralibus.*

ORPHEO a quibusdam adscriptum,
De lapidibus poema. græce et latine, cum notis H. Stephani; impr. cum Orphei Argonauticis, curante A. C. Eschenbachio; p. 184—241, et notæ in p. 318—322. Trajecti ad Rhen. 1689. 12.
——— græce et latine, ex editione J. M. Gesneri, recensuit, notasque adjecit Th. Tyrwhitt.
Pagg. 125. Londini, 1781. 8.

MARBODEUS.
De lapidibus preciosis enchiridion, cum scholiis Pictorii Villingensis. Pagg. 110. Parisiis, 1531. 8.
——— : De gemmarum lapidumque pretiosorum formis, naturis atque viribus, cum scholiis Alardi Æmstelredami et Pictorii Villingensis.
Foll. 124. Coloniæ, 1539. 8.
——— : Macri, sive Merboldi Episcopi, aut potius incerti auctoris, de naturis lapidum liber, cum annotationibus Jani Cornarii. impr. cum Macro de materia medica; fol. 97 verso—132. Francofurti, 1540. 8.
———: Marbodei Galli Dactylotheca, scholiis Ge. Pictorii nunc altera vice, supra priorem æditionem, illustrata. Pagg. 80. Basileæ, 1555. 8.
——— : De gemmis scriptum Evacis Regis Arabum, olim a poeta quodam carmine redditum, opera Henr. Rantzovii. Lipsiæ, 1585. 4.
Plagg. $6\frac{1}{2}$; præter Epigrammata de aula, non hujus loci.
——— : Incipit liber lapidum, auctore Marbodo Episcopo Redonensi. (cum versione gallica antiqua metrica.) in operibus Hildeberti et Marbodi, studio Ant. Beaugendre, p. 1635—1690. Parisiis, 1708 fol.
——— : Marbodei Galli de lapidibus pretiosis enchiridion, cum scholiis Pictorii Villingensis, 1531; ex bibliotheca Bruckmanniana recusa.
Pagg. 82. 1740. 4.

45. *Litho-theologi.*

Friedrich Christian LESSERS
Lithotheologie, das ist: Natürliche historie und geistliche betrachtung derer steine.
Pagg. 1300. tabb. æneæ 10. Hamburg, 1735. 8.
——— Pagg. 1488. tabb. 10. ib. 1751. 8.

46. *Mineralogi Biblici.*

S. Epiphanius.

De 12 gemmis, quæ erant in veste Aaronis, liber, græce et latine, Iola Hierotarantino interprete, cum corollario C. Gesneri. inter libros de fossilibus ab hoc editis. Foll. 28. Tiguri, 1565. 8.

——— ——— cum animadversionibus Cl. Salmasii et aliorum. impr. cum Hillero, de quo mox infra; p. 83—112.

Libellum hunc epitomen tantum Epiphanii esse asserit editor sequentis.

De 12 gemmis rationalis summi sacerdotis Hebræorum liber ad Diodorum, prodit nunc primo ex antiqua versione latina, studio Franc. Fogginii. Pagg. 85. Romæ, 1743. 4.

Et hoc fragmentum solum.

Franciscus Rueus.

De gemmis aliquot, iis præsertim, quarum Joannes in sua Apocalypsi meminit, libri 2. Editio secunda, nam prima mutila, et inscio authore edita fuerat; subjicitur epistola Paschasii Balduini ad Rueum, qua super his Ruei libris judicium continetur; deinde de Hebraicis gemmarum nominibus tractatur. inter libros de fossilibus editos a Gesnero. Foll. 85. Tiguri, 1565. 8.

——— impr. cum Vallesio de sacra philosophia; app. p. 120—174. Lugduni, 1652. 8.

Andrea Bacci.

Le 12 pietre pretiose, le quali adornavano i vestimenti del sommo sacerdote, agiuntevi il Diamante, &c. con un sommario dell' altre pietre pretiose. Roma, 1587. 4. Pagg. 37; præter libellos de Unicornu et Alce, de quibus Tomo 2. p. 42 et 93.

———: De gemmis et lapidibus pretiosis, eorumque viribus et usu tractatus, in latinum sermonem conversus, et annotationibus auctior redditus, a Wolfg. Gabelchovero. Francofurti, 1603. 8.

Pagg. 219; præter Langii epistolam, de qua Tomo 1. pag. 70.

Jacob Schopper.

Biblisch edelgesteinbüchlein, das ist: Abcontrofähung, beschreibung und geistliche bedeuttung der zwölff edelgestein, welche der hohepriester im alten testament an

dem amptschiltlein seines hohenpriesterlichen kleides getragen. Nürnberg, 1604. 12.
Pagg. 256; cum figg. ligno incisis.

Matthæi HILLERI
Tractatus de gemmis 12 in pectorali Pontificis Hebræorum. Tubingæ, 1698. 4.
Pagg. 82; præter Epiphanium, de quo supra.

Johannes Henricus LESTEVENON.
Specimen physico-theologicum, in quo tractatur de gemmis in pectorali pontificis Hebræi, nec non de lapidibus et fundamentis Hierosolymæ cœlestis, passimque spes populi Israëlitici, ac redemptio per Christum asseritur, e verbis Es. 54. v. 11. 12.
Pagg. 32. Amstelædami, 1736. 4.

47. *De Mineralibus Veterum Auctorum Scriptores Critici.*

Blasius CARYOPHILUS.
De antiquis Auri, Argenti, Stanni, Æris, Ferri, Plumbique fodinis.
Pagg. 152. Viennæ, 1757. 4.

Johannes Gottlob SCHNEIDER.
Analecta ad historiam rei metallicæ veterum.
Pagg. 35. Trajecti ad Viadr. 1788. 4.

Friedrich Alexander VON HUMBOLDT.
Etwas über den Syenites der alten. Critischer versuch über den Basalt des Plinius, und den Säulenstein des Strabo. Ueber die λιθος ἡρακλεια der alten. in ejus Beobacht. über einige Basalte am Rhein, p. 38—74.
Ueber den Syenit oder Pyrocilus der alten, eine mineralogische berichtigung.
Nau's Neue Entdeckung. 1 Band, p. 134—138.

August Ferdinand VON VELTHEIM.
Anmerkungen über die ältere benennung einiger stein-arten, vide supra pag. 5.
Etwas über die Onyxgebirge des Ctesias, und den handel der alten nach Ost-Indien.
Pagg. 76. Helmstädt, 1797. 8.

Deodat DOLOMIEU.
Lettre sur la lithologie ancienne.
Magasin encyclopedique, Tome 1. p. 437—444.

Robert DINGLEY.

Observations upon gems or precious stones, more particularly such as the ancients used to engrave upon. Philosoph. Transact. Vol. 44. n. 483. p. 502—506.

———: Anmerkungen über edelgesteine, besonders solche, auf welche die alten zu graben pflegten. Hamburg. Magazin, 3 Band, p. 640—646.

——— ——— Neu. Hamburg. Magazin. 114 Stück, p. 508—515.

Johannes Fridericus HENCKEL.

Jaspis viridis, hieroglyphica, amuletum ægyptiacum. Act. Acad. Nat. Curios. Vol. 5. p. 339—344.

———: Von einem grünen Jaspis mit hieroglyphischen figuren. in seine kleine Schriften, p. 607—619.

Joannes Fridericus GMELIN.

De cæruleo materiarum vitro æmularum in antiquis monumentis obviarum colore. Commentat. Societ. Gotting. Vol. 2. p. 41—64.

Johannes Baptista Ludovicus DE ROME' DELISLE.

De antiquorum *Alabastrite*, et variis quibusdam lapidibus, quos recentiores alabastri nomine appellaverunt, disquisitiones historico-physico-criticæ. Nov. Act. Ac. Nat. Curios. Tom. 6. p. 186—199.

Jean Gottlob LEHMANN.

Dissertation physico-philologique sur un passage difficile de Pline, Hist. natur. liv. 37. chap. 47. ou il s'agit d'une pierre precieuse des anciens, nommée *Asteria*. Hist. de l'Acad. de Berlin, 1754. p. 67—75.

GUETTARD et DESMARETS.

Sur le *Basalte* des anciens, vide infra inter Monographias mineralium.

Joannes Matthias GESNERUS.

De *Electro* Veterum. Commentar. Societ. Gotting. Tom. 3. p. 67—114.

Johann Peter Ernst VON SCHEFFLER.

Beyträge zu den untersuchungen über das Elektrum und den Lyncur der alten. Neu. samml. der Naturf. Gesellsch. in Danzig, 1 Theil, p. 234—246.

Don Angelo Maria CORTINOVIS.

Della Platina conosciuta dagli antichi dissertazione. (Scilicet Electrum esse credit!) Opuscoli scelti, Tomo 13. p. 217—242.

Friedrich Albert Anton MEYER.
Ueber den *Granit* der alten.
Voigt's Magazin, 6 Band. 4 Stück, p. 103—107.
William WATSON.
Observations relating to the *Lyncurium* of the ancients.
Philosoph. Transact. Vol. 51. p. 394—398.
Carlo Antonio NAPIONE.
Memoria sul Lincurio.
Pagg. xiv. Roma, 1795. 4.
Joannes Guil. LEHMANN.
Quid veterum fuit *Malachites,* veri simili ratione eruit.
Act. Acad. Mogunt. Tom. 2. p. 291—299.
Blasius CARYOPHILUS.
De antiquis *Marmoribus* opusculum.
Trajecti ad Rhen. 1743. 4.
Pagg. 123; præter Pasch. Caryophilum de thermis, non hujus loci.
de LAUNAY.
Memoire sur l'*Orichalque* des anciens, precedé de quelques observations sur le Lapis ærosus de Pline.
Mem. de l'Acad. de Bruxelles, Tome 3. p. 355—383.
——— : Ueber das Aurichalcum der alten, nebst einigen bemerkungen über den Lapis ærosus bey Plinius.
Crell's chem. Annalen, 1784. 2 Band, p. 251—257.
Richard WATSON *Lord Bishop of* LANDAFF.
On Orichalcum.
Mem. of the Soc. of Manchester, Vol. 2. p. 47—67.
Joannes Guil. LEHMANN.
Animadversiones de vera *Sandaracha* veterum, et de puteo Sandaricino Philostrati.
Act. Acad. Mogunt. Tom. 2. p. 273—290.
DE LAUNAY.
Sur la substance connue des anciens sous le nom de pierre *Sarcophage,* ou pierre Assienne.
Mem. de l'Acad. de Bruxelles, Tom. 4. p. 329—355.
Ignaz VON BORN.
Versuch über den *Topas* den alten, und den Chrysolith des Plinius. Abhandl. einer Privatgesellsch. in Böhmen, 2 Band, p. 1—43.

48. *Mineralium Historia Fabularis et Superstitiosa.*

Johann Daniel DENSO.
Von fabelhaften steinen. in ejus Physikalische briefe, p. 301—328.

Johannes KUNCKEL.
De lapide lunari; cum scholio L. Schröck.
Ephem. Ac. Nat. Cur. Dec. 3. Ann. 5 et 6. p. 141—143.

Simone Friderico FRENZELIO
Præside, Dissertatio de lapide fulminari. Resp. Andr. Baudisius.
Plagg. 3. Wittebergæ, 1668. 4.
Georgius Eberhardus RUMPHIUS.
De Ceraunia metallica.
Ephem. Ac. Nat. Cur. Dec. 2 Ann. 7. p. 5—8.
Godofredus WAGNERUS.
De lapide fulminari Dissertatio. Resp. Ant. Fischerus.
Plagg. 2. Vittembergæ, 1710. 4.
Antoine DE JUSSIEU.
De l'origine et des usages de la pierre de foudre.
Mem. de l'Acad. des Sc. de Paris, 1723. p. 6—9.
Kilian STOBÆUS.
Ceraunii Betulique lapides dissertatione historica illustrati.
Resp. Joh. Stobæus. 1738.
in ejus Operibus, p. 113—182.
Johannes Gotschalk WALLERIUS.
Dissertatio de lapide tonitruali. Resp. And. Nic. Grönbergh. 1760.
in ejus Disputat. Academ. Fascic. 1. p. 264—275.
* * *
Rapport fait à l'Academie R. des Sciences par M. M. FOUGEROUX, CADET, et LAVOISIER sur une pierre qu' on pretend être tombée du ciel pendant un orage.
Journal de Physique, Introd. Tome 2. p. 251—255.
ANON.
Ueber die Donnersteine.
Moll's Oberdeutsche beyträge, p. 164—167.
STÜTZ.
Ueber einige vorgeblich vom himmel gefallene steine.
Bergbbaukunde, 2 Band, p. 398—409.
Edward KING.
Remarks concerning stones, said to have fallen from the clouds, both in these days, and in antient times.
Pagg. 34. tab. ænea 1. London, 1796. 4.

49. *Lapides.*

Anselmi BOETII DE BOOT
Gemmarum et lapidum historia.
Pagg. 294. Hanoviæ, 1609. 4.
——— recensuit, et commentariis illustravit Adr. Toll.
Pagg. 576. Lugd. Bat. 1636. 8.
——— Tertia editio. ib. 1647. 8.
Pagg. 576; præter Jo. de Laet, et Theophrastum de lapidibus.
Omnes cum figg. ligno incisis.

Joannis DE LAET
De gemmis et lapidibus libri 2. impr. cum Boëtio de Boot. Lugd. Bat. 1647. 8.
Pagg. 210; cum figg. ligno incisis.

Johanne WALTHERO
Præside, Disputatio de lapidibus in genere. Resp. Joh. Heinr. Müller.
Plagg. 2. Lipsiæ, 1648. 4.

Martino LIPENIO
Præside, Dissertatio: Λιθολογια, s. consideratio lapidum physica. Resp. Guil. Reutzius. (Stetini, 1674.)
Plagg. 4. recusa Hildesheimii, 1684. 4.

50. *Systemata Lapidum.*

Emanuel Mendes DA COSTA.
A natural history of fossils. Vol. 1. Part. 1.
Pagg. 294. tab. ænea 1. London, 1757. 4.

Rudolfo Augustino VOGEL
Præside, Disputatio: Terrarum atque lapidum partitio. Resp. Aug. Frid. Christ. Hempel.
Pagg. 54. Gottingæ, 1762. 4.

Carl Abraham GERHARD.
Versuch einer neuen eintheilung derer stein-und erd-arten. in ejus Beitr. zur chymie, 1 Theil. p. 54—394.

DE LAUNAY.
Systeme abregé des terres et des pierres. in ejus Essai sur l'histoire naturelle des roches, p. 5—21.
St. Petersbourg, 1786. 4.
——— cum eodem; p. ix—lxxv.
Bruxelles, 1786. 12.
Hæc editio uberior est.

ANON.
Versuch einer neuen klassifikations-methode der stein- und erdarten. Höpfner's Magaz. für die Naturk. Helvetiens, 4 Band, p. 317—332.

Johann Jacob FERBER.
Betrachtungen über die noch jezt obwaltende schwierigkeit einer genauen eintheilung der erd-und steinarten, bey gelegenheit der im 4 B. des Höpfnerischen Magazins eingerückten vorschlags zu einer neuen aufstellung derselben.
Beob. der Berlin. Ges. Naturf. Fr. 4 Band, p. 181—193.

51. *Gemmæ.*

confer Mineralogos Biblicos, pag. 75.

C. PLINII *Secundi*
Naturalis historiæ de gemmis (liber 37mus.) impr. cum Stella de gemmis; sign. D 5—H 8.
Argentorati, 1530. 8.
——— cum eodem; p. 38—68. Erfurti, 1736. 4.

Joannes Ernestus HEBENSTREIT.
De ordinibus gemmarum verbis C. Plinii, ex ejus naturalis historiæ libr. 37. qui totus de gemmis est, Programma.
Pagg. xvi. Lipsiæ, 1747. 4.

Sebaldo RAVIO
Præside, Specimen arabicum continens descriptionem et excerpta libri *Achmedis* TEIFASCHII de gemmis et lapidibus pretiosis. Resp. Sebald. Fulco Ravius.
Pagg. 103. Trajecti ad Rhenum, 1784. 4.

Erasmi STELLÆ
De gemmis libellus unicus. Argentorati, (1530.) 8.
Plagg. 3½; præter Plinium de gemmis, de quo supra.
———: Interpretamenti gemmarum libellus unicus. (edidit F. E. Brückmann.) Erfurti, 1736. 4.
Pagg. 38; præter Plinium de gemmis.

Lodovico DOLCE.
Libri tre, ne i quali si tratta delle diversi sorti delle gemme, che produce la natura. Foll. 99. Venetia, 1565. 8.
——— Foll. 99. ib. 1617. (in calce 1597) 8.

Gaspar DE MORALES.
Libro de las virtudes y propriedades marauillosas de las piedras preciosas. Foll. 378. Madrid, 1605. 8.

Antonius KIRCH-HOFF.
De gemmis Dissertatio pro loco.
Plagg. 3. Lipsiæ, 1634. 4.

Thomas NICOLS.
A lapidary, or, the history of pretious stones.
Pagg. 239. Cambridge, 1652. 4.

Georgius Caspar KIRCHMAJER.
Dissertatio de gemmis. Resp. Chph. Mullerus.
Plagg. 2. Wittebergæ, 1660. 4

Robert DE BERQUEN.
Les merveilles des Indes orientales et occidentales, ou nouveau traittê des pierres precieuses et perles.
Pagg. 112. Paris, 1661. 4.
——— Pagg. 152. ib. 1669. 4.

L. M. D. S. D.
Denombrement, facultez et origine des pierres precieuses.
Pagg. 71. Paris, 1667. 8.

Robert BOYLE.
An essay about the origine and virtues of Gems.
Pagg. 185. London, 1672. 8.

Petro LAGERLÖF
Præside, Dissertatio: Natura gemmarum leviter adumbrata. Resp. Joh. Gezelius.
Pagg 23. Holmiæ, 1686. 8.

Adamo RECHENBERG
Præside, Dissertatio: De gemmis errores vulgares. Resp. Jo. Jac. Spenerus.
Plagg. 4. Lipsiæ, 1687. 4.

Louis Jean Marie DAUBENTON.
De la connoissance des pierres precieuses.
Mem. de l'Acad des Sc. de Paris, 1750. p. 28—38.
———: Over het onderkennen der edele steenen.
Geneeskundige Jaarboeken, 3 Deel, p. 72—79.

ANON.
Geschichte von edelgesteinen, und den vornehmsten reichthümern in Ost-und Westindien. aus den fransösischen.
Hamburg. Magazin, 18 Band, p. 500—543.
Anmerkungen über einige edelgesteine.
Berlin. Magazin, 3 Band, p. 30—36.

Johann Samuel SCHRÖTER.
Anmerkungen über die edelgesteine überhaupt.
Berlin. Sammlung. 3 Band, p. 28—58.
——— in ejus Litholog. Lexicon, 2 Band, p. 37—55.

Friedrich August CARTHEUSER.
Von einigen edelsteinproben. (ad dignoscendas veras a spuriis.)
in seine Mineralog. Abhandl. 1 Theil, p. 107—116.
Urban Friederich Benedict BRÜCKMANNS
Abhandlung von edelsteinen. Zweyte auflage.
Pagg. 415. Braunschweig, 1773. 8.
Gesammlete und eigene beyträge zu seiner abhandlung von edelsteinen. Pagg. 252. ib. 1778. 8.
Zwote fortsezung. Pagg. 250. ib. 1783. 8.
Louis DUTENS.
Des pierres precieuses et des pierres fines, avec les moyens de les connoitre, et de les evaluer.
Pagg. 124. Paris, 1776. 18.
Pieter BODDAERT.
Verhandeling over de edele steenen.
Geneeskundige Jaarboeken, 2 Deel, p. 73—96, p. 162—171, p. 189—205, p. 278—290, et p. 420—438.
C. F. VON ARENSWALD.
Galanterie mineralogie, und vorschläge zur naturwissenschaft für die damen. Pagg. 152. Halle, 1780. 8.

Bengt Andersson QUIST.
Försök på en del kiesel-arter, och i synnerhet de hårdare så kallade äkta stenar.
Vetensk. Acad. Handling. 1768. p. 55—76.
Anmärkningar öfver kisel-arterne. ib. 1775. p. 330—338.
———: Anmerkungen über die kieselarten.
Crell's Entdeck. in der Chemie, 3 Theil, p. 158—165.
Franz Carl ACHARD.
Bestimmung der bestandtheile einiger edelgesteine.
Pagg. 128. tabb. æneæ 2. Berlin, 1779. 8.
Torbern BERGMAN.
Disquisitio chemica de terra gemmarum.
Nov. Act. Societ. Upsal. Vol. 3. p. 137—170.
——— in ejus Opusculis, Vol. 2. p. 72—117.
———: Recherches chymiques sur la terre des pierres precieuses ou gemmes.
Journal de Physique, Tome 14. p. 257—280.
———: Chymische untersuchungen über die bestanderde der edelsteine. (e gallico, in Journ. de Phys.)
Sammlungen zur Physik, 2 Band, p. 281—330.
———Excerpta, italice, in Opuscoli scelti, Tomo 2. p. 145—151.

René Just HAÜY.
Reflexions sur les couleurs des gemmes.
Journal des Mines, an 4. Prairial, p. 5—11.

52. *De Gemmis Scriptores Topographici.*

Germaniæ.

Francisci Ernesti BRÜCKMANNI
Epistola itineraria 69. (Cent. 1.) sistens gazophylacium lapidum pretiosorum *Silesiacorum* Joh. Christ. Stettinsky. Pagg. 20. Wolffenb. 1738. 4.
SCHULZE.
Von den in *Sachsen* befindlichen durchsichtigen edelgesteinen.
Neu. Hamburg. Magazin, 50 Stück, p. 99—120.
Von den in Sachsen befindlichen halbdurchsichtigen und undurchsichtigen edelgesteinarten. ib. 60 Stück, p. 483—510.

53. *Gemmæ variæ.*

Samuel HENTSCHEL.
Disquisitio de Asteria, Gemma. Resp. Joh. Heinr. Laurentius. Plagg. 2½. Wittebergæ, 1662. 4.
Vitus RIEDLINUS.
De Topasio mixta Sapphiro.
Ephem. Ac. Nat. Cur. Dec. 3. Ann. 4. p. 262, 263.
Pierre LAPORTERIE.
Le Saphir, l'Oeil de chat, et la Tourmaline de Ceylan demasqués.
Pagg. 71. Hambourg, (1786.) 4.
Tarif des pierres brutes, decrites dans l'ouvrage intitulé Le Saphir &c. Fol. 1. ib. Nov. 1786. 4.
Johann Carl Wilhelm VOIGT.
Dass Aquamarin und Topas nur eine gattung ausmachen.
Act. Acad. Mogunt. 1786, 7. p. 22—24.
Urban Friederich BRÜCKMANNS
Anmerkungen über den Aquamarin, oder Beryll und Topas, auch andere edelsteine betreffend.
Beobacht. der Berlin. Ges. Naturf. Fr. 4 Band, p. 6—34, et p. 284—286.
Peter Simon PALLAS.
Etwas von der eigentlichen beschaffenheit des orientalischen Türkis. in sein. Nord. Beyträge 5 Band, p. 261—265.

Karl HAIDINGER.
Etwas über Saphir, Rubin und Spinell.
Neu. Abhandl. der Böhm. Gesellsch. 2 Band, p. 112—118.

54. *Terræ.*

Hermanno CONRINGIO
Præside, Disputatio de Terris. Resp. And. Probst. (1638.) Plagg. 4. Helmestadii, 1678. 4.

René Antoine Ferchault DE REAUMUR.
De la nature de la terre en general, et du caractere des differentes especes de terres.
Mem. de l'Acad. des Sc. de Paris, 1730. p. 243—283.

Joanne Ernesto HEBENSTREIT
Præside, Dissertatio: Historiæ naturalis fossilium caput de terris. Resp. Jo. Ge. Lutherus.
Pagg. 36. Lipsiæ, 1745. 4.

Christianus Gottlieb LUDWIG.
Terræ Musei Regii Dresdensis.
Pagg. 296. tabb. æneæ 12. Lipsiæ, 1749. fol.

Pehr Adrian GADD.
Inledning til stenrikets känning. Första flocken, om Jordarter. Pagg. 146. Åbo, 1787. 8.

55. *Monographiæ Lapidum.*

Silicei.

Terra Silicea.

Johann Carl Friedrich MEYER.
Versuche mit der auflösung der Kieselerde in säuren.
Beschäft. der Berlin. Ges. Naturf. Fr. 1 Band, p. 267—291.
Nachtrag. ibid. 3 Band, p. 219—225.

Carl Wilhelm SCHEELE.
Anmärkningar om Kisel, Lera och Alun.
Vetensk. Acad. Handling. 1776. p. 30—35.
————: Versuche und anmerkungen über den Kiesel, Thon und Alaun. Crell's Entdeck. in der Chemie, 3 Theil, p. 174—177.

Joannes Christianus WIEGLEB.
Disquisitio chimica de Silice
Nov. Act. Ac. Nat. Cur. Tom. 6. App. p. 397—408.

Torbern BERGMAN.
Dissertatio de terra silicea. Resp. K. A. Grönlund. in ejus Opusculis, Vol. 2. p. 26—53.

56. *Silicei varii.*

E. C. H.
Von einem vorgegebenen neuen halbedelgesteine.
Hamburg. Magaz. 15 Band, p. 100—111.
Pehr Adrian GADD.
Academisk afhandling om Finska Jaspis-arter och Agater.
Resp. Alex. Ramstadius.
Pagg. 18. Åbo, 1776. 4.
Johann Thaddæus LINDACKER.
Beschreibung einer harten, im bruche dichtfaserichten steinart, die ich Faserkiesel nenne.
Mayer's Samml. physikal. Aufsäze, 2 Band, p. 277—280.
COLLET-DESCOTILS.
Analyse de la Staurotide. Magazin encyclopedique, 3 Année, Tome 1. p. 31, 32.

57. *Crystallus montana.*

Matthias TILINGIUS.
De Adamantibus Lippiacis.
Ephem. Ac. Nat. Cur. Dec. 2. Ann. 2. p. 99.
Solomone HOTTINGERO
Præside, Κρυςαλλολογια, seu Dissertatio de Crystallis, harum naturam, ad mentem veterum et recentiorum per sua phænomena explicatius tradens. Resp. Joh. Henr. Hottingerus.
Pagg. 44. tab. ænea 1. Tiguri, 1698. 4.
Johannes Jacobus SCHEUCHZER.
Crystallorum quarundam nuper detectarum descriptio.
Philosoph. Transact. Vol. 34. n. 398. p. 260.
Crystalli Helveticæ ex rarioribus.
Act. Acad. Nat. Cur. Vol. 3. p. 110, 111.
Georgius Fridericus FRANCUS DE FRANKENAU.
Crystallus Islandica in Amethystum mutata. ibid. Vol. 1. p. 244.
Josephus MONTI.
De Crystallo montana.
Comment. Instit. Bonon. Tom. 1. p. 314—321.

James PARSONS.
An account of certain perfect minute crystal stones. Philosoph. Transact. Vol. 43. n. 476. p. 468.
DESLANDES.
Sur le Crystal de roche, principalement sur celui qu'on trouve en quelques endroits de la Basse-Bretagne. dans son Recueil de traitez de physique et d'hist. nat. Tome 3. p. 53—67.
ANON.
Versuch über den Bergkristall. Abhandl. der Naturf. Ges. in Zurich, 3 Band. p. 267—302.
Johann Jakob BINDHEIM.
Mineralogische bemerkungen, bey zerlegung eines Kristalls aus Katharinenburg in Siberien, welcher unter dem namen eines Topases gesandt worden.
Beob. der Berlin. Ges. Naturf. Fr. 2 Band, p. 254—259.

58. *Quarzum.*

Johanne Gotskalk WALLERIO
Præside, Dissertatio: Om Quartz. Resp. Abr. Hedman. Pagg. 16. Stockholm, 1753. 4.
Karl Freyherr VON MEIDINGER.
Auszug aus einem schreiben an den D Martini. Beschäft. der Berlin. Ges. Naturf. Fr. 3 Band, p. 341.
Peter Christian ABILDGAARD.
Nogle forsög med Quartz og Vitriol-syre. Danske Vidensk. Selsk. Skrift. nye Saml. 1 Deel, p. 275—278.
2 Deel, p. 312—318.
Christian Ehrenfried WEIGEL.
Ueber einen zellichten Quarz.
Schr. der Berlin. Ges. Naturf. Fr. 5 Band, p. 126—133.
Carl Wilhelm NOSE.
Ueber einige besonders gebildete Quarzdrusen.
Beob. der Berlin. Ges. Naturf. Fr. 2 Band, p. 260—269.
Urban Friedrich Benedict BRÜCKMANN.
Ein beytrag zu dem vermeinten krystallisirten Chalcedon.
Crell's chem. Annalen, 1790. 1 Band, p. 99, 100.

---

* * *

Auszug zweyer briefe des Herrn Leibarzt BRÜCKMANN, mit anmerkungen des Doctor BLOCHS. (vom natürlichen Avanturino.)
Schr. der Berlin. Ges. Naturf. Fr. 1 Band, p. 392—394.

HERMANN.
Sur l'Avanturine de Siberie.
Journal de Physique, Tome 42. p. 155, 156.
VALMONT-BOMARE.
Lettre sur l'Aventurine. ibid. p. 281, 282.

59. *Tofus siliceus.*

Martin Heinrich KLAPROTH.
Chemische untersuchung des Kieseltuffs, vom Geyser. in sein. Beitr. zur chem. kenntn. der Mineralkörp. 2 Band, p. 109—112.

60. *Chalcedonius.*

Chalcedon.
Berlin. Sammlung. 10 Band, p. 38—48.
Joachim Diderich CAPPEL.
Beskrivelse over tvende Calcedoniske skuestökker, bestaaende af Calcedon stalactiter i deres hule matrices, begge fra Færöerne.
Kiöbenh. Selsk. Skrift. 12 Deel, p. 217—222.
———— : Beschreibung zweener Calcedonischen schaustücke aus den Färöischen insuln.
Plag. 1. tabb. æneæ color. 3. Kopenhagen, 1781. 4.
Johann Thaddæus LINDACKER.
Ueber die geburtsörter einiger Böhmischen Calcedone, und der in ihnen eingeschlossenen körper.
Mayer's Samml. phys. Aufsäze, 1 Band, p. 29—36.
Tyge ROTHE.
Om en kiendelig crystalliseret Calcedon.
Naturhist. Selsk. Skrivt. 2 Bind, 2 Heft. p. 174—176.

61. *Achates.*

Philipp Engel KLIPSTEIN.
Nachricht von einem merkwürdigen Achat.
Schr der Berlin. Ges. Nat. Fr. 1 Band, p. 68—77.
Excerpta in Lichtenberg's Magaz. 1 Band. 1 Stück, p. 41—44.
MONNET.
Observation sur une sorte d'Agathe ou silex, qui se trouve dans les bancs de gyps des environs de Paris.
Journal de Physique, Tome 27. p. 69—71.

Luigi Bossi.
Sopra un pezzo singolare d'Agata corallina.
Opuscoli scelti, Tomo 9. p. 307—312.

Anon.
Vom Regenbogen-Achat, den der verfasser dieses briefes zuerst an die Pariser Academie, 1777 bekannt gemacht hat.
Pagg. 23. tab. ænea color. 1. Hamburg. 4.

62. *Hyalithus.*

Link.
Einige bemerkungen über das sogenannte glas auf den Basalten.
Crell's chem. Annalen, 1790. 2 Band, p. 232, 233.

63. *Opalus.*

Traugott Delius.
Nachricht von Ungarischen Opalen und Weltaugen. Abhandl. einer Privatges. in Böhmen, 3 Band, p. 227—252.
———: Memoire sur l'Opale.
Nouv. Journ. de Physique, Tome 1. p. 45—60.

Johann Mayer.
Nachricht von Polnischen Opalen und Weltaugen.
Naturforscher, 19 Stück, p. 1—11.
21 Stück, p. 171, 172.

René Just Hauy.
Sur les couleurs de l'Agathe opaline, nommée communement Opale.
Journal d'Hist. Nat. Tome 2. p. 9—18.

von Bose.
Beytrag zur kenntniss der edlen Opalarten.
Beob. der Berlin. Ges. Naturf. Fr. 5 Band, p. 152—156.

Franz Ambros Reuss.
Vorkommen und äussere characteristick des Halbopals bey Kramniz unweit Bilin. in sein. Samml. naturhist. aufsäze, p. 245—254.

Martin Heinrich Klaproth.
Chemische untersuchung des edlen Opals von Cscherwenitza in Oberungarn. in sein. Beitr. zur chem. kenntn. der Mineralkörp. 2 Band, p. 151—153.
Chemische untersuchung des weissen und grünen Opals von Kosemüz. ibid. p. 157—159.

Chemische untersuchung des gelben Opals von Telke banya. in sein. Beitr. zur chem. kenntn. der Mineralkörp. 2 Band, p. 160, 161.
Chemische untersuchung des braunrothen Halbopals von Telkebanya. ib. p. 162—164.

64. *Oculus Mundi.*

Dionysius VAN DE WYNPERSSE.
Observationes de lapide mutabili, sive Oculo mundi. Nov. Act. Ac. Nat. Cur. Tom. 3. p. 112—122.
————: Observations sur la pierre chatoyante. Journal de Physique, Introd. Tome 2. p. 204—211.
————: Wahrnehmungen von dem veränderlichen steine, oder sogenannten Weltauge. Neu. Hamburg. Magaz. 23 Stück, p. 443—462.
————: Bemerkungen über das Weltauge. (e gallico, in Journal de Physique.) Crell's Entdeck. in der Chem. 9 Theil, p. 215, 216.
Benct QUIST.
Anmärkningar om Oculus mundi. Vetensk. Acad. Handling. 1770. p. 172—174.
Carl Abraham GERHARD.
Sur la pierre changeante. Mem. de l'Acad. de Berlin, 1776. p. 166—176.
———— Journal de Physique, Tome 21. p. 132—140.
Urban Friedrich Benedict BRÜCKMANNS
Abhandlung von dem Welt-auge, oder lapide mutabili. Pagg. 16. Braunschweig, 1777. 4.
Marcus Elieser BLOCH.
Ueber einige arten des Weltauges, oder lapidis mutabilis. Beschäft. der Berlin. Ges. Naturf. Fr. 3 Band, p. 484—489.
Christian Gottlieb PÖTZSCH.
Om den så kallade Oculus mundi. Vetensk. Acad. Handling. 1777. p. 333, 334.
————: Von dem sogenannten Oculus mundi. Crell's Entdeck. in der Chem. 4 Theil, p. 132, 133.
Benct QUIST.
Anmärkningar öfver Oculus mundi. Vetensk. Acad. Handling. 1777. p. 334—336.
————: Anmerkungen über das Weltauge. Crell's Entdeck. in der Chem. 4 Theil, p. 133, 134.

Adolph MURRAY.
Anmärkningar om lapis mutabilis eller Oculus mundi.
Vetensk. Acad. Handling. 1777. p. 336—344.
———: Anmerkungen über den lapis mutabilis.
Crell's Entdeck. in der Chem. 4 Theil, p. 135—143.

Martin Thrane BRÜNNICH.
Utdrag af en berättelse om Verldenes öga.
Vetensk. Acad. Handling. 1777. p. 345—347.
———: Auzug aus einem berichte vom Weltauge.
Crell's Entdeck. in der Chem. 4 Theil, p. 143—145.

Torbern BERGMAN.
Tilläggning om Oculus mundi.
Vetensk. Acad. Handling. 1777. p. 347—351.
———: De lapide hydrophano. in ejus Opusculis, Vol. 2. p. 54—71.
———: Zusaz vom Weltauge.
Crell's Entdeck. in der Chem. 4 Theil, p. 145—150.

ANON.
Observations sur la pierre vulgairement appellée Oculus mundi. Journal de Physique, Tome 11. p. 270—273.

DANZ.
Beytrag zur geschichte des Welt-auges.
Naturforscher, 12 Stück, p. 164—167.

ANON.
Beschreibung eines besondern Welt-auges, welches in dem cabinette eines natur-freundes zu Hamburg befindlich. Pagg. 27. tab. ænea color. 1. Hamburg, (1779.) 4.

Johann Samuel SCHRÖTER.
Die geschichte des lapidis mutabilis, oder des sogenannten Weltauges, nebst der beschreibung einiger beyspiele dieses steins. in sein. Journal, 5 Band, p. 325—356.

Martinus HOUTTUYN.
Vertoog over de veranderlyke steenen, Oculus mundi genaamd. Verhandel. van de Maatsch. te Haarlem, 20 Deels 1 Stuk, p. 311—330.

Comte Gregoire DE RAZUMOWSKI.
Description d'un nouvel Oculus mundi.
Mem. de la Soc. de Lausanne, 1783. p. 72—75.

Johann Christian Daniel SCHREBER.
Das Weltauge, ein hygroskop.
Naturforscher, 19 Stück, p. 12—17.

BONVOISIN.
Vom Weltauge in Piemont. (e gallico, in Mem. de l'Acad. de Turin, 1784, 5)
Sammlungen zur Physik, 4 Band, p. 520—544.

Luigi BOSSI.
Osservazioni sulla pietra idrofana, detta ancora Occhio de mondo. Opuscoli scelti, Tomo 10. p. 73—89.

Johann Christian WIEGLEB.
Chemische untersuchung des Hydrophans, oder veränderlichen Opals, oder unschicklich sogenannten Weltauges. Crell's chem. Annalen, 1789. 1 Band, p. 402—411.

Martin Heinrich KLAPROTH.
Chemische untersuchung des Sächsischen Hydrophans. in sein. Beitr. zur chem. kenntn. der Mineralkörp. 2 Band, p. 154—156.

Joachim Graf VON STERNBERG.
Chemische untersuchung der Fribusser Weltaugen, so eine gangart der dortigen zinnerzte ausmacht. Neu. Abhandl. der Böhm. Geselsch. 1 Band, p. 225—228.

René Just HAUY.
Sur les Hydrophanes.
Journal d'Hist. Nat. Tome 1. p. 294—299.

DE SAUSSURE *fils*.
Lettre sur une Hydrophane imbibée de cire.
Journal de Physique, Tome 38. p. 465, 466.

65. *Oculus cati.*

Martin Heinrich KLAPROTH.
Untersuchung der Kazenaugen. in seine Beitr. zur chem. kenntn. der Mineralkörp. 1 Band, p. 90—96.
————: Analyse de l'Œil-de-Chat.
Journal des Mines, an 4. Thermidor, p. 9—14.

66. *Piceus.*

Johann Christian WIEGLEB.
Chemische untersuchung des Pechsteins.
Crell's Entdeck. in der Chem. 11 Theil, p. 18—27.
Chemische untersuchung einer besondern art von Pechstein.
Crell's chem. Annalen, 1788. 1 Band, p. 398—404.

RUPRECHT.
Ueber den hungarischen Pechstein. Physikal. Arbeit. der eintr. fr. in Wien, 1 Jahrg. 2 Quart. p. 54—56.

Louis Jean Marie DAUBENTON.
Memoire sur la pierre de poix, Pechstein des Allemans.
Mem. de l'Acad. des Sc. de Paris, 1787. p. 86—91.

Johan GADOLIN.
Undersökning af en svart tung stenart ifrån Ytterby stenbrott i Roslagen.
Vetensk. Acad. Handling. 1794. p. 137—155.

67. *Menilites.*

DELARBRE et QUINQUET.
Memoire sur le Pechstein de Mesnil-montant.
Journal de Physique, Tome 31. p. 219—223.
M * * *
Lettre à M. de la Metherie, sur l'analyse du Pechstein de Mesnil-montant. ibid. p. 313—317.
Lettre sur la difference très essentielle qui existe entre les pierres dites Pechstein de Mesnil-montant, et les vrais Pechsteins de Hongrie, d'Auvergne, &c. ibid. Tome 34. p. 116—119.
Martin Heinrich KLAPROTH.
Untersuchung des sogenannten Pechsteins von Mesnil-montant, und dessen muttergesteins.
Crell's chem. Annalen, 1790. 2 Band, p. 297—303.
——— in sein. Beitr. zur chem. kenntn. der Mineralkörp. 2 Band, p. 165—171.

68. *Tripela.*

Jean Etienne GUETTARD.
Memoire sur le Tripoli.
Mem. de l'Acad. des Sc. de Paris, 1755. p. 177—193.
Martin HUBNER.
Observations relating to the production of the Terra Tripolitana, or Tripoli.
Philosoph. Transact. Vol. 51. p. 186—191.
ANON.
Remarks on Mr. Hubners paper on Tripoli. ibid. p. 191, 192.
Emanuel Mendes DA COSTA.
Remarks on the same. ib. p. 192—194.
DE GARDEIL.
Sur le Tripoli. Mem. etrangers de l'Acad. des Sc. de Paris, Tome 3. p. 19—24.
Auguste Denis FOUGEROUX DE BONDAROY.
Sur la pierre appelée Tripoli.
Mem. de l'Acad. des Sc. de Paris, 1769. p. 272—277.

A. HAASE.
Chemische versuche mit einer art Tripel.
Naturforscher, 17 Stück, p. 226—245.
Franz Ambros REUSS.
Etwas über den Trippel von Kutschlina in Böhmen. in sein. Samml. naturhist. aufsäze, p. 231—244.

69. *Pumex.*

John DOVE.
A letter relating to a surprising shoal of Pumice-stones found floating on the sea.
Philosoph. Transact. Vol. 35. n. 402. p. 444—446.
Friedrich August CARTHEUSER.
Vom Bimsstein.
in seine Mineralog. Abhandlung. 2 Theil, p. 128—150.
Martin Heinrich KLAPROTH.
Chemische untersuchung des Bimssteins. in sein. Beitr. zur chem. kenntn. der Mineralkörp. 2 Band, p. 62—65.
————: Examen chimique de la pierre-ponce de Lipari, avec une note du Cit. Guyton.
Annales de Chimie, Tome 24. p. 200—204.

70. *Obsidianus.*

Johann Gottlob LEHMANN.
De vitro fossili naturali, sive de Achate islandico.
Nov. Comm. Acad. Petropol. Tom. 12. p. 356—367.
————: Vom gegrabenen natürlichen glase, oder isländischen Achate.
Neu. Hamburg. Magaz. 53 Stück, p. 464—479.

71. *Pyromachus.*

Nachricht von den Flintensteinbrüchen bey Avio, in wälsch Tyrol.
Bergbaukunde, 2 Band, p. 383—389.
Martin Heinrich KLAPROTH.
Zergliederung des schwarzgrauen Feuersteins. in seine Beitr. zur chem. kenntn. der Mineralkörp. 1 Band, p. 43—46.
————: Analyse d'une pierre à fusil, ou Silex.
Journal des Mines, an 4. Prairial, p. 1—4.

Johannis Philippi BREYNII
Epistola de Melonibus petrefactis montis Carmel vulgo creditis. Lipsiæ, 1722. 4.
Pagg. 24. tabb. æneæ 2 ; præter epistolas duas ad authorem datas.

72. *Corneus, Petrosilex.*

Johannes Wilhelmus BAUMER.
De lapide corneo.
Act. Societ. Hassiacæ, p. 43—49.
——— : Abhandlung vom Hornsteine.
Neu. Hamburg. Magaz. 62 Stück, p. 173—184.
——— : Description de la pierre cornee.
Journal de Physique, Tome 2. p. 154—158.
MONNET.
Lettre en reponse au memoire de M. Baumer, sur la pierre cornee. ibid. p. 331—333.
Johann Christian WIEGLEB.
Chemische untersuchung des schiefrigten Hornsteins.
Crell's chem. Annalen, 1788. 1 Band, p. 45—51, et p. 135—140.

73. *Sinopi.*

Joannes Antonius SCOPOLI.
De Sinopi hungarica, Sinopl dicta. in ejus Dissert. ad scient. natur. p. 39—83.

74. *Corneus fissilis.*

Johann Christian WIEGLEB.
Chemische untersuchung des Hornschiefers.
Crell's chem. Annalen, 1787. 1 Band, p. 302—307.
Franz Ambros REUSS.
Etwas von dem geognostischen verhalten des Kieselschiefers. in sein. Samml. naturhist. aufsäze, p. 207—222.

75. *Silex niloticus.*

Urban Friedrich Benedict BRÜCKMANN.
Ueber die Ægyptischen Kiesel.
Beob. der Berlin. Ges. Naturf. Fr. 1 Band, p. 475—478.

76. *Chrysoprasius.*

Jean Gottlob Lehmann.
Histoire du Chrysoprase de Kozemitz.
Hist. de l'Acad. de Berlin, 1755. p. 202—214.
Martin Heinrich Klaproth.
Chemische untersuchung des Schlesischen Chrysoprases. Beob. der Berlin. Ges. Naturf. Fr. 2 Band. 2 Stück, p. 17—46.
——— in seine Beitr. zur chem. kenntn. der Mineralkörp. 2 Band, p. 127—150.
———: Analyse chimique de la Chrysoprase. Annales de Chimie, Tome 1. p. 147—182.
Anon.
Einige nachrichten von der Chrysopras gräberei auf den bergen zu Kosemütz und Gläsendorf.
Beob. der Berlin. Ges. Naturf. Fr. 2 Band, p. 270—291.
Il y en a un extrait dans les Annales de Chimie, Tome 1. p. 142—147.
Balthazar George Sage.
Analyse de la Prase et de la Chrysoprase, ou Calcedoine verte de Cosemitz en Silesie, dans le comté de Glatz.
Mem. de l'Acad. des Sc. de Paris, 1788. p 140—142.
——— Journal de Physique, Tome 33. p. 421, 422.
Joachim Graf von Sternberg.
Zerlegung des Chrisoprasses aus der Iser. Neu. Abhandl. der Böhm. Gesellsch. 1 Band, p. 229—234.

77. *Lapis thumensis, Scorlus violaceus.*

Bertrand Pelletier.
Lettre sur les Schorls violets des Pyrenées.
Journal de Physique, Tome 26. p. 66, 67.
Martin Heinrich Klaproth.
Chemische zergliederung des violetten Schörls. Höpfner's Magaz. für die naturk. Helvet. 1 Band, p. 179—190.
———: Chemische untersuchung des Glassteins aus Dauphiné. in sein. Beitr. zur chem. kenntn. der Mineralkörp. 2 Band, p. 118—126.
Nicolas Vauquelin.
Analyse du Schorl violet.
Journal des Mines, an 4. Thermidor, p. 1—8.

78. *Beryllus.*

Balthazar George SAGE.
Observations sur le Beril, ou Aigue-marine.
Mem. de l'Acad. des Sc. de Paris, 1782. p. 314, 315.
———: Bemerkungen über den Beryll, oder Aquamarin.
Crell's chem. Annalen, 1788. 2 Band, p. 249, 250.
Nicolas VAUQUELIN.
Analyse de l'Aigue marine, ou Beril ; et decouverte d'une terre nouvelle (Glucine) dans cette pierre.
Annales de Chimie, Tome 26. p. 155—177.

———

Johann Thaddæus LINDAKER.
Beschreibung einiger Topase, welche in dem Schlaggenwalder zinnstocke vorkommen. Neu. Abhandl. der Böhm. Gesellsch. 1 Band, p. 105—108.
Nachtrag zu den zu Schlaggenwald einbrechenden bleichberggrünen Topasen, (Aquamarin.) Mayer's Samml. Physikal. Aufsäze, 2 Band, p. 269—271.

Johann Jakob BINDHEIM.
Ueber den Sibirischen Beryll.
Beob. der Berlin. Ges. Naturf. Fr. 4 Band, p. 35—44.
Excerpta in Crell's chem. Annalen, 1790. 1 Band, p. 490—495.
Justus Christian Heinrich HEYER.
Chemische zergliederung des Sibirischen Aquamarins.
Beob. der Berlin. Ges. Naturf. Fr. 4 Band, p. 154—161.
HERRMANN.
Memoire sur le Beril, ou l'Aigue-marine de Siberie.
Journal de Physique, Tome 42. p. 321—336.

79. *Beryllus schoerlaceus.*

René Just HAUY.
Lettre sur le Schorl blanc.
Journal de Physique, Tome 28. p. 63, 64.

80. *Prehnites.*

Urban Friedrich Benedict BRÜCKMANN.
Ueber eine neue grüne afrikanische steinart.
Schr. der Berlin. Ges. Naturf. Fr. 6 Band, p. 407—409.

J. H. HASSENFRATZ.
Memoire sur une pierre silicée, calcaire, alumineuse, ferreuse, magnesienne, de couleur verte, en masse lamelleuse, demitransparente, dont la surface est cristallisée en faisceau.
Journal de Physique, Tome 32. p. 81—86.
Martin Heinrich KLAPROTH.
Chemische zergliederung des Prehnits.
Beob. der Berlin. Ges. Naturf. Fr. 2 Band, p. 211—223.
———— : Analyse chimique de la Chrysolite du Cap de bonne-esperance, ou Prehnite.
Annales de Chimie, Tome 1. p. 201—216.
Balthazar George SAGE.
Observations sur la Prehnite de M. Werner.
Journal de Physique, Tome 34. p. 446—449.

81. *Zeolithus.*

Axel Fredric CRONSTEDT.
Om en obekant bärgart, som kallas Zeolites.
Vetensk. Acad. Handling. 1756. p. 120—123.
Anton von SWAB.
Försök med mineraliske gelatiner och uplöselige glas, i anledning af en röd Gäs-stens-art från ädelfors grufvor. ibid. 1758. p. 282—301.
Johann Carl Friedrich MEYER.
Untersuchung des stralichten Zeoliths. Beschäft. der Berlin. Ges. Naturf. Fr. 2 Band, p. 462—481.
Versuche mit den spathartigen Zeolith. ibid. 4 Band, p. 327—331.
Johann ZOEGA.
Beschreibung des Zeoliths, nach seiner arten und abänderungen, nach dem äussern ansehen. ibid. p. 254—262.
BUCQUET.
Analyse de la Zeolite. Mem. etrangers de l'Acad. des Sc. de Paris, Tome 9. p. 576—592.
Bertrand PELLETIER.
Examen chimique d'une substance pierreuse, venant des mines de Fribourg en Brisgaw, designée par les naturalistes sous le nom de Zeolite; precedé de l'analyse de la Zeolite de Feroe.
Journal de Physique, Tome 20. p. 420—429.
Jean Etienne GUETTARD.
Sur la pierre appellée Zeolithe.
dans ses Memoires, Tome 4. p. 637—668.

Carl RINMAN.
Försök med Zeolith eller Gässten.
Vetensk. Acad. Handling. 1784. p. 52—69.
————: Versuche mit dem Zeolithe oder brausestein.
Crell's chem. Annalen, 1785. 2 Band, p. 441—461.
STIZ.
Beschreibung der in der kaiserlichen naturalienkabinete aufbewahrten Zeolithen. Physikal. arbeiten der eintr. fr. in Wien, 1 Jahrg. 2 Quart. p. 72—85.
Lorenz CRELL.
Ueber einige auf dem Oberharz entdeckte Zeolitharten. in sein. chem. Annalen, 1785, 1 Band, p. 45—47.
August Wilhelm KNOCH.
Ueber den Harzer Zeolith, und die grundkrystallisation des Zeoliths überhaupt.
Crell's Beyträge, 2 Band, p. 11—29.
Justus Christian Heinrich HEYER.
Nachtrag zu vorstehender abhandlung. ibid. p. 29—35.
Andrea Jabanne RETZIO
Præside, Dissertatio de Zeolithis Svecicis. Resp. Franc. H. Müller. Pagg. 40. Lundæ, 1791. 4.
SCHREIBER.
Sur une Zeolite.
Journal de Physique, Tome 41. p. 8, 9.
René Just HAÜY.
Observations sur les Zeolithes.
Journal des Mines, an 4. Brumaire, p. 86—88.

82. *Lapis Lazuli.*

Andreas Sigismund MARGGRAF.
Experiences sur la pierre qu'on nomme Lapis Lazuli.
Hist. de l'Acad. de Berlin, 1758. p. 10—19.
Johann Jakob FERBER.
Nachricht von der lagerstäte des Lapis Lazuli.
Beob. der Berlin. Ges. Naturf. Fr. 1 Band, p. 402.
Martin Heinrich KLAPROTH.
Untersuchung des orientalischen Lasursteins. in seine Beitr. zur chem. kenntn. der Mineralkörp. 1 Band, p. 189—196.
————: Analyse du Lapis-lazuli oriental.
Annales de Chimie, Tome 21. p. 150—157.
————: Analysis of the oriental Lapis Lazuli.
Nicholson's Journal, Vol. 1. p. 77—80.

83. *Lazulites.*

Martin Heinrich KLAPROTH.
Prüfung eines blaues fossils bey Vorau.
Beob der Berlin. Ges. Naturf. Fr. 4 Band, p. 90—94.
——— in seine Beitr. zur chem. kenntn. der Mineralkörp. 1 Band, p. 197—202.
———: Analyse d'un fossil bleu de Smalt de Vorau.
Annales de Chimie, Tome 21. p. 144—149.

84. *Olivinus.*

Claude Hugues LE LIEVRE.
Sur la Chrysolite des Volcans.
Journal de Physique, Tome 30. p. 397, 398.
Jean Frederic GMELIN.
Analyse chimique de l'Olivin. ibid. Tome 39. p. 414—420.
Martin Heinrich KLAPROTH.
Untersuchung des Olivins. in seine Beitr. zur chem. kenntn. der Mineralkörp. 1 Band, p. 112—122.
———: Analyse de la Chrysolite des Volcans, ou Olivine.
Journal des Mines, an 4. Messidor, p. 11—20.

85. *Augites.*

Franz Ambros REUSS.
Geognostisches vorkommen, und äussere charakteristik des Augites, nebst einer vergleichung desselben mit dem gemeinen und blättrichen Olivine, der Basaltischen Hornblende, und einigen andern verwandten fossilien. in sein. Samml. naturhist. aufsäze, p. 271—320.

86. *Vesuvianus.*

Martin Heinrich KLAPROTH.
Chemische untersuchung des Vesuvians. in sein. Beitr. zur chem. kenntn. der Mineralkörp. 2 Band, p. 27—38.

87. *Leucites.*

Deodat DOLOMIEU.
Sur la Leucite ou Grenat blanc.
Journal de Mines, an 5. p. 177—184.

Martin Henri KLAPROTH.

Memoire sur la decouverte qu'il a faite de l'existence de la Potasse ou Alcali vegetal dans la Leucite.

Journal des Mines, an 5. p. 194—200.

Chemische untersuchung des Leucits. in sein. Beitr. zur chem kenntn. der Mineralkörp. 2 Band, p. 39—61.

Nicolas VAUQUELIN.

Experiences sur les Grenats blancs, ou Leucite des Volcans. ib. p. 201—208.

——— Annales de Chimie, Tome 22. p. 127—136.

Balthazar George SAGE.

Observations sur les Grenats blancs. (Adversus Dolomieu.)

Nouv. Journal de Physique, Tome 2. p. 283, 284.

88. *Granatus.*

Carolus Abrahamus GERHARD.

Disquisitio physico-chymica Granatorum Silesiæ atque Bohemiæ. Dissertatio inaug.

Pagg 44. Francof. ad Viadr. 1760. 4.

Abhandlung von denen Granaten. in ejus Beitr. zur chymie, 1 Theil, p. 24—45.

PASUMOT.

Maniere dont on ramasse le Grenat dans le ruisseau d'Espailly, près Puy-en-Velay.

Journal de Physique, Tome 3. p. 442—443.

Jean Chretien WIEGLEB.

Analyse d'une espece de Grenat vert.

Annales de Chimie, Tome 1. p. 231—234.

Martin Heinrich KLAPROTH.

Chemische untersuchung des Böhmischen Granats. in sein. Beitr. zur chem. kenntn. der Mineralkörp. 2 Band, p. 16—21.

Chemische untersuchung des Orientalischen Granats. ibid. p. 22—26.

89. *Australitis.*

Josiah WEDGWOOD.

On the analysis of a mineral substance from New South Wales.

Philosoph. Transact. Vol. 80. p. 306—320.

——— Crell's chemical Journal, Vol. 1. p. 260—283.

Excerpta in Commentatione sequenti.

Johann Friedrich BLUMENBACH.
Ueber die neue grunderde im Australsand.
Voigt's Magaz. 7 Band. 3 Stück, p. 56—67.
Martin Heinrich KLAPROTH.
Chemische untersuchung des Australsands. in sein. Beitr zur chem. kenntn. der Mineralkörp. 2 Band, p. 66—69.
———: Examen chimique de la terre australe ou Sidnecienne.
Annales de Chimie, Tome 23. p. 316—319.
———: De la terre Sidnecienne.
Nouv. Journal de Physique, Tome 2. p. 341—343.
William NICHOLSON.
Doubts concerning the existence of a new earth in the mineral from New South Wales, examined by Wedgwood in 1790. (excerpta e commentationibus Wedgwoodi et Klaprothi.)
Nicholson's Journal, Vol. 1. p. 404—411.
Charles HATCHETT.
An analysis of the earthy substance from New South Wales, called Sydneia or Terra australis.
Philosoph. Transact. 1798. p. 110—129.
——— Seorsim etiam adest. Pagg. 22. 4.
——— Nicholson's Journal, Vol. 2. p. 72—80.

90. *Circonius, Hyacinthus*.

Johann Christian WIEGLEB.
Chemische untersuchung des Zirkonen aus Zeilon.
Crell's chem. Annalen, 1787. 2 Band, p. 139—143.
Martin Heinrich KLAPROTH.
Chemische untersuchung des Zirkons.
Beob. der Berlin. Ges. Naturf. Fr. 3 Band, p. 147—176.
——— in seine Beitr. zur chem. kenntn. der Mineralkörp. 1 Band, p. 203—226. (altero capite aucta.)
Joannes Fridericus GMELIN.
De Circonio lapide.
Commentat. Societ. Gotting. Vol. 11. p. 3—10.
René Just HAÜY.
Observations sur les pierres appelées jusqu'ici, par les naturalites, Hyacinthe et Jargon de Ceylan.
Journal des Mines, an 5. p. 83—96.
——— Annales de Chimie, Tome 22. p. 158—178.

Nicolas VAUQUELIN.
Analyse comparée des Hyacinthes de Ceylan et d'Expailly, et exposé de quelques-unes des proprietés de la terre, qu'elles contiennent.
Journal des Mines, an 5. p. 97—118.
——— Annales de Chimie, Tome 22. p. 179—210.

Louis Bernard GUYTON.
Memoire sur l'Hyacinte de France, congenere à celle de Ceylan, et sur la nouvelle terre simple qui entre dans sa composition.
Annales de Chimie, Tome 21. p. 72—95.

Martin Heinrich KLAPROTH.
Chemische untersuchung des Hyacinths (aus Ceylon.) in seine Beitr. zur chem. kenntn. der Mineralkörp. 1 Band, p. 227—232.

91. *Argillacei.*

Chrysoberyllus.

Martin Heinrich KLAPROTH.
Zergliederung des Chrysoberylls. in seine Beitr. zur chem. kennt. der Mineralkörp. 1 Band, p. 97—102.
———: Analyse du Chrysoberil.
Journal des Mines, an 4. Prairial, p. 17—20.

René Just HAÜY.
Description de la Cymophane. ibid. p. 5—16.

92. *Saphyrus.*

Martin Heinrich KLAPROTH.
Untersuchung des orientalischen Sapphirs. in seine Beitr. zur chem. kenntn. der Mineralkörp. 1 Band, p. 81—89.

93. *Spinellus.*

Martin Heinrich KLAPROTH.
Chemische untersuchung des Rubins.
Beob. der Berlin. Ges. Naturf. Fr. 3 Band, p. 336—350.
Chemische untersuchung des Spinells. in seine Beitr. zur chem. kenntn. der Mineralkörp. 2 Band, p. 1—11.

94. *Smaragdus.*

Deodat DOLOMIEU.
Description de l'Emeraude. Magazin encyclopedique, Tome 2. p. 17—29, et p. 145—163.
Martin Heinrich KLAPROTH.
Chemische untersuchung des Peruvianischen Smaragds. in seine Beitr. zur chem. kenntn. der Mineralkörp. 2 Band, p. 12—15.
———: Examen chimique de l'Emeraude du Perou. Annales de Chimie, Tome 23. p. 68—71.
ANON.
Remarques sur cette analyse. ibid. p. 72, 73.

95. *Topasius.*

Abhandlung vom Topas.
Hamburg. Magaz. 15 Band, p. 400—415.

Johannes Fridericus HENCKEL.
De Topasio vera *Saxonum*, orientali non inferiore. Act. Acad. Nat. Cur. Vol. 4. p. 316—320.
———: Von dem wahrhafften Sächsischen Topas, welcher dem orientalischen nichts nachgiebt. in seine Kleine Schriften, p. 554—565.
Jean Henri POTT.
Experiences pyrotechniques sur la Topaze de Saxe. Hist. de l'Acad. de Berlin, 1747. p. 46—56.
Andreas Sigismund MARGGRAF.
Recherches chymiques sur la Topaze de Saxe. Mem. de l'Acad. de Berlin, 1776. p. 73—80, et p. 160—165.
——— Journal de Physique, Tome 21. p. 101—110.
Johann Christian WIEGLEB.
Chemische untersuchung des Sächsischen Topases. Crell's chem. Annalen, 1786. 1 Band, p. 111—117.
Nicolas VAUQUELIN.
Analyse de la Topaze blanche de Saxe. Journal des Mines, an 4. Fructidor, p. 1—4.
Balthazar George SAGE.
Observations sur l'analyse de la Topaze blanche de Saxe, par Vauquelin. Nouv. Journal de Physique, Tome 2. p. 287, 288.

C. L. von BOSE.
Ueber Sibirische Topase.
Beob. der Berlin. Ges. Naturf. Fr. 3 Band, p. 92—98.

Johann Jakob BINDHEIM.
Beobachtungen über den Sibirischen Topas.
Beob. der Berlin. Ges. Naturf. Fr. 5 Band. p. 166—176.

Jean Etienne GUETTARD.
Von den *Brasilianischen* Topasen. (e gallico, in Journal Oeconomique.)
Hamburg. Magaz. 12 Band. p. 666—673.

96. *Ceylanites.*

DESCOTILS.
Analyse de la Ceylanite.
Annales de Chimie, Tome 23. p. 113—122.

97. *Scorlus, Turmalinus.*

Sven RINMAN.
Mineralogiske rön om Turmalinen. Vetensk. Acad. Handl. 1766. p. 45—57, et p. 109—115.
———: Onderzoeking omtrent de Tourmaline of Asschentrekker.
Geneeskundige Jaarboeken, 4 Deel, p. 159—173.

Charles Abraham GERHARD.
Memoire sur les principes de la Tourmaline.
Mem. de l'Acad. de Berlin, 1777. p. 14—24.
——— Journal de Physique, Tome 21. p. 58—65.

Joseph MÜLLER's
Nachricht von den in Tyrol entdeckten Turmalinen.
Pagg. 22. tabb. æneæ 2. Wien, 1778. 4.
———: Lettre sur la Tourmaline, traduite, avec des notes, par M. de Launay.
Pagg. 35. tab. ænea 1. Bruxelles, 1779. 4.
——— ——— Journal de Physique, Tome 15. p. 182—198.

Torbern BERGMAN.
Bruna Turmaliner, til sina grundämnen undersökte.
Vetensk. Acad. Handling. 1779. p. 224—238.
———: De terra Turmalini.
in ejus Opusculis, Vol. 2. p. 118—132.
———: Onderzoek van de bruine Tourmalines, volgens hunne grondstoffe.
Nieuwe geneeskund. Jaerboek. 5 Deel, p. 226—236.

René Just HAÜY.
Observations sur les Schorls.
Mem. de l'Acad. des Sc. de Paris, 1784. p. 270—272.
Johann Christian WIEGLEB.
Chemische untersuchung des schwarzen Stangenschörls.
Crell's chem. Annalen, 1785. 1 Band, p. 246—253.
Chemische untersuchung des in einzelnen säulen vorkommenden schwarzen Stangenschörls.
Crell's Beyträge, 1 Bandes 4 Stück, p. 21—35.
Giuseppe BERETTA.
Lettera sul Tormalino del monte di San Gottardo.
Opuscoli scelti, Tomo 8. p. 404—406.
Basilius SEWERGIN.
De Schoerlo.
Nov. Act. Acad. Petropol. Tom. 6. p. 240—258.
Deodat DOLOMIEU.
Sur les Tourmalines blanches du S. Gottard.
Nouv. Journal de Physique, Tome 3. p. 302—305.

98. *Hornblenda.*

Johann Christian WIEGLEB.
Chemische untersuchung der Hornblende.
Crell's chem. Annalen, 1787. 2 Band, p. 15—21.
Benedikt Fr. HERRMANN.
Ueber die Hornblende.
Beob. der Berlin. Ges. Naturf. Fr. 5 Band, p. 76—91.

Franz Ambros REUSS.
Karakteristik der basaltischen Hornblende. Mayer's Samml. Physikal. Aufsäze, 2 Band, p. 317—334.
3 Band, p. 122—134.

Johann Friedrich GMELIN.
Ueber das schillernde fossil vom Harze (Schillerspath.)
Bergbaukunde, 1 Band, p. 92—101.

99. *Mica.*

Ignatius Barthol. Josephus STANG.
Dissertatio inaug. de Vitro ruthenico.
Pagg. 43. Francof. ad Viadr. 1767. 4.
Samuel Gottlieb GMELIN.
De Glacie Mariæ ruthenica.
Nov. Comm. Acad. Petropol. Tom. 12. p. 549—564.

——— : Vom russischen Marienglase.
Neu. Hamburg. Magaz. 49 Stück, p. 79—95.

100. *Lepidolites.*

Martin Heinrich KLAPROTH.
Chemische untersuchung des Lilaliths oder des amethystrothen Zeoliths.
Beob. der Berlin. Ges. Naturf. Fr. 5 Band, p. 59—70.
——— : Chemische untersuchung des Lepidoliths. in seine Beitr. zur chem. kenntn. der Mineralkörp. 1 Band, p. 279—290.
——— : Examen chimique de la Lepidolite.
Annales de Chimie, Tome 22. p. 35—46.
Nachtrag zur chemischen untersuchung des Lepidoliths. in sein. Beiträg. 2 Band, p. 191—196.
Dietrich Ludwig Gustav KARSTEN.
Æussere beschreibung des Lepidoliths, oder sogenannten Lilaliths von Rozna in Mähren.
Beob. der Berlin. Ges. Naturf. Fr. 5 Band, p. 71, 72.

101. *Corundum.*

Martin Heinrich KLAPROTH.
Etwas über den Demantspat. (Excerpta e sequenti commentario.)
Beob. der Berlin. Ges. Naturf. Fr. 2 Band, p. 295—298.
——— : Extrait d'un memoire sur le Spath adamantin.
Annales de Chimie, Tome 1. p. 183—187.
Recherches chimiques sur le Spath adamantin.
Mém. de l'Acad. de Berlin, 1786, 7. p. 148—159.
——— : Chemische versuche über den Demantspath. in seine Beitr. zur chem. kenntn. der Mineralkörp. 1 Band, p. 47—80.
Lorenz CRELL.
Ueber den Diamant-spath. in sein. Chem. Annalen, 1788. 1 Band, p. 404—406.
DE BOURNON.
Sur le Spath adamantin.
Journal de Physique, Tome 34. p. 451—455.
Charles GREVILLE.
On the Corundum stone from Asia.
Philosoph. Transact. 1798. p. 403—448.

———

Louis Bernard Guyton DE MORVEAU.
Diamantspath auch in Frankreich entdeckt.
Crell's chem. Annalen, 1789. 1 Band, p. 99—102.
——————: Extrait d'une lettre sur le Spath adamantin.
Annales de Chimie, Tome 1. p. 188—191.

102. *Feldspathum.*

Johann Christian WIEGLEB.
Chemische untersuchung des Feldspaths. Crell's chem. Annalen, 1785. 1 Band, p. 392—404, et p. 529—532.
MONGEZ.
Observations sur un nouveau Feld-spath, trouvé au Port des François sur la côte du nord-ouest de l'Amerique, et son analyse.
Journal de Physique, Tome 31. p. 154—158.
Jean Antoine SCOPOLI.
Analyse du Feldt-spath crystallisé de Baveno.
Mem. de l'Acad. de Toulouse, Tome 3. p. 169—176.
DODUN.
Memoire sur un Feld-spath argentin nacré, mieux connu sous le nom d'Oeil de Poisson, trouvé dans la montagne noire en Languedoc.
Journal de Physique, Tome 36. p. 401—410.
Johann Jakob BINDHEIM.
Vom sibirischen grünen Feldspath.
Beob. der Berlin. Ges. Naturf. Fr. 5 Band, p. 107—111.

Johann Jacob D'ANNONE.
Beschreibung dreyer stükken Changeant-oder Schieler-quarz aus Labrador; mit anmerkungen von S—d.
Beschäft. der Berlin. Ges. Naturf. Fr. 3 Band, p. 173—183.
Nathaniel Gottfried LESKE.
Von einigen sich wandelden, zum Feldspat gehörigen steinen, aus Labrador.
Naturforscher, 12 Stück, p. 145—163.
Peter Simon PALLAS.
Bemerkungen über den Labradorstein, oder schillernden Quarzspath.
in sein. Neu. Nord. Beyträg. 2 Band, p. 233—254.
3 Band, p. 407—409.
Balthazar George SAGE.
Observations sur la pierre de Labrador.
Journal de Physique, Tome 39. p. 136, 137.

Marcus Elieser BLOCH.
Von Märkischen Schielerspathen. Beschäft. der Berlin. Ges. Naturf. Fr. 3 Band, p. 481—483.
J. G. GEISSLER.
Nachricht von einem inländischen sogenannten Labrador- oder sich wandelnden steine.
Naturforscher, 24 Stück, p. 189—195.

103. *Adularia.*

Francesco BARTOLOZZI.
Sperienze chimiche sopra la Zeolite del San Gottardo, conosciuta sotto il nome di Adularia, o Feldspato.
Opuscoli scelti, Tomo 7. p. 76—80.
Ermenegildo PINI.
Supplemento alle osservazioni mineralogiche sulla montagna di San Gottardo, nel quale si dimostra, che i Feldspati colà scoperti non hanno verun carattere dei Zeoliti. ibid. p. 124—127.
Urban Friedrich Benedikt BRÜCKMANN.
Beschreibung des Mondsteins.
Beob. der Berlin. Ges. Naturf. Fr. 1 Band, p. 392—398.
Albrecht HÖPFNER.
Ueber die Adularia.
Crell's chem. Annalen, 1787. 2 Band, p. 499—502.
Bernhard Friederich MORELL.
Chymische untersuchung der Adularia, oder durchsichtigen Feldspat. Höpfner's Magaz. für die Naturk. Helvet. 2 Band, p. 83—96.
——— : Analyse chymique de l'Adulaire, ou du Feldspath transparent. Mem. pour l'Hist. Nat. de la Suisse, Tome 1. p. 237—250.
——— ——— Journal de Physique, Tome 34. p. 265—271.
STRUVE.
De l'Adulaire, et de ses caracteres exterieurs.
Mem. pour l'Hist. Nat. de la Suisse, Tome 1. p. 229—236.
——— Journal de Physique, Tome 34. p. 261—265.
DE BOURNON.
Sur l'Adulaire. ibid. p. 456, 457.
DODUN.
Lettre sur l'Adulaire. ib. Tome 35. p. 137—143.

Johann Friedrich WESTRUMB.
Chemische untersuchung des Mondsteins, oder der Adularia Pini.
Crell's chem. Annalen, 1790. 2 Band, p. 213—226.

104. *Argilla.*

Pierre Joseph MACQUER.
Sur les Argiles, et sur la fusibilité de cette espece de terres, avec les terres calcaires.
Mem. de l'Acad. des Sc. de Paris, 1758. p. 155—176.
Jacobo Reinboldo SPIELMANN
Præside, Dissertationes: De Argilla. Resp. Joh. Dan. Metzger. Pagg. 44. Argentorati, 1765. 4.
De compositione et usu Argillæ. Resp. Joh. Frid. Moseder. Pagg. 50. ibid. 1773. 4.
Pehr Adrian GADD.
Försök med Småländska hvit-leran.
Vetensk. Acad. Handling. 1768. p. 125—133.
———: Observation sur l'Argille blanche de Smolandie.
Journal de Physique, Tome 3. p. 58—61.
Friedrich August CARTHEUSER.
Von den bestandtheilen des Thons. in seine Mineralog. Abhandlung. 2 Theil, p. 151—219.
Johann Christian Daniel SCHREBER.
Versuche mit dem Hallischen sogenannten Lac Lunæ.
Naturforscher, 15 Stück, p. 209—235.
Joannes Fridericus GMELIN.
De Argillis, et speciatim de Argilla quadam Uracensi.
Commentat. Soc. Gotting. Vol. 3. p. 51—81.
———: Abhandlung von den Thonerden, und ins besondere von einer Thonerde von Urach in Würtemberg.
Crell's Entdeck. in der Chemie, 3 Theil, p. 3—40.

105. *Limus.*

John HILL.
A letter concerning Windsor Loam.
Philosoph. Transact. Vol. 44. n. 483. p. 458—463.

106. *Argilla Fullonum.*

Cosmus COLINI.

Von einer art Seiffen-erde, welche man bey Berweiler in der herrschaft Kirn findet.

Bemerk. der Kurpfälz. Phys Ökon. Gesellsch. 1771. p. 143—173.

107. *Cimolites.*

Martin Heinrich KLAPROTH.

Chemische untersuchung des Cimolits. in seine Beitr. zur chem. kenntn. der Mineralkörper, 1 Band, p. 291—299.

108. *Schistus.*

Samuel Theophilus LANGIUS.

De Schisto, ejus indole atque genesi meditationes, cum descriptione duorum vegetabilium in Schisto repertorum.

Act. Acad. Nat. Curios. Vol. 6. App. p. 133—148.

MONNET.

Sur la carriere du Chyte de la Ferriere-Bechet, en *Normandie.*

Journal de Physique, Tome 10. p. 213—219.

Jean Etienne GUETTARD.

Memoire sur les Ardoisieres d'*Angers.*

Mem. de l'Acad. des Sc. de Paris, 1757. p. 52—87.

Pehr Adrian GADD.

Om Skiffergångarna i *Finland,* och Takskiffer i dem.

Vetensk. Acad. Handling. 1780. p. 294—303.

———: Ueber die Schiefergänge in Finnland, und den in selbigen brechenden Dachschiefer. Crell's Entdeck. in der Chemie, 8 Theil, p. 207—214.

109. *Lithomarga.*

Christian RICHTER.

Saxoniæ electoralis miraculosa terra, oder des weltberühmten Chur-Sacshen-landes bewunderns-würdige erde.

Schneeberg, 1732. 4.

Plagg. 18, quibus continentur tabb. æneæ 61.

Julius Ernestus DE SCHÜTZ.

Oratio inauguralis pro ingressu in Collegium Naturæ Curiosorum, de Terra miraculosa Saxonica, an Steatites sit? Pagg. 26. Fridricostadii. 4.

——— Nov. Act. Acad. Nat. Curios. Tom. 3. App. p. 91—114.

———: Untersuchung ob die so genannte bewundernswürdige Sächsische erde eine art Speckstein sey? Neu. Hamburg. Magaz. 22 Stück, p. 307—337.

Torbern BERGMAN.

Dissertatio de analysi Lithomargæ. Resp. Car. Diet. Hjerta.
Pagg. 14. Upsaliæ, 1782. 4.

——— in ejus Opusculis, Vol. 4. p. 142—159.

110. *Agalmatolithus.*

Martin Heinrich KLAPROTH.

Chemische untersuchung des Chinesischen Bildsteins. in sein. Beitr. zur chem. kenntn. der Mineralkörp. 2 Band, p. 184—190.

111. *Ochra.*

Jean Etienne GUETTARD.

Memoire sur l'Ocre.
Mem. de l'Acad. des Sc. de Paris, 1762. p. 53—73.

Balthazar George SAGE.

Analyse de la terre Bolaire jaune du Berry. ibid. 1779. p. 310—313.

———: Ueber den gelben Bolus aus Berry.
Crell's chem. Annalen, 1784. 1 Band, p. 343—345.

Philippe Frederic Baron DE DIETRICH.

Memoire sur les Ocres.
Mem. de l'Acad. des Sc. de Paris, 1787. p. 82—85.

112. *Trapezius.*

Barthelemy FAUJAS *de Saint-Fond.*

Essai sur l'histoire naturelle des roches de Trapp.
Pagg. 159. Paris, 1788. 12.

Abraham Gottlieb WERNER.

Von den Buzen-wakken zu Joachimsthal.
Crell's chem. Annalen, 1789. 1 Band, p. 131—135.

113. *Variolites.*

Franciscus Ernestus BRÜCKMANN.
De lapide Gamaicu seu variolaceo, Epistola itineraria 31. (Cent. 1.)
Pagg. 11. tab. ænea 1. Wolffenbuttelæ, 1734. 4.

Marc Antoine Louis Claret DE LA TOURRETTE.
Sur les Variolites de la Durance.
Journal de Physique, Tome 4. p. 320—330.

DORTHES.
Observations sur les Variolites et leur decomposition. ibid. Tome 28. p. 460—464.

Comte MOROZZO.
Sur la Variolite du Piemont.
Mem. de l'Acad. de Turin, Vol. 5. p. 165—172.

114. *Basaltes.*

Jean Etienne GUETTARD.
Sur le Basalte des anciens et des modernes. dans ses Memoires, Tome 2. p. 226—277.

Johann Samuel SCHRÖTER.
Nachricht vom Basalt.
Berlin. Sammlung. 3 Band, p. 419—431.
——— in sein. Lithologisch. Lexicon, 1 Band, p. 136—142.

Nicolas DESMAREST.
Memoire sur l'origine et la nature du Basalte à grandes colonnes polygones, determinées par l'histoire naturelle de cette pierre, observée en Auvergne. 1 et 2 Partie.
Mem. de l'Acad. des Sc. de Paris, 1771. p. 705—775.
3 Partie, où l'on traite du Basalte des anciens, et où l'on expose l'histoire naturelle des differentes especes de pierres auxquels on a donné, en differens temps, le nom de Basalte. ib. 1773. p. 599—670
Considerations generales sur le rapport des boules de lave avec les prismes de Basalte articulés.
Journal de Physique, Tome 31. p. 65—69.

Uno von TROIL.
Om Basalt-pelare; i hans Bref rörande en resa til Island, p. 271—291.
————: Of the Pillars of Basalt; in his Letters on Iceland, p. 266—288.

Conrad MÖNCH.
Chemische zergliederung des Basalts. Crell's Entdeck. in der Chemie, 11 Theil, p. 59—81.
Carl Abraham GERHARD.
Beyträge zur geschichte der Basalte.
Crell's Beyträge, 1 Band. 3 Stück, p. 3—13.
Tobias GRUBER.
Abhandlung von der figur der Basalte.
Physik. Arbeit. der eintr. Freunde in Wien, 2 Jahrg. 1 Quart. p. 1—10.
DELARBRE.
Memoire sur la formation et la distinction des Basaltes en boules de differens endroits d'Auvergne.
Journal de Physique, Tome 31. p. 133—149.
BESSON.
Passage de colonnes ou prismes de Basalte volcanique à l'etat de boules. ib. p. 149—153.

115. *Scotiæ.*

Richard POCOCKE *Lord Bishop of* OSSORY.
An account of a production of nature at *Dunbar* in Scotland, like that of the Giants-Causeway in Ireland.
Philosoph. Transact. Vol. 52. p. 98, 99.
Emanuel Mendez DA COSTA.
An account of some productions of nature in Scotland resembling the Giants-Causeway in Ireland. ibid. p. 103, 104.
Joseph BANKS.
Account of *Staffa*. in Pennant's Tour in Scotland, 1772, 1 Part, p. 261—269.
——— in Troil's Letters on Iceland, p. 288—293.

116. *Hiberniæ.*

Sir Richard BULKELEY.
Letter concerning the Giant's Causway in Ireland.
Philosoph. Transact. Vol. 17. n. 199. p. 708—710.
——— printed with Boate's Natural History of Ireland, quarto edition, p. 150, 151.
Samuel FOLEY.
An account of the Giant's Causway in Ireland, with answers to Sir Richard Bulkeley's queries relating to the same.
Philosoph. Transact. Vol. 18. n. 212. p. 170—175.
——— with Boate, p. 151—153.

Thomas MOLYNEUX.

Some notes upon the foregoing account of the Giant's Causeway.

Philosoph. Transact. Vol. 18. n. 212. p. 175—188.

A letter containing some additional observations on the Giant's Causway in Ireland, ibid. Vol. 20. n. 241. p. 209—223.

——— with Boate, p. 153—160

Edwin SANDYS.

A true prospect of the Giant's Cawsway.

Philosoph. Transact. Vol. 19. n. 235.

——— with Boate, at page 160.

Susannah DRURY.

The west prospect of the Giant's Causway in the county of Antrim in the Kingdom of Ireland.

The east prospect - - -

Su (sannah) Drury pinx. Vivares sculp. Published Febr. 1. 1743-4.

Tabb. æneæ 2, long. 16 unc. lat. 26 unc.

Richard POCOCKE.

An account of the Giant's Causeway in Ireland.

Philosoph. Transact. Vol. 45. n. 485. p. 124—127.
48. p. 226—238.

William HAMILTON. vide Tom. 1. pag. 99.

117. *Galliæ.*

BERTHOLON.

Sur le Basalte de *St. Tibery.* Assemblée publ. de la Soc. de Montpellier, 1781. p. 91, 92.

118. *Italiæ.*

John STRANGE.

An account of two Giant's Causeways, and other vulcanic concretions, in the *Venetian* state.

Philosoph. Transact. Vol. 65. p. 5—47.

———: De' monti colonnari e d'altri fenomeni vulcanici dello stato Veneto.

Pagg. lxx. tabb. æneæ 11. Milano, 1778. 4.

Uberior est hæc editio.

——— ——— Opuscoli scelti, Tomo 1. p. 73—107, et p. 145—177.

An account of a Giant's Causeway in the Euganean hills, near Padua.

Philosoph. Transact. Vol. 65. p. 418—423.

—— in editione superioris commentarii italica, pag. ix—xii.

——: Description d'une chaussée-des-geans dans les montagnes Euganeennes.
Journal de Physique, Supplem. Tome 13. p. 163—165.

119. *Germaniæ.*

Abraham TREMBLEY.
Remarks on the stones in the country of *Nassau*, and the territories of *Treves* and *Colen*, resembling those of the Giant's causey in Ireland.
Philosoph. Transact. Vol. 49. p. 581—585.

(*Friedrich Alexander* VON HUMBOLDT.)
Mineralogische beobachtungen über einige Basalte am *Rhein*.
Pagg. 126. Braunschweig, 1790. 8.

C. G——T.
Mineralogische bemerkungen über die *Nöllenburg*, eine Basaltkuppe bey Neustadt im Mainzischen.
Voigt's Magazin, 8 Band. 3 Stück, p. 1—14.

Rudolph Eric RASPE.
Account of some Basalt hills in *Hassia*.
Philosoph. Transact. Vol. 61. p. 580—583.
Nachricht von einigen Niederhessischen Basalten, besonders aber einem säulen-basalt-steingebürge bei Felsberg. Deutsche schrift. der Societ. zu Göttingen, 1 Band, p. 72—93.

Joannis Guilielmi BAUMER
Observationes de Basalte Hassiaco.
Act. Acad. Mogunt. 1776. p. 112—116.

Johann Carl Friedrich MEYER.
Versuche mit dem *Stolpener* Basalt.
Naturforscher, 14 Stück, p. 1—8.

Nathanael Gottfried LESKE.
Etwas über den Basaltberg, auf welchem das schlos Friedland in *Bömen* liegt.
Leipzig. Magaz. 1783. p. 161—176.

Franz Ambros REUSS.
Beytrag zur geschichte der Basalte. (in Böhmen.) Abhandl. der Böhm. Gesellsch. 1787. p. 88—93.
Ueber einen Basalt von pyramidenförmig abgesonderten stücken aus Böhmen. in sein. Samml. naturhist. aufsäze, p. 1—46.

Beschreibung des Lichtenwaldsteiner Basaltberges im Böhmischen erzgebirge. ib. p. 255—270.

Adalbert VON SCHMIRSIZKY.

Beschreibung des Hasenbergs bey Libochowiz. Mayer's Samml. physikal. Aufsäze, 1 Band, p. 153—158.

120. *Imperii Danici.*

Om Basalt-bierge paa *Færöerne,* udtog af et brev fra Hr. Capit. BORN til Hr. Etats R. Rothe.

Naturhist. Selsk. Skrivt. 2 Bind, 1 Heft. p. 198—204.

Fortsættelse af brevvexlingen imellem Hr. Capit. Born og Hr. Etatsr. ROTHE, om de Færöeske Basalt-bierge. ibid. 3 Bind, 1 Heft. p. 123—144.

121. *Africæ.*

DE PRESLON.

Extrait d'une lettre à M. Faujas de Saint-Fond. Journal de Physique, Tome 31. p. 171—173.

122. *Pulvis Puteolanus.*

Giovanni MAIRONI DA PONTE.

Sopra una terra vulcanica volgarmente detta Lavezzara. Opuscoli scelti, Tomo 14. p. 217—224.

123. *Trass.*

Benct QUIST.

Försök anstäldte på Trass.

Vetensk. Acad. Handling. 1770. p. 49—66.

Friedrich August CARTHEUSER.

Vom Trass.

in sein. Mineralog. Abhandlung. 2 Theil, p. 1—53.

Georg Adolph SUCKOW.

Chymische untersuchung des Rheinländischen Mühlsteines. Bemerk. der Kurpfälz. Phys. Ökonom. Gesellsch. 1775. p. 250—274.

Chymische untersuchung des Backofensteines zu Bell. ibid. 1777. p. 258—274.

124. *Talcini.*

Terra Magnesialis.

André Sigismond MARGGRAF.

Des effets de l'acide du vitriol sur diverses pierres, ou especes de terre.

Hist. de l'Acad. de Berlin, 1759. p. 12—18.

Experiences chymiques concernant ce qu'on nomme la derniere lessive mere incristallisable du sel de cuisine, relativement à l'espece de terre qui y est contenue. ibid. p. 19—27.

Experiences chymiques sur l'espece de terre contenue dans la derniere lessive mere qui reste du sel commun; laquelle terre fait la base de la pierre serpentine. ibid 1760. p. 75—86.

MONNET.

Rön om en skifer, som håller bittersalt.

Vetensk. Acad. Handling. 1773. p. 357—359.

———: Von einem schiefer, der bittersalz enthält.

Crell's Entdeck. in der chemie, 1 Theil, p. 104.

Sur la terre qui fait la base du sel d'Epsom, et sur son existence dans plusieurs mineraux.

Journal de Physique, Tome 3. p. 423—428.

———: Ueber die erde, welche die grundlage des bittersalzes ausmacht, und ihre gegenwart in verschiedenen mineralien.

Crell's chem. Annalen, 1786. 1 Band, p. 454, 455.

Jacobus Christ. Gottl. SCHÆFFER.

Dissertatio inaug. de Magnesia.

Pagg. 28. Argentorati, 1774. 4.

Torbern BERGMAN.

Dissertatio de Magnesia alba. Resp. Car. Norell.

Pagg. 28. Upsaliæ, 1775. 4.

——— in ejus Opusculis, Vol. 1. p. 365—404.

Anmärkning om Magnesia nitri.

Vetensk. Acad. Handling. 1777. p. 213—216.

———: De Magnesia nitri.

in ejus Opusculis, Vol. 5. p. 111—114.

———: Anmerkung über die Salpeter-Magnesie. Crell's Entdeck. in der Chemie, 4 Theil, p. 114—117.

Thomas HENRY.

On the natural history and origin of Magnesian earth.

Mem. of the Soc. of Manchester, Vol. 1. p. 448—473.

125. *Lapis ollaris.*

Christian Heinrich EILENBURG.
Vom Topf-oder Lavezsteine. impr. cum Schulzen von den Serpentinsteinarten ; p. 42—48.

Johann Christian WIEGLEB.
Chemische untersuchung des *Helvetischen* Topfsteins. Höpfner's Magaz. für die Naturk. Helvet. 3 Band, p. 157—166.

Olaus BORRICHIUS.
Talcum *Norvegicum* torno obtemperans.
Bartholini Act. Hafniens. Vol. 5. p. 208, 209.

Daniel TILAS.
Handöhls Telgstensbrott i *Jemteland* beskrifvit.
Vetensk. Acad. Handling. 1742. p. 199—201.

Petro KALM
Præside, Dissertatio Ollares in *Fenniæ* repertos delineans.
Resp. Joh. Frid. Müller.
Pagg. 21. Aboæ, 1756. 4.

126. *Talcum.*

Philippe DE LA HIRE.
Observations sur une espece de Talc qu'on trouve communement proche de Paris au-dessus des bancs de pierre de plâtre.
Mem. de l'Acad. des Sc. de Paris, 1710. p. 341—352.

Jean Henry POTT.
Examen pyrotechnique du Talc.
Hist. de l'Acad. de Berlin, 1746. p. 65—83.

127. *Spuma marina.*

KARSTEN.
Aeussere karakteristik des Meerschaums, nebst einigen anderweitigen bemerkungen über dieses fossil.
Beob. der Berlin. Ges. Naturf. Fr. 5 Band, p. 143—148.

Martin Heinrich KLAPROTH.
Chemische untersuchung des levantischen Meerschaumes. ibid. p. 149—152.
——— in sein. Beitr. zur chem. kenntn. der Mineralkörp. 2 Band, p. 172—176.

128. *Steatites.*

Jean Henri POTT.
Examen pyrotechnique de la pierre nommée par les anciens Steatites, et en allemand Speckstein.
Hist. de l'Acad. de Berlin, 1747 p. 57—78.
Jean Etienne GUETTARD et *A. L.* LAVOISIER.
Experiences sur une espece de Steatite blanche, qui se convertit seule au feu en un biscuit de Porcelaine.
Mem. de l'Acad. des Sc. de Paris, 1778. p. 433, 434.
———: Ueber einen weissen Speckstein, der sich im feuer ohne zusaz zu einem schönen rauhen Porcellan brennt. Crell's Entdeck. in der Chemie, 9 Theil, p. 134.
Johann Christian WIEGLEB.
Chemische untersuchung des Bayreuthischen Specksteins, oder der sogenannten spanischen kreide. Crell's chem. Annalen, 1784. 2 Band, p. 429—431.
———: Examen chimique de la Pierre ollaire, appelée Craie d'Espagne, Steatite de Bareith.
Journal de Physique, Tome 29. p. 60, 61.
Martin Heinrich KLAPROTH.
Chemische untersuchung des Baireuther Specksteins. in sein. Beitr. zur chem. kenntn. der Mineralkörp. 2 Band, p. 177—179.

129. *Serpentinus.*

Sven RINMAN.
Öfver den i Sahla grufva befintelige Serpentin-sten.
Vetensk. Acad. Handling. 1746. p. 21—25.
Franciscus Ernestus BRÜCKMANN.
De lapide Serpentino Halensi, Epistola itineraria 73. Cent. 2. p. 911—915.
André Sigismond MARGGRAF.
Demonstration fondée sur des experiences, que la pierre Serpentine de Saxe ne doit pas etre mise dans la classe de l'argille.
Hist. de l'Acad. de Berlin, 1759. p. 3—11.
Christian Friedrich SCHULZE.
Nachricht von den bey Zöblitz und an andern orten in Sachsen befindlichen Serpentinsteinarten.
Dresden und Leipzig, 1771. 4.

Pagg. 42; præter Eilenburgii libellum, de quo supra pag. 119.

Pierre BAYEN.

Examen chymique de la Serpentine d'Allemagne et du Limousin, ainsi que de la Steatite de Corse.
Journal de Physique, Tome 13. p. 46—61.

Friedrich Albrecht Anton MEYER.

Ueber eine Serpentinsteinart vom Harz.
Crell's chem. Annalen, 1789. 2 Band, p. 416—420.

130. *Nephrites.*

Augerii CLUTII

Calsuee, sive dissertatio, Lapidis nephritici, seu Jaspidis viridis, naturam, proprietates et operationes exhibens, quam sermone latino recenset Gul. Lauremberg. impr. cum hujus descriptione Ætitis.
Plag. 1½. Rostochii, 1627. 12.

Casparus BARTHOLINUS.

De lapide nephritico. inter ejus Opuscula 4 singularia.
Foll. 29. Hafniæ, 1628. 8.

Johannes Gottlob LEHMANN.

Historia et examen chymicum lapidis nephritici.
Nov. Comm. Acad. Petropol. Tom. 10. p. 381—412.
————: Geschichte und chymische untersuchung des Nieren-(Gries-) steines.
Neu. Hamburg. Magaz. 23 Stück, p. 403—442.

131. *Lapis muriaticus.*

Albrecht HÖPFNER.

Aeusserliche beschreibung und chemische zergliederung des Bittersteins, oder Schweizerischen Jade. in sein. Magaz. für die Naturk. Helvet. 1 Band, p. 257—270.
————: Description des caracteres exterieurs, et experiences chymiques sur l'analyse de la pierre muriatique, ou du Jade Suisse. Mem. pour l'Hist. nat. de la Suisse, Tome 1. p. 251—267.

132. *Chrysolithus.*

Friedrich August CARTHEUSER.

Anmerckungen über den Chrysolith.
in seine Mineralog. Abhandlung. 1 Theil, p. 94—106.

Johann Thaddæus LINDAKER.
Beytrag zur geschichte der Böhmischen Chrisolithe, und ähnlicher so benannter steinarten. Mayer's Samml. physical. Aufsäze. 2 Band, p. 272—276.
Martin Heinrich KLAPROTH.
Untersuchung des Chrysoliths. in seine Beitr. zur chem. kenntn. der Mineralkörp. 1 Band, p. 103—111.
———: Analyse de la Chrysolithe ordinaire.
Journal des Mines, an 4. Messidor, p. 3—10.
Nicolas VAUQUELIN.
Analyse du Peridot. ibid. Fructidor, p. 37—44.
——— Annales de Chimie, Tome 21. p. 96—105.
Deodat DOLOMIEU.
Sur la necessité d'unir les connaissances chimiques à celles du mineralogiste; avec des observations sur la differente acception que les auteurs allemands et français donnent au mot Chrysolithe.
Journal des Mines, an 5. p. 365—376.

133. *Asbestus, Amiantus.*

Simone Friderico FRENZELIO
Præside, Exercitatio physico-historica de Amianto. Resp. Joh. Marthius.
Plagg. 4. Wittebergæ, 1668. 4.
Matthias TILINGIUS.
De Lino vivo aut Asbestino et incombustibili.
Ephem. Ac. Nat. Cur. Dec. 2. Ann. 2. p. 109—123.
Edward LLOYD.
An account of a sort of paper made of Linum Asbestinum found in Wales.
Philosoph. Transact. Vol. 14. n. 166. p. 823, 824.
Nicholas WAITE.
A letter concerning some incombustible cloth, lately exposed to the fire before the Royal Society. ibid. Vol. 15. n. 172. p. 1049, 1050.
Robert PLOT.
A discourse concerning the incombustible cloth above mentioned. ib. p. 1051—1062.
Joannes CIAMPINI.
De incombustibili lino, sive lapide Amianto, deque illius filandi modo, epistolaris dissertatio.
Pagg. 15. Romæ, 1691. 4.
——— Brückmann Epist. itinerar. Cent. 2. p. 639—654.

WILSON.

An account of the lapis Amianthus, Asbestos, or Linum incombustibile, lately found in Scotland.
Philosoph. Transact. Vol. 22. n. 276. p. 1004—1006.

Patrick BLAIR.

An account of the Asbestos, or lapis Amiantus, found in the High-lands of Scotland. ibid. Vol. 27. n. 333. p. 434—436.

Francisci Ernesti BRUCKMANNI

Historia naturalis curiosa lapidis τῦ Ασβίϛυ, ejusque præparatorum, chartæ nempe, lini, lintei et ellychniorum incombustibilium.
Pagg. 48. Brunsvigæ, 1727. 4.

Nicolas MAHUDEL.

Abhandlung vom unverbrennlichen flachse. (e gallico, in Mem. de l'Acad. des Inscriptions, Vol. 6.)
Hamburg. Magaz. 2 Band, p. 651—681.

Carolo Friderico MENNANDER

Præside, Dissertatio de Bysso. Resp. Andr. Carling.
Pagg. 14. Aboæ, 1748. 4.

SCHULZE.

Versuche mit einer gewissen Asbestart, die dem äusserlichen ansehen nach, einem halb verfaulten holze gleichet.
Hamburg. Magaz. 16 Band, p. 109—111.

Turberville NEEDHAM.

An account of a late discovery of Asbestos in France.
Philosoph. Transact. Vol. 51. p. 837, 838.
———: Berigt wegens de natuur van de Amianthus of Pluim-aluin.
Uitgezogte Verhandelingen, 8 Deel, p. 142, 143.

Christophorus Ludovicus NEBEL.

De Asbesto observationes.
Act. Societ. Hassiacæ, 1771. p. 50, 51.
———: Observation sur l'Asbeste.
Journal de Physique, Tome 2. p. 62, 63.

Giuseppe BALDASSARRI.

Considerazioni sopra i principii costitutivi della pietra Amianto.
Atti dell' Accad. di Siena, Tomo 4. p. 217—232.

ANON.

Observations sur l'Amiante.
Journal de Physique, Tome 3. p. 367—369.
———: Bemerkung über den Amianth.
Crell's chem. Annalen, 1785. 1 Band, p. 556—558.

Martin Frobenius LEDERMÜLLERS
Physicalisch - mikroskopische abhandlung vom Asbest, Amiant, Stein-oder Erdflachs, und einiger anderer mit demselben vervandter fossilien.
Pagg. 16. tabb. æn. color. 6. Nürnberg, 1775. 4.

Torbern BERGMAN.
Dissertatio de terra Asbestina. Resp. Car. Gust. Robsahm.
Pagg. 16. Upsaliæ, 1782. 4.
——— in ejus Opusculis, Vol. 4. p. 160—179.
———: Dissertation chymique sur la terre de l'Asbeste.
Journal de, Physique, Tome 23. p. 293—304.

Johann Christian WIEGLEB.
Chemische untersuchung des Asbests.
Crell's chem. Annalen, 1784. 1 Band, p. 514—521.

MACQUART.
Notice sur l'Asbestoide.
Annales de Chimie, Tome 22. p. 83—90.

134. *Cyanites.*

DE SAUSSURE *fils.*
Analyse du Sappare.
Journal de Physique, Tome 34. p. 213—216.
Lettre sur le Sappare dur. ibid. Tome 43. p. 13—18.

Balthazar George SAGE.
Observations sur une espece de Beril feuilleté, crystallisé en prisme tetraedre, nommé Sappare par M. Saussure le fils.
Mem. de l'Acad. des Sc. de Paris, 1789. p. 540—542.
——— Journal de Physique, Tome 35. p. 39—41.

135. *Actinolus.*

Observations sur une espece de Schoerl aiguillé, de Corse.
Journal de Physique, Tome 9. p. 456, 457.

MONNET.
Analyse du Schoerl de Corse. ibid. p. 457—460.

Johann Christian WIEGLEB.
Chemische untersuchung des Strahl-schörls.
Crell's chem. Annalen, 1785. 1 Band, p. 21—29.

136. *Baikalites.*

Joachim Graf von Sternberg.
Bemerkungen über den Baikalit. Mayer's Samml. physikal. Aufsäze, 4 Band, p. 399—402.

137. *Tremolites.*

Geschichte und beschreibung einer in Siebenbürgen neu entdeckten steinart, welche man Säulenspath und Sternspath nennen könnte, aus einem briefe des Herrn von Fichtel, nebst der chymischen zergliederung von Herrn Bindheim.
Schr. der Berlin. Ges. Naturf. Fr. 3 Band, p. 442—455.

Tobias Lowitz.
Chemische zerlegung eiher weissen strahlichten steinart vom Baikal.
Pallas Neu. Nord. Beyträge, 6 Band, p. 146—152.

138. *Calcarei.*

Terra Calcarea, Calx viva.

Joh. Jacobi Fickii
Tractatus de Calce viva.
Pagg. 64. Jenæ, 1727. 4.

Georg Brandt.
Rön angående kalken.
Vetensk. Acad. Handling. 1749. p. 133—157.

Salomon Schinz.
Dissertatio inaug. de calce terrarum et lapidum calcariorum.
Pagg. 49. tab. ænea 1. Lugduni Bat. 1756. 4.

Louis Bernard Guyton de Morveau.
Sur les terres simples, et principalement sur celles qu'on nomme absorbantes.
Journal de Physique, Tome 17. p. 216—231.

Romé de l'Isle.
Lettre à M. de Morveau, sur les terres simples, et principalement sur celle que M. Sage a designée sous le nom de terre absorbante. ibid. p. 353—358.

L. B. Guyton de Morveau.
Reponse à la lettre de M. Romé de l'Isle. ib. Tome 18. p. 68—73.

QUATREMERE D'ISJONVAL.
Sur les moyens d'assigner des differences entre la Marne, la Craie, la Pierre à chaux, et la Terre des os.
Journal de Physique, Tome 18. p. 335—354, et p. 419—446.
Excerpta, germanice, in Lichtenberg's Magazin, 1 Band, 3 Stück, p. 54, 55.

Christophorus GIRTANNER.
Dissertatio inaug. de terra calcarea cruda et calcinata.
Pagg. 13. Gottingæ, 1782. 4.

BERNIARD.
Sur la terre des os, et sur la terre calcaire en general.
Journal de Physique, Tome 19. p. 43—57.

GILLET-LAUMONT.
Observations sur quelques proprietés des pierres calcaires, relativement à leur effervescence et leur phosphorescence. ibid. Tome 40. p. 97—101.

139. *Spathum calcareum.*

TINGRY.
Beobachtung über eine Kalkspathart.
Schr. der Berlin. Ges. Naturf. Fr. 6 Band, p. 88—91.

Balthazar George SAGE.
Observations sur le Spath calcaire rhomboidal, trouvé dans les carrieres de Grès de Fontainebleau.
Mem. de l'Acad. des Sc. de Paris, 1790. p. 399, 400.

140. *Magnesites.*

J. P. BERCHEM.
Lettre sur la chaux manganesiée.
Annales de Chimie, Tome 12. p. 163—167.

141. *Picrites.*

Martin Heinrich KLAPROTH.
Chemische untersuchung des Bitterspaths.
Beob. der Berlin. Ges. Naturf. Fr. 5 Band, p. 51—55.
——— in seine Beitr. zur chem. kenntn. der Mineralkörper, 1 Band, p. 300—306. (aucta.)

Dietrich Ludwig Gustav KARSTEN.
Æussere beschreibung des sogenannten rhomboidal-oder bitter-spaths.
Beob. der Berlin. Ges. Naturf. Fr. 5 Band, p. 56—58.

142. *Tofus, Stalactites.*

Jean Etienne GUETTARD.
Memoire sur les Stalactites.
Mem. de l'Acad. des Sc. de Paris, 1754. p. 19—43, p. 57—93, et p. 131—171.
dans ses Memoires, Tome 4. p. 470—502.

Edward KING.
Observations on a singular sparry incrustation, found in *Somersetshire.*
Philosoph. Transact. Vol. 63. p. 241—248.
———: Sur une incrustation pierreuse très singuliere, trouvée dans le Somersetshire.
Journal de Physique, Tome 13. Supplem. p. 94—97.
Moreton GILKES.
A letter giving some account of the petrefactions near *Matlock* baths in Derbyshire.
Philosoph. Transact. Vol. 41. n. 456. p. 352—356.
Matthew DOBSON.
A description of a petrified stratum, formed from the waters of Matlock. ibid. Vol. 64. p. 124—127.
———: Descrizione di un maraviglioso strato petrificato, formato dalle acque di Matlock.
Scelta di Opusc. interess. Vol. 31. p. 87—90.

William MOLYNEUX.
A letter concerning *Lough Neagh* in Ireland, and its petrifying qualitys.
Philosoph. Transact. Vol. 14. n. 158. p. 552—554.
——— printed with Boate's Natural history of Ireland, quarto edition, p. 116, 117.
An ingenious retractation of the last paragraph of his letter concerning the Lough Neagh stone and its non application to the magnet upon calcination.
Philosoph. Transact. Vol. 14. n. 166. p. 820.
——— with Boate, p. 118.
Edward SMYTH.
An answer to some quæries proposed by Mr. W. Molyneux, concerning Lough-Neagh.
Philosoph. Transact. Vol. 15. n. 174. p. 1108—1112.
——— with Boate, p. 121—123.

Francis NEVILL.
Some observations upon Lough-Neagh in Ireland.
Philosoph. Transact. Vol. 28. n. 337. p. 260—264.
——— with Boate, p. 118—120.

James SIMON.
A letter concerning the petrifactions of Lough-Neagh in Ireland.
Philosoph. Transact. Vol. 44. n. 481. p. 305—324.
———: Schreiben die versteinerungen von Lough-Neagh in Irrland betreffend.
Hamburg. Magaz. 2 Band, p. 156—176.

George BERKELEY *Lord Bishop of* CLOYNE.
Letter on the same subject.
Philosoph. Transact. Vol. 44. n. 481. p. 325—328.
———: Brief an Thom. Prior Esqv.
Hamburg. Magaz. 2 Band, p. 176—180.

PUJOL.
Memoire sur une espece de pierres caverneuses qui se trouve près de *Castres*.
Journal de Physique, Tome 11. p. 139—152.

Rudolph Eric RASPE.
Von einem *Italiänischen* Marmor-Tufo. Deutsche schrift. der Soc. zu Göttingen, 1 Band, p. 94—100.

Guillaume MAZEAS.
Sur la formation des stalactites à Monte-Mario, près de *Rome*. Mem. etrangers de l'Acad. des Sc. de Paris, Tome 6. p. 1—16.

Carolus ÖHMB.
De flore ferri *Stiriaco*.
Ephem. Ac. Nat. Cur. Dec. 2. Ann. 6. p. 295—304.

ANON.
Von der eisenblüthe in Steyermark.
Götting. Magaz. 3 Jahrg 5 Stück, p. 677—685.

Christophorus Fridericus SIGEL.
Historia lapidis cujusdam singularis calcarii, haud procul a pago Enzweyhingen in Ducatu Würtembergiæ reperti.
Nov. Act. Ac. Nat. Cur. Tom. 6. p. 66—72.

Rudolphus August. VOGEL.
De incrustato agri Gottingensis commentatio physico-chemica.
Pagg. 54. Gottingæ, 1756. 8.

Johann Samuel SCHRÖTER.
Von inkrustirten moosen im *Schwarzburgischen.*
Berlin. Sammlung. 3 Band, p. 229—255
——— in sein. Abhandl. über die Naturgesch. 2 Theil, p. 310—335.
Urban Friedrich Benedict BRÜCKMANN.
Nachricht von der beschaffenheit des bey *Jena* gelegenen fürstenbrunnens.
Hamburg. Magaz. 4 Band, p. 503—509.
Franz UIBELAKERS
System des *Karlsbader* Sinters unter vorstellung schöner und seltener stücke, samt einem versuche einer mineralischen geschichte desselben. Erlangen, 1781. fol.
Pag. 1—32. tab. æn. color. 1—20.

Franciscus Ernestus BRÜCKMANN.
De bellariis lapideis Liptoviensibus *Hungaricis*, Epist. itiner. 3. (Centuriæ 1.)
Plag. 1. tab. ænea 1. Wolffenbuttelæ, 1728. 4.

143. *Oolithus.*

Francisci Ernesti BRÜCKMANNI
Specimen physicum exhibens historiam naturalem Oolithi.
Pagg. 28. tabb. æneæ 2. Helmestadii, 1721. 4.
——— in ejus Thesauro subterraneo Brunsvigii, p. 127—140.
De Oolitho. Commerc. litterar. Norimberg. 1744. p. 71, 72.
Carolus Henricus RAPPOLT.
Quæstio naturalis Prussica, de Oolitho Regiomontano, an caviarium petrefactum? Resp. Theod. Chph Lilienthal.
Pagg. 26. tab. ænea 1. Regiomonti, 1733. 4.
Frederic Samuel SCHMIDT.
Memoire sur les Oolithes. Pagg. 23. Bale, 1762. 4.
——— Act. Helvet. Vol. 5. p. 97—119.
———: Abhandlung von den Rogensteinen, übersezt und mit anmerkungen erläutert von J. G. Krüniz.
Neu. Hamburg. Magaz. 6 Stück, p. 530—567.
Joannes Samuel SCHRÖTER.
De Oolithis commentatio.
Act. Acad. Mogunt. 1776. p. 140—158
———: Ueber die frage: ob es wahre Oolithen gebe? in seine Abhandl. über die Naturgesch. 2 Theil, p. 422—438.

144. *Lac Lunæ, Morochthus.*

Johannes Daniel MAJOR.
Dissertatio de Lacte lunæ. Resp. Joh. Andr. Sennertus.
Plagg. 11. Kilonii, 1667. 4.

Jacob Christian SCHAFFER.
Kalchartiges bergmeel, in einer steinkluft ohnweit Regensburg entdecket.
Pagg. 38. (Regensburg, 1757.) 4.

Joannes Wilhelmus BAUMER.
Observationes quædam de Morochtho.
Act. Acad. Mogunt. Tom. 2. p. 37—43.

145. *Creta.*

Christophorus HELVIGIUS.
Dissertatio de Creta. Resp. Car. Helvigius.
Pagg. 40. Gryphiswaldiæ, 1705. 4.

DU TOUR.
Sur un banc de terre cretacée et de pierres branchues, qui est aux environs de Riom. Mem. etrangers de l'Acad. des Sc. de Paris, Tome 5. p. 54—66.

146. *Lapis Calcareus.*

Gustavo HARMENS
Præside, Dissertatio de lapide calcareo. Resp. Dan. Cronberg. Pagg. 12. Lond. Goth. 1751. 4.

Baron DE SERVIERES et VINCENT DE VILLAS *fils ainé.*
Analyse chymique d'une pierre calcaire surcomposée.
Journal de Physique, Tome 21. p. 394—401.
22. p. 207, 208.

Louis Bernard Guyton DE MORVEAU.
Memoire sur la pierre à chaux maigre de Brion en Bourgogne. Mem. de l'Acad. de Dijon, 1783. 2 Semestre, p. 90—101.
———: Ueber den magern kalkstein von Brion in Burgund.
Crell's chem. Annalen, 1789. 1 Band, p. 78—84.

147. *Marmor.*

Franciscus Ernestus BRÜCKMANN.
De marmore variorum locorum Epistola itineraria 24. (Cent. 1.) Pagg. 8. Wolffenbuttelæ, 1730. 4.
Ep. it. 25. Pagg. 16. tabb. æneæ 3. 1733.
26. Pagg. 12.
25 et 26. Cent. 2. p. 233—262.

Rudolphus Ericus RASPE.
De modo marmoris albi producendi.
Philosoph. Transact. Vol. 60. p. 47—53.

Pierre BAYEN.
Examen chymique de differentes pierres.
Journal de Physique, Tome 11. p. 493—508.
12. p. 49—63.
———— Pars hujus commentarii (p. 495—506) est: Examen chimique du Marbre de Campan. Mem. etrangers de l'Acad. des Sc. de Paris, Tome 10. p. 397—410.
————: Chemische untersuchung des Marmors von Campan.
Crell's chem. Annalen. 1789. 1 Band, p. 431—440.

Balthazar George SAGE.
Observations sur la durée des Marbres.
Journal de Physique, Tome 42. p. 104—107.

Joannes Jacobus SPADA.
Catalogus Marmorum agri *Veronensis*. impr. cum ejus Catalogo corporum lapidefactorum ejusdem agri; p. 63—73. Veronæ, 1744. 4.

Johann Zauschner.
Chymische versuche mit dem sogenannten *Carrarischen* und *Florentinischen* Marmor. Abhandl. einer Privatges. in Böhmen, 3 Band, p. 287—290.

Adamus Ludovicus WIRSING.
Marmora (*Germanica*) et adfines aliquos lapides coloribus suis exprimi curavit et edidit. latine et germanice. Nürnberg, 1775. 4.
Pag. 1—46. tabb. æneæ color. 13, 12, 5 et 6.

Johann Gottlob LEHMANNS
Nachricht von den *Blankenburgischen* Marmorbrüchen, wie auch von dem *Langensteiner* Marmor.
Physikal. Belustigungen, 2 Band, p. 118—130.
————: Sur les marbres de Blankenbourg et de Langenstein. dans ses Traites de physique, Tome 1. p. 355—361.

SCHULZE.

Vom unterschiede der Marmorarten, besonders aber von denenjenigen, welche in *Sachsen* gefunden werden. Hamburg. Magazin, 19 Band, p. 298—310.

Friedrich Christian LESSER.

Nachrichtlige beschreibung des ohnweit des Bergschlosses *Straussberg* in dem Schwarzburgl. Rudolstädtischen amte gleiches nahmens neu entdeckten Muschel-marmors.
Pagg. 48. Nordhausen, 1752. 4.
——— Physikal. Belustigung. 2 Band, p. 377—421.

Leonhard David HERMANN.

Ein mehr dem gemüthe, als dem besten marmor eingedrucktes danckbares andencken, mit den beschriebenen *Masslischen* Muschel-marmor-steinen.
Pagg. 31. Massel, 1729. 4.

Johann Samuel SCHRÖTER.

Von einem neuentdeckten Muschelmarmor aus *Kärnthen*, mit schillerflecken.
Naturforscher, 16 Stück, p. 160—168.
18 Stück, p. 194—210.

ANON.

Nachricht von dem opalisirenden Muschelmarmor aus Kärnthen.
Schr. der Berlin. Ges. Naturf. Fr. 3 Band, p. 415—423.

Xavier WULFENS

Abhandlung vom Kärnthenschen pfauenschweifigen Helmintholith, oder dem sogenannten opalisirenden Muschelmarmor. Erlangen, 1793. 4.
Pagg. 124. tabb. æneæ color. 12.

Henrich Jacob SIVERS.

Kurzer bericht von dem *Schwedischen* marmor.
Pagg. 16. Norrkjöping, 1738. 4.
———: Kort berettelse om then Svenska marmoren.
Pagg. 14. ib. 1738. 8.

Johannes Gotl. GEORGI.

Marmorum quorundam imperii *Rossici* analysis chemica.
Act. Acad. Petropol. 1782. Pars pr. p. 253—278.

Deodat DE DOLOMIEU.

Lettre sur un genre de pierres calcaires très-peu effervescentes avec les acides, et phosphorescentes par la collision. Journal de Physique, Tome 39. p. 3—10.

DE SAUSSURE *le fils.*

Analyse de la Dolomie. ibid. Tome 40. p. 161—169.

148. *Marga.*

Albertus RITTER.
Schediasma de nucibus margaceis, vulgo mergel-nüsse.
Act. Acad. Nat. Cur. Vol. 6. App. p. 119—132.
Supplementa. in Supplementis scriptorum suorum, p. 65—67.

AINSLIE.
An essay on Marle.
Essays by a Society in Edinburgh, Vol. 3. p. 1—55.

William WITHERING.
Experiments upon the different kinds of Marle found in Staffordshire.
Philosoph. Transact. Vol. 63. p. 161.

149. *Osteocolla.*

Thomas ERASTUS.
Epistola de natura, materia, ortu atque usu lapidis sabulosi, qui in Palatinatu ad Rhenum reperitur. impr. cum ejus Disputationibus de medecina Paracelsi; part. alt. app p. 125—143. Basileæ, 1572. 4.

Johannes Christophorus BECKMANN.
Extract of a letter concerning Osteocolla.
Philosoph. Transact. Vol. 3. n. 39. p. 771—773.

Ambrosius BEURER.
De lapide Osteocolla inquisitio. ibid. Vol. 43. n. 476. p. 373—379.
———: Abhandlung vom Steinbruch.
Hamburg Magazin, 2 Band, p 384—391.

Johann Gottlieb GLEDITSCH.
Observations sur la veritable Osteocolle de la Marche de Brandebourg.
Hist. de l'Acad. de Berlin, 1748. p. 32—51.
———: Beobachtungen von dem wahren Beinbruche der Mark Brandenburg.
Hamburg. Magazin, 8. Band, p. 574—603.
———: Von dem Knochsteine in der Mark Brandenburg. in seine Physic. Botan. Oecon. Abhandl. 2 Theil, p. 19—52.

Andreas Sigismund MARGGRAF.
Experiences chymiques faites sur l'Osteocolle de la Marche.
Hist. de l'Acad. de Berlin, 1748. p. 52—59.

———: Chymische versuche, welche mit dem Beinbruche aus der Mark sind gemacht worden.
Hamburg. Magazin, 9 Band, p. 410—421.

Jean Etienne GUETTARD.
Memoire sur l Osteocolle des environs d'Etampes.
Mem. de l'Acad. des Sc. de Paris, 1754. p. 269—310.

150. *Selenites.*

Louis Bernard Guylon DE MORVEAU.
Examen du Spat seleniteux rouge de Montolier.
Journal de Physique, Tome 16. p. 443—445.

PASUMOT.
Sur les endroits où l'on peut faire collection de cristaux de Selenite. ibid. Tome 30. p. 84—88.

151. *Farina fossilis.*

Lucas SCHRÖCK.
De farina minerali.
Ephem. Ac. Nat. Cur. Dec. 3. Ann. 7 & 8. p. 353—356.

Franciscus Ernestus BRÜCKMANN.
De farina fossili, Epistola itineraria 15. (Cent. 1.)
Plag. 1. Wolffenbuttelæ, 1729. 4.

152. *Gypsum.*

Antoine de JUSSIEU.
Reflexions sur plusieurs observations concernant la nature du Gyps.
Mem. de l'Acad. des Sc. de Paris, 1719. p. 82—93.

Axel Fredric CRONSTEDT.
Anmärkningar om Gips.
Vetensk. Acad. Handling. 1753. p. 44—47.

Pehr KALM.
Afhandling om Gipsen. Resp. Joh. Fridr Müller.
Pagg. 14. Åbo, 1757. 4.

Antoine Laurent LAVOISIER.
Analyse du Gypse. Mem. etrangers de l'Acad. des Sc. de Paris, Tome 5. p. 341—357.
———: Auflösung des Gypses.
Naturforscher, 3 Stück, p. 240—265.

Friedrich August CARTHEUSER.
Von den bestandtheilen der Gypsartigen steine und erden. in seine Mineralog. Abhandlung. 2 Theil, p. 54—88.

PRALON.
Observations sur Montmartre.
Journal de Physique, Tome 16. p. 289—303.

Abraham Gottlob WERNER.
Ueber eine besondere erzeugung von Gipskristallen in einer alten halde.
Sammlungen zur Physik, 2 Band, p. 259—273.

Henricus Fridericus DELIUS.
De acido salis communis in Gypso, (præter Vitriolicum.)
Nov. Act. Acad. Nat. Cur. Tom. 8. p. 61—64.

Martin Heinrich KLAPROTH.
Prüfung des vermeintlichen Muriacits. in seine Beitr. zur chem. kenntn. der Mineralkörper, 1 Band, p. 307—310.

153. *Alabastrum.*

Louis Jean Marie DAUBENTON.
Memoire sur l'Albastre.
Mem. de l'Acad. des Sc. de Paris, 1754. p. 237—249.

ANON.
Verzeichniss der Alabaster-arten der Grafschaft Stollberg, und des amtes Neustadt unter dem Hohnstein am Harz.
Voigt's Magazin, 5 Band. 2 Stück, p. 79, 80.

154. *Fluor spathosus.*

G. C. A.
Abhandlung vom Fluss spath.
Berlin. Magaz. 4 Band, p. 392—396.

Andreas Sigismund MARGGRAF.
Observation concernant une volatilisation remarquable d'une partie de l'espece de pierre, à la quelle on donne les noms de Flosse, Flüsse, Flus-spaht, et aussi celui d'Hesperos.
Hist. de l'Acad. de Berlin, 1768. p. 3—11.
——: Beobachtung über eine merkwürdige verflüchtigung eines theiles derjenigen gattung von stein, welche man insgemein Flosse, Flüsse, Fluss-spath, wie auch Hesperos nennet.
Neu. Hamburg. Magaz. 75 Stück, p. 211—224.

Peter Christian ABILDGAARD.
Forsög med Flusspat og flusspat-syre.
Kiöbenh. Selsk. Skrifter, 12 Deel, p. 285—290.
———: Einige versuche mit flusspat, und Flusspatsäure. Crell's Entdeck. in der Chemie, 2 Theil, p. 168—170.

Carl Wilhelm SCHEELE.
Undersökning om Fluss-spat och dess syra.
Vetensk. Acad. Handl. 1771. p. 120—138.
———: A series of experiments on the Sparry fluor; printed with J. R. Forsters Method of assaying mineral substances; p. 29—44. London, 1772. 8.
———: Suite d'experiences sur les Spaths fluors.
Journal de Physique, Introd. Tome 2. p. 473—481.
———: Untersuchung des Flusspats und dessen säure.
Crell's chem. Journal, 2 Theil, p. 192—203.

John HILL.
Spatogenesie, ou traité de la nature et de la formation du Spath, ses qualités et ses usages, avec la description et l'histoire de 89 especes rangées suivant deux methodes, l'une naturelle, l'autre artificielle. Journal de Physique, Tome 3. p. 209—218, et p. 305—313.
Anglice seorsim non adest, sed continetur in ejus Fossils arranged, p. 57—120.
Enquiries into the nature of a new mineral acid, discovered in Sweden, and of the stone from which it is obtained. London, 1775. 8.
Pagg. 16; præter An idea of an artificial arrangement of fossils, de quo supra p. 10.

MONNET.
Recherches sur le spath fusible.
Journal de Physique, Tome 10. p. 106—116.
———: Untersuchung des Flusspaths in absicht auf seine säure.
Sammlungen zur Physik, 1 Band, p. 196—223.

BOULANGER.
Lettre relative aux recherches de M. Monnet, sur le Spath fusible.
Journal de Physique, Tome 11. p. 379, 380.

MONNET.
Lettre en reponse à la precedente ib. p. 380, 381.

Carl Wilhelm SCHEELE.
Anmärkningar om Fluss-spat.
Vetensk. Acad. Handling. 1780. p. 18—26.

———: Remarques sur le Spath-fluor.
Journal de Physique, Tome 22. p. 264—269.
———: Anmerkungen über den Flußspath.
Sammlungen zur Physik, 2 Band, p. 56,—574.
——— ——— Crell's Entdeck. in der Chemie, 8 Theil, p. 117—124.

Johann Carl Friedrich MEYERS
Beyträge zur kenntniss des Flußspaths.
Schr. der Berlin. Ges. Naturf. Fr. 2 Band, p. 319—333.

Johann Christian WIEGLEB.
Chemische untersuchung der Flußspatsäure, in absicht der dabey befindlichen erde. Crell's Entdeck. in der Chemie, 1 Theil, p. 3—15.

BUCHHOLZ.
Beytrag zu den versuchen über die Flußspatsäure. ibid. 3 Theil, p. 50—64.

ILSEMANN.
Von dem Flußspath. ib. 6 Theil, p. 46—55.

Carl Friedrich WENZEL.
Chymische untersuchung des Flußspaths.
Pagg. 51. Dresden, 1783. 8.

Henrici Friderici DELII
Curæ posteriores nonnullæ circa acidum Spathi.
Pagg xvi. Erlangæ, 1783. 4.

François Charles ACHARD.
Memoire sur les changemens que la terre du Fluor de spath, qui se volatilise par les acides, fait eprouver par la fusion aux terres simples, aux metaux, aux chaux metalliques et aux substances salines.
Journal de Physique, Tome 23. p. 37—49.

Carl Wilhelm SCHEELE.
Neue beweise der eigenthümlichkeit der Flußspathsäure.
Crell's chem. Annalen, 1786. 1 Band, p. 3—17.
———. New demonstrations of the specific nature of the Fluor acid.
Crell's chemical Journal, Vol. 1. p. 207—228.
———: Nouvelles experiences sur l'acide spathique.
Journal de Physique, Tome 29. p. 143—149.

Pierre Simon PALLAS.
Sur le Spath fluor de Catherinenbourg.
Nov. Act. Ac. Petropol. Tom. 1. hist. p. 157, 158.

MONNET.
Nouvelles recherches sur la nature du Spath vitreux, nommé improprement Spath fusible, pour servir de suite à celles qui sont inserées dans le Journal de Physique, Tome 10,

et pour servir de reponse au memoire de M. Scheele, imprimé dans le meme Journal, Tome 22. Journal de Physique, Tome 30. p. 253—264, et p. 341—348.
Memoire sur la nature de la terre du Spath fusible. Mem. de l'Acad. de Turin, Vol. 3. p. 317—326.
Extrait des memoires de M. Monnet sur ce meme sujet, inserés dans le Journal de Physiqne, Avril et Mai 1787; par le Comte de Saluces. ib. p. 327—336.
Suite des nouvelles recherches sur la nature du Spath-fluor. Journal de Physique, Tome 31.. p. 183—188.

PICTET.
Lettre sur un Spath-fluor rose octaëdre de Chamouni. ibid. Tome 40. p. 155—157.

155. *Fluor farinosus.*

J. H. HASSENFRATZ.
Analyse d'un phosphate de chaux natif. Annales de Chimie, Tome 1. p. 191, 192.

Bertrand PELLETIER.
Analyse de la terre phosphorique de Kobolo-Bojana, près de Sigeth, dans le comitat de Marmarosch, en Hongrie. ibid. Tome 9. p. 225—233.

J. H. HASSENFRATZ.
Observation sur la terre de Marmarosch. ib. p. 233, 234.

156. *Apatites.*

Bertrand PELLETIER et *Louis* DONADEI.
Memoire sur le Phosphate calcaire.
Journal de Physique, Tome 37. p. 161—168.
——— Annales de Chimie, Tome 7. p. 79—96.
——— : On phosphorated calcareous earth. Crell's chemical Journal, Vol. 1. p. 65—72, et p. 180—193.

Nicolas VAUQUELIN.
Analyse de la Chrysolite des joailliers ou du commerce. Annales de Chimie, Tome 26. p. 123—131.

157. *Boracites.*

Johann Friedrich WESTRUMB.
Neuentdecktes Sedativsalz im Lüneburgischen sogenannten cubischen quarz.
Crell's chem. Annalen, 1788. 1 Band, p. 483—485.

——— : Sur le Sel sedatif nouvellement decouvert dans le quarz cubique de Lunebourg.
Journal de Physique, Tome 33. p. 301, 302.

Chemische untersuchung der sogenannten kubischen quarzkrystallen von Lüneburg.
Beob. der Berlin. Ges. Naturf. Fr. 3 Band, p. 1—15.

——— : Analyse chimique du pretendu quarz cubique, ou Borate magnesio-calcaire.
Annales de Chimie, Tome 2. p. 101—118.

HEYER.

Einige versuche mit dem kalkartigen Borax.
Crell's chem. Annalen, 1788. 2 Band, p. 21—36.

——— : Quelques experiences sur le quarz cubique ou Borate calcaire.
Annales de Chimie. Tome 2. p. 137—150.

158. *Strontianites.*

Fr. Gabr. SULZER,

Ueber den Strontianit.
Voigt's Magazin, 7 Band. 3 Stück, p. 68—72.

John Godfrey SCHMEISSER.

Account of a mineral substance, called Strontionite, in which are exhibited its external, physical, and chemical characters.
Philosoph. Transact. 1794. p. 418—425.

Thomas Charles HOPE.

Account of a mineral from Strontian. Transact. of the R. Soc. of Edinburgh, Vol. 3. hist. p. 143—148. (Excerpta sequentis commentarii.)

An account of a mineral from Strontian, and of a peculiar species of earth which it contains.
Transact. of the R. Soc. of Edinburgh, Vol. 4. p. 3—39.

——— Seorsim etiam adest, pagg. 39. 4.

Richard KIRWAN.

Experiments on a new earth found near Stronthian in Scotland.
Transact. of the Irish Academy, Vol. 5. p. 243—255.

Martin Heinrich KLAPROTH.

Chemische untersuchung des Strontianits, in vergleichung mit dem Witherit. in seine Beitr. zur chem. kenntn. der Mineralkörp. 1 Band, p. 260—278.

——— : Analyse du Strontianite.
Nouv. Journal de Physique, Tome 2. p. 56—63.

Noch einige erfahrungen über Witherit und Strontianit. in sein. Beitr. 2 Band, p. 84—91.

Bertrand PELLETIER.

Extrait d'observations sur la Strontiane, et sur l'existence de cette terre ailleurs qu'à Strontian en Ecosse.
Journal des Mines, an 4. Prairial, p. 33—48.
Messidor, p. 21—24.
——— Annales de Chimie, Tome 21. p. 113—143.
———: Observations on Strontian.
Nicholson's Journal, Vol. 1. p. 518—522, et p. 529—534.

159. *Strontianites vitriolatus.*

Martin Heinrich KLAPROTH.

Chemische untersuchung des schwefelsauren Strontianits, aus Pensilvanien. in sein. Beitr. zur chem. kenntn. der Mineralkörp. 2 Band, p. 92—98.

Louis Bernard GUYTON.

Observations sur un Sulfate de Strontiane natif.
Annales de Chimie, Tome 23. p. 216—221.

Charles Leopold MATTHIEU (*de Nancy.*)

Description de la carriere de Sulfate de Strontiane, située dans la glaisiere de la tuilerie de Bouveron, à $1\frac{1}{2}$ lieue de Toul; description des cristaux de ce mineral, avec l'histoire de sa decouverte, et quelques essais sur sa decomposition et ses proprietés.
Nouv. Journal de Physique, Tome 3. p. 199—202.

Deodat DOLOMIEU.

Sur la Strontiane sulfatée cristallisée. ibid. p. 203—208.

160. *Barytici.*

Terra ponderosa.

Carl Wilhelm SCHEELE.

Chemische untersuchung der Schwer-spatherde.
Beschäft. der Berlin. Ges. Naturf. Fr. 4 Band, p. 611—613.
———: Chemical examination of the Terra ponderosa.
Crell's chemical Journal, Vol. 3. p. 3—8.

William WITHERING.

Experiments and observations on the Terra ponderosa aërata et vitriolata.
Philosoph. Transact. Vol. 74. p. 293—311.

———: Versuche und beobachtungen über die Schwererde.
Sammlungen zur Physik, 3 Band, p. 737—762.

Jean Frederic WESTRUMB.
Memoire sur la preparation d'une Terre pesante très-pure.
Journal de Physique, Tome 42. p. 188—194.

Ant. Franc. FOURCROY et *Nic.* VAUQUELIN.
Extrait de deux memoires sur un nouveau moyen d'obtenir la Baryte pure, et sur les proprietés de cette terre comparées à celles de la Strontiane.
Annales de Chimie, Tome 21. p. 276—283.
———: Abstract of two memoirs on a new method of obtaining Barytes pure, and on the properties of this earth compared with those of Strontian.
Nicholson's Journal, Vol. 1. p. 535—537.

161. *Witherites.*

Martin Heinrich KLAPROTH.
Untersuchung der mit luftsäure verbundenen Schwererde.
Crell's chem. Annalen, 1785. 2 Band, p. 217—220.

Balthazar George SAGE.
Analyse du Spath pesant aeré, transparent et strié, d'Alston-moor.
Mem. de l'Acad. des Sc. de Paris, 1788. p. 143—147.
——— Journal de Physique, Tome 32. p. 256—260.
———: Analisi dello Spato pesante aerato trasparente e striato di Alston-moor.
Opuscoli scelti, Tomo 11. p. 283—287.

James WATT, *jun.*
Some account of a mine in which aerated Barytes is found.
Mem. of the Soc. of Manchester, Vol. 3. p. 598—609.

Antoine François DE FOURCROY.
Analyse du carbonate de Baryte natif d'Alston-moor.
Annales de Chemie, Tome 4. p. 62—82.

Bertrand PELLETIER.
Analyse du carbonate de Barite natif des mines de Zmeof, dans les monts Altaï, entre l'Ob et l'Irtiche, en Siberie.
ibid. Tome 10. p. 186—189.

Martin Heinrich KLAPROTH.
Chemische untersuchung des Strontianits, in vergleichung mit dem Witherit, vide supra p. 139.

162. *Barytes vitriolatus.*

MONNET.

Memoire sur la nature du Spath pesant.
Journal de Physique, Tome 6. p. 214—224.

——— : Ueber den schweren spath.
Crell's Beyträge, 3 Band, p. 366—372.

Continuation des recherches sur la nature du Spath pesant.
Journal de Physique, Supplem. Tome 13. p. 408—416.

A. MONGEZ.

Sur la distinction des Spaths phosphoriques et pesans. ibid. Tome 13. p. 350—352.

Don Joséf Luis PROUST.

Analisis del Spato pesado que se halla en Anzuola. Extractos de las juntas generales celebradas por la R. Socied. Bascongada, 1780. p. 19—23.

Louis Bernard Guyton DE MORVEAU.

Lettre à M. Bergman, sur la dissolution du Spath pesant.
Journal de Physique, Tome 18. p. 299—302.

Observations sur le Spat pesant, et sur la maniere d'en retirer le Barote, ou terre barotique. Mem. de l'Acad. de Dijon, 1782. 1 Semestre, p. 159—175.

———: Ueber den schweren spath, und die art, seine erde auszuziehen.
Crell's chem. annalen, 1786. 2 Band, p. 266—270.

Johann Christian WIEGLEB.

Chemische untersuchung einiger sorten Schwerspath.
Crell's Entdeck. in der Chemie, 11 Theil, p. 14—18.

Balthazar George SAGE.

Analyse d'un Spath pesant vert.
Mem. de l'Acad. des Sc. de Paris, 1785. p. 238, 239.

Johanne AFZELIO

Præside, Dissertatio de Baroselenite in Svecia reperto. Pars 1. Resp. Axel. Fryxell.
Pagg. 20. Upsaliæ, 1788. 4.
Excerpta, germanice, in Crell's chem. Annalen, 1788. 2 Band, p. 198—205; quæ gallice versa, in Journal de Physique, Tome 35. p. 55—60.

Johann Friedrich WESTRUMB.

Chemische untersuchung des derben Schwerspathes aus dem Rammelsberge.
Bergbaukunde, 2 Band, p. 37—48.

Johann Thaddæus LINDAKER.

Beschreibung eines rohricht gestalteten Schwerspaths.
Mayer's Samml. physikal. Autsäze, 2 Band, p 280—283.

Christen Fredric SCHUMACHER.
En Tungspats beskrivelse og undersögelse.
Naturhist. Selsk. Skrivt. 3 Bind, 1 Heft. p. 4—8.
Martin Heinrich KLAPROTH.
Chemische untersuchung des körnigen schwefelsauren Baryts, von Peggau. in sein. Beitr. zur chem. kenntn. der Mineralkörp. 2 Band, p. 70—72.
Chemische untersuchung des schaligen schwefelsauren Baryts, von Freyberg. ibid. p. 73—79.

163. *Staurobarytes.*

Johann Friedrich WESTRUMB.
Chemische untersuchung der Kreuzkristallen von St. Andreasberg am Harze.
Bergbaukunde, 2 Band, p. 23—37.
Balthazar George SAGE.
Analyse de la Hyacinthe blanche cruciforme du Hartz.
Journal de Physique, Tome 38. p. 269—271.
Martin Heinrich KLAPROTH.
Chemische untersuchung des Kreuzsteins. in sein. Beitr. zur chem. kenntn. der Mineralkörp. 2 Band, p. 80—83.

164. *Saxa.*

Eintheilung der Felssteinarten.
Crell's chem. Annalen, 1785. 2 Band, p. 22—24.
Karl HAIDINGER.
Systematische eintheilung der Gebirgsarten, eine abhandlung, welcher von der Kais. Akademie zu St. Petersburg der preis zuerkannt wurde.
Pagg. 82. Wien, 1787. 4.
——— Physik. Arbeit. der eintr. Freunde in Wien, 2 Jahrg. 2 Quart. p. 23—104.
DE LAUNAY.
Essai sur l'histoire naturelle des Roches, ouvrage presenté à l'Academie Imp. des Sciences de St. Petersbourg.
Pagg. 101. St. Petersbourg, 1786. 4.
Huic, et commentario Soulavie: Les classes naturelles des mineraux (vide supra, pag. 12.) præfixus Titulus: Memoires presentés à l'Academie Imperiale des Sciences pour repondre à la question mineralogique proposée pour le prix de 1785.

——— Pagg. 150. Bruxelles, 1786. 12.

Abraham Gottlob WERNER.

Kurze klassifikation und beschreibung der verschiedenen Gebirgsarten.

Pagg. 28. Dresden, 1787. 4.

——— Abhandl. der Böhm. Gesellsch. 1786. p. 272—. 297.

Albrecht HÖPFNER.

Versuch einer systematischen eintheilung der Helvetischen gebirgsarten, nebst deren vermuthlichen entstehung. in sein. Magaz. für die naturk. Helvet. 1 Band, p. 271 —298.

Deodat de DOLOMIEU.

Memoire sur les pierres composées, et sur les Roches. Journal de Physique, Tome 39. p. 374—407.
40. p. 41—62, p. 203—218, et p. 372—403.

Memoire sur les Roches composées en general, et particulierement sur les Petro-silex, les Trapps et les Roches de corne. Nouv. Journal de Physique, Tome 1. p. 175—200, et p. 241—263.

165. *Saxa varia.*

Pehr Adrian GADD.

Mineralogisk afhandling om Finska Sjelfrätsten. Resp. Jos. Moliis.

Pagg. 18. Åbo, 1768. 4.

Johann Gottlieb KERN.

Vom Schneckensteine, oder dem Sächsischen Topasfelsen, herausgegeben von Ign. edlen von Born.

Pagg. 49. tabb. æneæ 5. Prag, 1776. 4.

ANON.

Beobachtungen und muthmassungen über den Granit und über den Gneiss.

Pagg. 55. Berlin, 1779. 8.

William WITHERING.

Analysis of the Rowley-rag-stone and the Toad-stone. Philosoph. Transact. Vol. 72. p. 327—336.

Albrecht HÖPFNER.

Von einer neuen Bresche, und anderen Schweizerischen Gebirgsarten.

Crell's chem. Annalen, 1786. 1 Band, p. 220—224.

Ueber das daseyn der fünf einfachen erden in grundgebürgen, und über den Schwerspath, als einen bestandtheil eines neuen Schweizerischen Granits. ibid. 1788. 1 Band, p. 132—135.

———: Sur l'existence de cinq terres simples dans les montagnes primitives, et sur le Spath pesant, ou Sulfate de baryte, consideré comme partie constituante d'un nouveau Granit de la Suisse.

Annales de Chimie, Tome 1. p. 217—219.

Balthazar HACQUET.

Ueber den Quarzschiefer.

Crell's chem. Annalen, 1787. 1 Band, p. 291—295.

D. L. Gustav KARSTEN.

Preisschrift über den Thonschiefer, Hornschiefer, und Waken. Höpfner's Magaz. für die naturk. Helvet. 3 Band, p. 167—236.

VOIGT.

Preisschrift über den Thonschiefer, Hornschiefer, und Waken. ibid. p. 237—268.

BESSON.

Particularités remarquables dans quelques Granits et roches primitives.

Journal de Physique, Tome 35. p. 121—131.

Franz Ambros REUSS.

Kleine geognostische bemerkungen. Neue Schrift. der Berlin. Ges. Naturf. Fr. 1 Band, p. 353—359.

Von dem übergange des Porphyrschiefers in den Hornsteinporphyr, und einigen neuen mittelgattungen zwischen dem Basalte und ersterem. in sein. Samml. naturhist. Aufsäze, p. 171—204.

166. *Granites.*

Thomas BEDDOES.

Observations on the affinity between Basaltes and Granite. Philosoph. Transact. Vol. 81. p. 48—70.

———: Beobachtungen über die verwandtschaft des Basalts und Granits.

Voigt's Magazin, 8 Band. 1 Stück, p. 1—42.

LE FEBÚRE.

Observations sur une varieté des roches primitives ou Granits. Act. de la Soc. d'Hist. Nat. de Paris, Tome 1. p. 13—17.

James HUTTON.

Observations on Granite. Transact. of the R. Soc. of Edinburgh, Vol. 3. p. 77—85.

Jean Etienne GUETTARD.
Memoire sur les Granits de *France*, comparés à ceux d'Egypte.
Mem. de l'Acad. des Sc. de Paris, 1751. p. 164—210.

MONNET.
Observations sur les roches de Granit d'Huelgouet en Basse-Bretagne.
Journal de Physique, Tome 24. p. 129—131.

Louis Jean Marie DAUBENTON.
Observations sur un Granitelle globuleux (de Corse.)
Mem. de l'Acad. des Sc. de Paris, 1790. p. 659—664.

Balthazar HACQUET.
Versuche über den Geisberger Granit der *Rhetischen* alpen.
Crell's Beyträge, 1 Band. 1 Stück, p. 31—41.

STOUZE.
Ueber den Granit zu Boza in *Nieder-Ungarn*. Mayer's Samml. physikal. Aufsäze, 1. Band, p. 264—267.

167. *Gneisium.*

Johann Christian WIEGLEB.
Chemische untersuchung des Gneusses.
Crell's chem. Annalen, 1784. 1 Band, p. 143—147.
————: Analyse du Gneis.
Journal de Physique, Tome 28. p. 457—459.

168. *Porphyrius.*

Karl Abraham GERHARD.
Abhandlung über den Porphyr.
Schr. der Berlin. Ges. Naturf. Fr. 5 Band, p. 408—431.

Urban Friedrich Benedict BRÜCKMANN.
Seltene Porphyrarten.
Crell's chem. Annalen, 1786. 1 Band, p. 490—492.

HERRMANN.
Beschreibung einiger Porphyrarten aus Sibirien. ibid. 1790. 2 Band, p. 15—22.

Franz Ambros REUSS.
Einige bemerkungen über den Porphyr überhaupt, und über einige in Böhmen einbrechende Porphyrarten insbesondere. in sein. Samml. naturhist. Aufsäze, p. 321—398.

169. *Breccia.*

Jean Etienne GUETTARD.

Memoire sur les Poudingues. Mem. de l'Acad. des Sc. de Paris, 1753. p. 63—96, et p. 139—192.

DICQUEMARE.

Puddings.

Journal de Physique, Tome 7. p. 523, 524.

J. C. ILSEMANN.

Untersuchung der grauen Wacke von der grube Dorothea zu Clausthal.

Crell's chem. Annalen, 1785. 2 Band, p. 431—433.

170. *Lapis sabulosus.*

Joseph Marie François DE LASSONE.

Sur les Grès en general, et en particulier, sur ceux de Fontainebleau.

Mem. de l'Ac. des Sc. de Paris, 1774. p. 209—236.
1775. p. 68—74.
1777. p. 43—51.

——— (Ultima commentatio): Dritte abhandlung über die Sandsteine. Crell's Entdeck. in der Chemie, 5 Theil, p. 223—228.

ANON.

Experiences sur le Grès et le Sable de Fontainebleau.

Journal de Physique Tome 3. p. 331, 332.

Johann Friedrich WESTRUMB.

Chemische untersuchung eines würflicht krystallisirten fossils.

Crell's chem. Annalen, 1789. 2 Band, p. 26—31.

171. *Salia.*

Constantino ZIEGRA
Præside, Exercitatio de Sale. Resp. Joh. Melch. Messerus. Plagg. $2\frac{1}{2}$. Wittebergæ, 1660. 4.

Andrea RIDDERMARCK
Præside, Disputationes: De Sale in genere. Resp. Wilh. Wallin. Plagg. $2\frac{1}{2}$. Londini Goth. 1694. 4.
De Sale in specie communi sive vulgari. Resp. Wilh. Wallin. Plagg. $2\frac{1}{4}$. ib. 1695. 4.

Isaacus WOLFFGANCK.
Disputatio inaug. de Salibus.
Pagg. 21. Lugduni Bat. 1706. 4.

Laurentius HIORTZBERG.
Dissertatio fundamentum Halurgiæ systematicæ sistens. Pars Prior. Resp. Er. Holmén.
Pagg. 18. Upsaliæ, 1756. 4.

Carolus WIBOM.
Dissertatio Sal, qua ortum et criteria, in genere, sistens. Resp. Petr. Hartman.
Pagg. 22. ib. 1765. 4.

Johann Gottlob LEHMANN.
Halotechnia, or tables on the affinities of Salts, translated from the latin. print. with J. R. Forster's introduction to mineralogy; p. 70—85. London, 1768. 8.

Antonius MICHELITZ.
Dissertatio inaug. exhibens systematicam Salium divisionem. Pagg. 60. Viennæ, 1776. 8.

Ludwig ROUSSEAU'S
Abhandlung von den Salzen.
Eichstädt und Günzburg, 1781. 8.
Pagg. 192. tabb. æneæ 2.

D. L Gustav KARSTEN.
Æussere beschreibung der sich unbezweifelt natürlich findenden Salze. Höpfner's Magaz. für die Naturk. Helvet. 4 Band, p. 433—438.

Johanne GADOLIN
Præside, Dissertatio de natura Salium simplicium. Resp. Joh. Gust. Haartman.
Pagg. 31. Aboæ, 1795. 4.

172. *Salia varia.*

Hermanno CONRINGIO
Præside, Disputatio de Sale, Nitro et Alumine. Resp. Hier. Jordanus. (1639.)
Plagg 5. recusa Helmestadii, 1672. 4.

Gunlheri Christophori SCHELHAMERI
De Nitro, cum veterum, tum nostro commentatio.
Pagg. 243. Amstelodami, 1709. 8.

Giuseppe BALDASSARRI.
Osservazioni sopra il sale della creta. Siena, 1750. 8.
Pagg. 36; præter Saggio di produzioni naturali dello Stato Sanese, de quo supra pag. 43.

ANON.
Von der Jeltonischen salz-see; von dem Jeltonischen küchen-salze; von dem Jeltonischen bittern salze.
Stralsund. Magazin, 1 Band, p. 357—382.

Joannis Baptistæ Josephi ZAUSCHNER
Dissertatio de sale a mineralogis haud descripto, opera ejus invento, eruditis communicando ex occasione acidularum ad Pragam recens ab eodem detectarum.
Pagg. 183. Pragæ, 1768. 8.

William BROWNRIGG.
A letter relating to some specimens of native salts.
Philosoph. Transact. Vol. 64. p. 481—491.
——————: Memoire sur quelques echantillons de sels natifs.
Journal de Physique, Tome 8. p. 137—142.
——————: Lettera intorno ad alcuni saggi di sali nativi.
Scelta di Opusc. interess. Vol. 26. p. 92—102.
——————: Ein brief einige gediegene salze betreffend.
Crell's chemisches Journal, 1 Theil, p. 184—186.

173. *Monographiæ Salium.*

Sal commune, Muria.

Johannes WIGAND.
De Sale, creatura Dei saluberrima, consideratio methodica et theologica. impr. cum ejus Historia Succini; fol. 88 verso—153. Jenæ, 1590. 8.

Georgius Casparus KIRCHMAJER.
Halurgia in compendio delineata. Ephem. Ac. Nat. Curios. Dec. 2. Ann. 8. Append. p. 1—32.

Johannes Henricus POTT.
De Sale communi. in ejus Observation. chymic. Collect. 1. p. 1—108.

Gustavo HARMENS
Præside, Dissertatio de Sale communi. Resp. Joh. Strutz. Pagg. 16. Lundæ, 1748. 4.

Andreas THUE.
Salis culinaris vulgaris descriptio physica et examen chymicum. Prodr. continuat. Act. Medic. Havniens. p. 29—64.

Petro Adriano GADD
Præside, Dissertatio de Sale sodomitico. Resp. Frid. Salvenius. Pagg. 10. Aboæ, 1778. 4.

Gulielmus BLACKBURNE.
Dissertatio inaug. de Sale communi.
Pagg. 36. Edinburgi, 1781. 8.

BONVOISIN.
Analyse chimique et comparée de la plupart des Sels marins qu'on distribue au public dans les etats de S. M. (de Sardaigne.)
Mem. de l'Acad. de Turin, Vol. 3. p. 645—657.

J. H. HASSENFRATZ.
Memoire sur le Sel marin, la maniere dont il est repandu sur la surface du globe, et les differens procedés employés pour l'obtenir.
Annales de Chimie, Tome 11. p. 65—89.

Henry Louis DU HAMEL.
Sur la base du Sel marin.
Mem. de l'Acad. des Sc. de Paris, 1736. p. 215—232.

Johannes Henricus POTT.
Considerationes circa indolem basis salis communis (Du Hamelio oppositæ.)
Miscellan. Berolinens. Tom. 7. p. 285—295.

174. *Sal Gemmæ.*

Jodocus WILLICHIUS.
De Salinis Cracovianis observatio.
Plag. 1¼. Cracoviæ, 1543. 8.

C. G. SCHOBER.
Physikalische nachricht von den Pohlnischen Salzgruben Wieliczka und Bochnia.
Hamburg. Magaz. 6 Band, p. 115—155.

BERNIARD.
Sur les mines de Sel gemme de Wieliczka, en Pologne.
Journal de Physique, Tome 16. p. 459—467.
———— ; Naauwkeurige beschryving der Zoutmynen van Wieliczka.
Nieuwe geneeskund. Jaarboeken, 1 Deel, p. 51—58.
Franciscus Ernestus BRÜCKMANN.
An account of the imperial Salt-works of Sóowár in Upper Hungary.
Philosoph. Transact. Vol. 36. n. 413. p. 260—264.
———— : Epistola itineraria 93. (Cent. 1.) sistens Salisfodinas Soowarienses.
Pagg. 7. Wolffenb. 1740. 4.
Morten Thrane BRÜNNICH.
Om Salt-gruberne i Siebenbürgen.
Norske Vidensk. Selsk. Skrifter, 5 Deel, p. 177—194.
Johann Ehrenreich VON FICHTEL.
Geschichte des Steinsalzes, und der steinsalzgruben in Siebenbürgen. Pars 2. ejus Beytrag zur mineralgeschichte von Siebenbürgen.
Pagg. 134. tabb. æneæ color. 4. Nürnberg, 1780. 4.
Balthazar HACQUET.
Ueber einige Salzstöcke in der Moldau und Siebenbürgen.
Crell's chem. Annalen, 1790. 2 Band, p. 95—97.

175. *Sal Ammoniacum.*

Claude Joseph GEOFFROY.
Observations sur la nature et la composition du Sel Ammoniac.
Mem. de l'Acad. des Sc. de Paris, 1720. p. 189—207.
1723. p. 210—222.
Martino Gotthelf LOESCHERO
Præside, Dissertatio de Sale Ammoniaco, ejusdemque usu medico, chymico ac curioso. Resp. Wolffg. Jac. Feld.
Pagg. 36. Wittebergæ, 1726. 4.
Henry Louis DU HAMEL.
Sur le Sel Ammoniac. Mem. de l'Acad. des Sc. de Paris, 1735. p. 106—116, p. 414—434, et p. 483—504.
Carl LEYELL.
Af vetenskapernes historia, om Salamoniaken.
Vetensk. Acad. Handling. 1751. p. 241—258.
———— : Historie des Salmiacs.
Physikal. Belustigung. 2 Band, p. 493—510.

Joseph Marie François DE LASSONE.
Sur plusieurs Sels Ammoniacaux.
Mem. de l'Acad. des Sc. de Paris, 1775. p. 40—62.
———— : Abhandlung über mehrere Ammoniakalische Salze.
Crell's chemisches Journal, 5 Theil, p. 70—87.

Domenico DE' TOMMASI.
Esperienze ed osservazioni del Sale Ammoniaco Vesuviano.
Pagg. 16. (Napoli,) 1794. 8.
Johann Georg MODELS
Versuche und gedanken über ein natürliches oder gewachsenes Salmiak. (ex Asia septentrionali.)
Leipzig, 1758. 8.
Pagg. 31; præter observationes de Natro, de quibus infra.

176. *Sal Ammoniacum fixum.*

Giuseppe BALDASSARRI.
Descrizione di un sale neutro deliquescente, che si trova nel Tufo intorno alla citta di Siena.
Atti dell' Accad. di Siena, Tomo 4. p. 1—14.
Balthazar George SAGE.
Analyse d'une nouvelle espece de Sel Ammoniac dep' logistiqué, calcaire fulminant, en efflorescence sur du Tuf du Vesuve.
Journal de Physique, Tome 38. p. 311—313.

177. *Sal mirabile, Sal Glauberi.*

Gilles François BOULDOUC.
Examen d'un sel tiré de la terre en *Dauphiné*, par leque on prouve, que c'est un sel de Glauber naturel.
Mem. de l'Acad. des Sc. de Paris, 1727. p. 375—383.
Claude BURLET.
Histoire d'un sel cathartique d'*Espagne*. ibid. 1724. p. 114—117.
Gilles François BOULDOUC.
Memoire sur la qualité d'un sel decouvert en Espagne, qu' une source produit naturellement; et sur la conformité et l'identité qu'il a avec un sel artificiel que Glauber appelle sel admirable. ib. p. 118—137.

Johann Friedrich GMELIN.
Ueber ein mauersalz (in *Hamburg*.)
Crell's chemische Annalen, 1788. 2 Band, p. 195—198.
Von einem aus backsteinen ausgewitterten salze.
Bergbaukunde, 2 Band, p. 390—393.

C. HOFMEISTER.
Beschreibung einer höhle (ohnweit *Hildesheim*), in der sich Glaubersalz erzeugt. ib. 1790. 1 Band, p. 45—49.

Johan Julius SALBERG.
Beskrifning på et Sal Natron, funnit i *Sverike*.
Vetensk. Acad. Handling. 1740. p. 237—240.
———: Descriptio Salis Natri in Svecia reperti.
Analect. Transalpin. Tom. 1. p. 37—39.
Tal, hvaruti de inkast förläggas, som äro gjorde emot des rön om det i Sverie funna Sal Natron.
Pagg. 28. Stockholm, 1745. 8.
——— Andra uplagan. Pagg. totidem. ib. 1762. 8.

Johan Gotschalk WALLERII
Försvars skrift, hvarutinnan Joh. Jul. Salbergs Tal besvaras, angående en del saltarter.
Pagg. 32. ib. 8.

Johan Julius SALBERG.
Ytterligare åter-svar på Herr Doct. Gottskalk Wallerii försvars skrift.
Pagg. 53. ib. 1746. 8.

178. *Magnesia vitriolata, Sal amarum.*

Joseph ARMET.
Memoire sur du Sel d'Epsom, et du Carbonate de Magnesie trouvés à *Montmartre*.
Journal de Physique, Tome 40. p. 476—480.

Christianus Andreas COTHENIUS.
Memoire sur le sel de *Canal*. (en Piemont.)
Hist. de l'Acad. de Berlin, 1775. p. 35—40.

FONTANA.
Lettre sur du Vitriol de Magnesie trouvé dans des carrieres de Gypse (en Piemont.)
Journal de Physique, Tome 33. p. 309, 310.

Gottlieb Conradus Christianus STORR.
De Sale Alpino dissertatio.
Pagg. 34. Turici, 1787. 4.

———— : Vom Alpensalze.
Crell's chemische Annalen, 1788. 1 Band, p. 99—118.

Johann Friedrich August GÖTTLING.
Beitrag zur geschichte des Bittersalzes. (in muris Germaniæ.) Crell's Entdeck. in der Chemie, 6 Theil, p. 90—99.

FUCHS.
Auch ein beytrag zur geschichte des Bittersalzes.
Crell's Beyträge, 4 Band, p. 295—300.

Franz Ambros REUSS.
Untersuchung des natürlichen Bittersalzes zu Witschiz in *Böhmen.*
Abhandl. der Böhm. Gesellsch. 1786. p. 13—24.
———— : Ueber das gediegene Bittersalz zu Witschiz.
Crell's chemische Annalen, 1786. 2 Band, p. 314—323.

179. *Alumen.*

Joannes Petrus BRINCKMANN.
Dissertatio inaug. de Alumine.
Pagg. 42. Lugduni Bat. 1765. 4.

Johannes BECKMANN.
Commentatio de historia Aluminis.
Commentat. Soc. Gotting. Vol. 1. p. 111—139.
———— : Alaun. in sein. Beytr. zur Geschichte der Erfindungen, 2 Band, p. 92—144.
———— : Alum. in his Hist. of inventions, Vol. 1. p. 288—319.

Torbern BERGMAN.
De confectione Aluminis.
in ejus Opusculis, Vol. 1. p. 279—337.

Nicolas VAUQUELIN.
Memoire sur la nature de l'Alun du commerce, sur l'existence de la Potàsse dans ce sel, et sur diverses combinaisons sîmples ou triples de l'alumine avec l'acide sulfurique.
Annales de Chimie, Tome 22. p. 258—279.
———— Nouv. Journal de Physique, Tome 2. p. 435—444.
———— : A memoire on the nature of the Alum of commerce.
Nicholson's Journal, Vol. 1. p. 318—325.
Note relative au memoire sur la nature de l'Alun.
Annales de Chimie, Tome 25. p. 107, 108.

J. A. Chaptal.
Analyse comparée de quatre principales sortes d'Alun connues dans le commerce, et observations sur leur nature et leur usage.
Annales de Chimie, Tome 22. p. 280—296.

Louis Lemery.
Nouvel eclaircissement sur l'Alun. vide pag. sequ.
Claude Joseph Geoffroy.
Observations sur la terre de l'Alun.
Mem. de l'Acad. des Sc. de Paris, 1744. p. 69—76.
Andreas Sigismund Marggraf.
Experiences faites sur la terre d'Alun.
Hist. de l'Acad. de Berlin, 1754. p. 41—66.
————: Franc. Mich. Steinhauser Dissertatio inaug. sistens experimenta Margrafiana de terra Aluminis, cum quibusdam adnexis historiam Aluminis complentibus.
Pagg. 56. Vindobonæ, 1777. 8.
Auguste Denis Fougeroux de Bondaroy.
Memoire sur l'Alun.
Mem. de l'Acad. des Sc. de Paris, 1759. p. 472—483.
Theodore Baron.
Recherches sur la nature de la base de l'Alun. ib. 1760. p. 274—282.
Friedrich August Cartheuser.
Von der Alaunerde.
in seine Mineralog. Abhandlung. 2 Theil, p. 220—243.

Adolph Murray.
Anmärkningar öfver le Stuffe di Sant Germano, vid Lago d'Agnano i Neapel.
Vetensk. Acad. Handling. 1775. p. 338—344.
Martin Heinrich Klaproth.
Untersuchung des natürlichen Alauns vōn *Miseno.* in seine Beitr. zur chem. kenntn. der Mineralkörp. 1 Band, p. 311—316.

Guillaume Maze'as.
Sur la mine d'Alun de la *Tolfa*, dans le voisinage de Rome, et sur celle de *Polinier* en Bretagne.
Mem. etrangers de l'Acad. des Sc. de Paris, Tome 5. p. 379—391.
————: Ueber das Alaunerz zu Tolfa, und über das zu Polinier; übersezt von J. C. Loder.
Naturforscher, 2 Stück, p. 216—236.

Michael MALMSTRÖM.
Mineralogisk beskrifning öfver *Andrarums* Alun-skiffer-brott.
Physiogr. Sälskap. Handling. 1 Del. p. 38—42.
Martin Heinrich KLAPROTH.
Prüfung der natürlichen Alaunerde von *Schemnitz*. in seine Beitr. zur chem. kenntn. der Mineralkörp. 1 Band, p. 257—259.

180. *Alumen cubicum.*

Ambrosius Michael SIEFERTS
Abhandlung von würflichten Alaunkrystallen.
Neu. Hamburg. Magaz. 68 Stück, p. 163—192.
69 Stück, p. 195—200.
Wilhelm Heinrich Sebastian BUCHOLZ.
Beyträge zu Hrn. D. Siefferts abhandlung über den würflich en Alaun.
Crell's chemische Annalen, 1785. 2 Band, p. 483—489.

181. *Vitriolum.*

Observations and experiments about Vitriol.
Philosoph. Transact. Vol. 9. n. 103. p. 41—47.
104. p. 66—73.
Joachimus JÜRGENS.
Autoschediasma de Vitriolo, das ist ein bericht vom Vitriolo, und dessen essentz, natur und eigenschafften.
Pagg. 130. Copenhagen, 1688. 12.
Laurentio ROBERG
Præside, Dissertatio de Vitriolo. Resp. Joh. Moræus.
Pagg. 22. Upsalis, 1703. 4.
Louis LEMERY.
Eclaircissement sur la composition des differentes especes de Vitriols naturels.
Mem. de l'Acad. des Sc. de Paris, 1707. p. 538—549.
Nouvel eclaircissement sur l'Alun, sur les Vitriols, et particulierement sur la composition naturelle du Vitriol blanc ordinaire. ibid. 1735. p. 262—280, et p. 385—402.
1736. p. 263—301.
Claude Joseph GEOFFROY.
Examens des differens Vitriols, avec quelques essais sur la formation artificielle du Vitriol blanc, et de l'Alun.
Mem. de l'Acad. des Sc. de Paris, 1728. p. 301—310.

Giuseppe BALDASSARRI.
Osservazione sopra l'Acido Vetriolico trovato naturalmente puro, concreto, e non combinato.
Atti dell' Accad. di Siena, Tomo 5. p. 140—166.

Hans STRÖM.
Om det norske minerale, kaldet Hakmette.
Kiöbenh. Selsk. Skrifter, 12 Deel, p. 317—320.
——— Norske Vidensk. Selsk. Skrifter, nye Saml. 2 Bind, p. 357—364.
Editiones duæ parum differunt.

CHAPTAL.
Observations sur la cristallisation de l'huile de Vitriol.
Journal de Physique, Tome 31. p. 468—473.

Antoine François FOURCROY et *Nic.* VAUQUELIN.
Memoire pour servir à l'histoire de l'acide sulfureux, et de ses combinaisons salines avec les alcalis et les terres.
Annales de Chimie, Tome 24. p. 229—309.
Excerpta in Journal de l'ecole polytechnique, Tome 1. p. 445—458; quæ anglice versa, in Nicholson's Journal, Vol. 1. p. 313—318, et p. 364—367.

182. *Vitriolum Cupri.*

Franciscus Ernestus BRÜCKMANN.
De Chrysocolla Neosoliensi hungarica Epistola itiner. 2. (Cent. 1.) Plag. 1. Wolffenbuttelæ, 1728. 4.

183. *Vitriolum Ferri.*

Etienne François GEOFFROY.
Observations sur le Vitriol, et sur le Fer.
Mem. de l'Acad. des Sc. de Paris, 1713. p. 170—188.

Guillaume MAZÉAS.
Memoire sur les Solfateres des environs de Rome; sur l'origine et la formation du Vitriol Romain. Mem. etrangers de l'Acad. des Sc. de Paris, Tome 5. p. 319—330.

Joannes Antonius SCOPOLI.
De Vitriolo Idriensi (nativo.) impr. cum ejus Tentamine de Hydrargyro Idriensi; p. 44—65.

L. BRUGNATELLI.
Besonders vorzügliche eigenschaften des Eisenvitriols.
Crell's Beyträge, 1 Band. 1 Stück, p. 74—82.

184. *Vitriolum Zinci.*

Johannes Henricus POTT.
Vitrioli albi analysis justior quam Lemeriana. Miscellan. Berolinens. Tom. 7. p. 306—317.
TRUMPHIUS.
De Vitriolo albo annotationes. Commerc. litterar. Norimberg. 1743. p. 309—312, et p. 320:
1745. p. 238—240, et p. 262, 263.

185. *Vitriolum Cobalti.*

Martin Heinrich KLAPROTH.
Chemische untersuchung des natürlichen Kobalt-vitriols, von Herrengrund. in sein. Beitr. zur chem. kenntn. der Mineralkörp. 2 Band, p. 320.

186. *Nitrum.*

William CLARKE.
The natural history of Nitre.
Pagg. 93. London, 1670. 8.
———— : Naturalis história Nitri.
Pagg. 79. Francof. et Hamburgi, 1675. 8.
Emanuel GÖSCHEN.
Disputatio inaug. de Nitro.
Pagg. 16. Lugduni Bat. 1706. 4.
Louis LEMERY.
Memoires sur le Nitre. Mem. de l'Acad. des Sc. de Paris, 1717. p. 31—51, et p. 122—146.
Christophorus RETTEL.
Dissertatio inaug. de Nitro.
Pagg. 36. Lugduni Bat. 1740. 4.
Balth. Joanne DE BUCHWALD
Præside, Dissertatio sistens analysin Nitri physico-chymicam. Resp. Nic. Arbo.
Plagg. 4. Hafniæ, 1742. 4.
Gustavo HARMENS
Præside, Dissertatio de Nitro. Resp. Mart. Pletz.
Pagg. 32. Lundæ, 1748. 4.
Johanne Gottschalko WALLERIO
Præside, Dissertatio de origine et natura Nitri. Resp. Abr. Argillander.
Pagg. 22. Upsaliæ, 1749. 4.

———— : Abhandlung von dem ursprunge und der natur des Salpeters.
Physikalische Belustigungen, 1 Band, p. 672—702.
———— emendata, ut fere nova, in Wallerii Disputat. Academ. Fasc. 1. p. 77—116.

J. G. PIETSCH.
Dissertation sur la generation du Nitre, qui a remporté le prix de l'Academie en 1749.
Pagg. 56. Berlin, 1750. 4.
———— : Abhandlung von der erzeugung des Salpeters.
Pagg. 46. ib. 1750. 4.

ANON.
Gedanken und zweifel über das daseyn eines brennbaren wesen im Salpeter.
Stralsund. Magaz. 1 Band, p. 1—19.

Pehr Adrian GADD.
(Disputation) om medel til Saltpetter-sjuderiernes förbättring och upkomst i riket. Resp. Abr. Granit.
Pagg. 40. tab. ænea 1. Åbo, 1771. 4.

Friedrich August CARTHEUSER.
Von den bestandtheilen des rohen ursprünglichen Salpeters.
in seine Mineralog. Abhandlung. 1 Theil, p. 117—140.

Johan BERGER.
Tankar om Salpeter, grundade på försök vid salpeter-verket i Helsingfors.
Vetensk. Acad. Handling. 1777. p. 193—213.
———— : Gedanken vom Salpeter. Crell's Entdeck. in der Chemie, 4 Theil, p. 95—114.

James MASSEY.
A treatise on Saltpetre.
Mem. of the Soc. of Manchester, Vol. 1. p. 184—223.

* * *
Memoires de Mathematique et de Physique, presentés à l'Academie Royale des Sciences, par divers savans, et lus dans ses Assemblées, Tome 11. contenant le recueil des memoires sur la formation et la fabrication du Salpetre.
Pagg. 198 et 682. Paris, 1786. 4.
Excerpta, germanice, in Crell's chemische Annalen, 1789. 1 Band, p. 457—465, et p. 526—536.

Alberto FORTIS.
Del nitro minerale memoria storico-fisica.
Opuscoli scelti, Tomo 11. p. 145—169.

Vicenzo RAMONDINI.
Lettera relativa alla quistione insorta tra Angelo Fasano, e l'Abate Fortis intorno il Nitro del *Pulo di Molfetta.*
Pagg. 22. (1787.) 8.
Marchese Antonio-Carlo DONDI-OROLOGIO.
Lettera intorno alle Nitriere di Molfetta, nel regno di Napoli.
Opuscoli scelti, Tomo 11. p. 194—196.
Lettera contenente alcune osservazioni sopra la pietra calcare o nitrosa del Pulo di Molfetta. ibid. Tomo 12. p. 306—308.
Giuseppe Maria GIOVENE.
Lettera contenente varie osservazioni sulla nitrosità naturale della Puglia. ib. p. 309—314.
Eberhard Auguste Guillaume ZIMMERMAN.
Voyage à la Nitriere naturelle, qui se trouve à Molfetta, dans la terre de Bari en Pouille.
Pagg. 49. Paris, 1789 8.
Il y en a un extrait dans le Journal de Physique, Tome 36. p. 109—117.
———: Viaggio alla Nitriera di Molfetta, nella terra di Bari in Puglia.
Opuscoli scelti, Tomo 12. p. 289—306.
———: Ueber die Salpetergrube oder den Pulo von Molfetta.
Crell's Beyträge, 4 Band, p. 3—19.
D'ARCET et LAVOISIER.
Lettres au Comte J. B. Carburi.
Journal de Physique, Tome 36. p. 62—65.
Martin Heinrich KLAPROTH.
Prüfung des natürlichen Salpeters, von Molfetta. in seine Beitr. zur chem. kenntn. der Mineralkorper, 1 Band, p. 317—321.
———: Observations sur le Salpetre naturel de Molfetta.
Annales de Chimie, Tome 23. p. 28—32.
Bertrand PELLETIER.
Analyse de la terre de Houssage, provenant de la decomposition de la pierre calcaire forte, des grottes du Pulo de Molfetta, en Pouille, envoyee au cabinet mineralogique de l'hotel de la monnaie, en 1781, par le ministre de Naples. ib. p. 33—35.
Albert FORTIS.
Notes sur la Nitriere naturelle de Molfetta. ibid. p. 36—41.

DOMBEY.
Sur le Salpetre naturel du *Perou*.
Journal de Physique, Tome 15. p. 212, 213.

187. *Nitrum cubicum.*

Rudolfo Augustino VOGEL
Præside, Disputatio de Nitro cubico. Resp. Jo. Gehrt.
Pagg. 33. Goettingæ, 1760. 4.
NAUWERK.
Ueber einen natürlichen cubischen Salpeter.
Crell's chemische Annalen, 1784. 2 Band, p. 313—316.

188. *Sal sedativum.*

Claude Louis BOURDELIN.
Memoire sur le Sel sedatif.
Mem. de l'Acad. des Sc. de Paris, 1753. p. 201—242.
1755. p. 397—436.
Matthias Joannes DE RHOER.
Dissertatio inaug. de Boracis et Salis sedativi origine atque usu, experimentis illustrato.
Pagg. 36. Groningæ, 1777. 4.
Ch. EXSCHAQUET et *H.* STRUVE.
Observations sur l'analyse du Sel sedatif, et sur la composition du Borax.
Journal de Physique, Tome 28. p. 116—129.
———: Beobachtungen über die zerlegung des Sedativ-salzes, und über die verfertigung des Borax's. Höpfner's Magaz. zur Naturk. Helvet. 1 Band, p. 93—116.

Hubert Franz HÖFERS
Abhandlung über das von ihm entdeckte natürliche Toskanische Sedativsalz, und dem damit zu verfertigenden Borax; aus dem Italiänischen.
Sammlungen zur Physik, 1 Band, p. 700—731.
Integra versio libelli, cujus sequentia excerpta:
Transunto della memoria sopra il Sale sedativo naturale della Toscana, e del Borace, che con quello si compone.
Opuscoli scelti, Tomo 2. p. 23—31.

189. *Borax.*

Confer Sectionem antecedentem.

Antonius DE HEIDE.
Experimenta ad Boracis indolem detegendam instituta. in ejus Centuria Observ. medicarum, p. 146—149.

Louis LEMERY.
Experiences et reflexions sur le Borax.
Mem. de l'Acad. des Sc. de Paris, 1728. p. 273—288.
1729. p. 282—300.

Johannes Henricus POTT.
De Borace. in ejus Observation. chymic. Collect. 2. p. 54—105.
———: Abhandlung vom Boraxe.
Hamburg. Magaz. 18 Band, p. 569—658.

Michaële ALBERTI
Præside, Dissertatio de Borace. Resp. Henr. Conr. Rennewald. Pagg. 35. Halæ, 1745. 4.

Johann Georg MODEL, vide infra pag. 165.

Theodore BARON.
Experiences pour servir à l'analyse du Borax. Mem. etrangers de l'Acad. des Sc. de Paris, Tome 1. p. 295—328, et p. 447—477.

Ludovicus Claudius CADET.
Experimenta, quibus evincitur, Boraci inesse principium cupreum, arsenicale, et terram vitrescibilem.
Nov. Act. Ac. Nat. Curios. Tom. 3. p. 96—105.
———: Experiences par lesquels on demontre dans le Borax un principe cuivreux, arsenical, et une terre vitrifiable. Mem. etrangers de l'Acad. des Sc. de Paris, Tome 5. p. 105—114.
———: Versuche, welche zum beweise dienen, das in dem Borax ein kupferiges und arsenicalisches wesen, nebst einer glasachtigen erde vorhanden sey.
Neu. Hamburg. Magaz. 22 Stück, p. 338—357.
Experimenta, quibus probabiliter evinci potest, in Borace revera adesse terram vitrescibilem.
Nov. Act. Ac. Nat. Curios. Tom. 3. p. 105—111.
———: Experiences qui m'ont paru pouvoir servir à demontrer que le Borax contient veritablement une terre vitrifiable. Mem. etrangers de l'Acad. des Sc. de Paris, Tome 5. p. 117—123.

———: Versuche, woraus wahrscheinlich dargethan werden kann, das eine glasachtige erde wirklich in dem Borax vorhanden sey.
Neu. Hamburg. Magaz. 22 Stück, p. 358—368.
Experiences sur le Borax.
Mem. de l'Acad. des Sc. de Paris, 1766. p. 365—383.

Henr. DRAY.
Kurze abhandlung von Borax.
Berlin. Magaz. 4 Band, p. 21—28.

Georg Friedrich Christian FUCHS.
Versuch einer natürlichen geschichte des Boraxes, und seiner bestandtheile wie auch von dessen medicinischen und chymischen gebrauch.
Pagg. 96. Jena, 1784., 8.

Johan Abraham GRILL.
Om Poun-xa, eller nativ Borax.
Vetensk. Acad. Handling. 1772. p. 321, 322.
———: Vom Pounxa, oder natürlichen Borax.
Crell's Entdeck. in der Chemie, 1 Theil, p. 84, 85.

Gustaf VON ENGESTRÖM.
Försök på Poun-xa, eller nativ Borax.
Vetensk. Acad. Handling. 1772. p. 322—328.
———: Versuche mit der Pounxa.
Crell's Entdeck. in der Chemie, 1 Theil, p. 85—88.

William BLANE.
Some particulars relative to the production of Borax.
Philosoph. Transact. Vol. 77. p. 297—300.
———: Einige besondere umstände, die gewinnung des Borax betreffend.
Sammlungen zur Physik, 4 Band, p. 285—289.

Giuseppe DA ROVATO.
Letter (in italian) containing some observations relative to Borax.
Philosoph. Transact. Vol. 77. p. 301—304.
——— versio anglica. ibid. p. 471—473.
———: Ueber die erzeugung des Borax.
Sammlungen zur Physik, 4 Band, p. 283—285.
Hujus et antecedentis commentarii excerpta, gallice, in Journal de Physique, Tome 36. p. 339—342; quæ germanice versa, in Voigt's Magaz. 6 Band. 3 Stück, p. 39—43.

Robert SAUNDERS.
On Tincal.
Philosoph. Transact. Vol. 79. p. 96, 97.

———: Sur l'origine du Tinckal, ou Borax.
Annales de Chimie, Tome 2. p. 299—301.
———: Bemerkungen über den ursprung des Tinkals.
Crell's Beyträge, 4 Band, p. 370, 371.

190. *Natrum, Alcali minerale.*

Heinrich HAGEN.
Von dem feuerbeständigen Laugensalze des unterirdischen reiches.
Hamburg. Magaz. 25 Band, p. 115—128.
Rudolpho Augustino VOGEL
Præside, Dissertatio de natura Alcali mineralis. Resp. Just. Joh. Henr. Ribock.
Pagg. 30. Gottingæ, 1763. 4.
Joannes Adamus BRIGELIUS.
Dissertatio inaug. sistens tentamen de veterum Alosanthos, Chaldæorum Borith, Hebræorum Neter, Arabum Bevrek, Græcorum Nitro, Hispanorum Soda, tanquam analogis Hungarorum Szék-só, seu Natri Pannonici.
Pagg. 40. Viennæ Austriæ, 1777. 8.

MORELL.
Entdeckung eines neuen Mineralalkali ohnweit Schwarzburg im kanton *Bern* und *Freyburg*.
Crell's chemische Annalen, 1788. 2 Band, p. 222—226.
———: Decouverte d'un nouvel Alkali mineral, près de Schwartzbourg, dans la contree de Bern et de Freybourg.
Journal de Physique, Tome 34. p. 247—250.
Franz Ambros REUSS.
Ueber ein natürliches mineralisches Alkali. (prope Bilin in *Bohemia*.)
Abhandl. der Böhm. Gesellsch. 1787. p. 75—87.
Gabriel PA'ZMA'NDI.
Idea Natri *Hungariæ* veterum Nitro analogi.
Pagg. 76. Vindobonæ, 1770. 8.
Adest etiam titulus Dissertationis inauguralis.
Johann Gottlieb GLEDITSCH.
Relation concernant la terre de Debrezin, pour servir de supplement à l'histoire naturelle du sel lixiviel mineral qui resiste au feu.
Mem. de l'Acad. de Berlin, 1770. p. 8—18.

———: Nachricht von der erde zu Debrezin, als ein beytrag zur natürlichen geschichte des feuerbeständigen mineralischen Laugensalzes.
Crell's chemisches Journal, 1 Theil, p. 230—235.

KEGEL.
Von dem ungarischen mineralischen Laugensalz.
Berlin. Sammlung. 3 Band, p. 595—601.

Johannes Gottl. GEORGII.
De Natro *Ruthenico* observationes.
Act. Acad. Petropol. 1777. Pars pr. p. 197—212.

William HEBERDEN.
Some account of a salt found on the Pic of *Teneriffe*.
Philosoph. Transact. Vol. 55. p. 57—60.
———: Nachricht von einem auf dem berge Pico, auf der Insel Teneriffa gefundenen salze.
Neu. Hamburg. Magaz. 71 Stück, p. 470—475.

Donald MONRO.
An account of a pure native crystallised Natron, found in the country of *Tripoli* in Barbary.
Philosoph. Transact. Vol. 61. p. 567—573.
———: Nachricht von einem reinen natürlichen crystallisirten Natron, oder mineralischem alcalischen salz, welches in der gegend von Tripolis gefunden wird.
Crell's chemisches Journal, 1 Theil, p. 164—166.

Christian BAGGE.
Beskrifning om Trona, eller ett slags Natron, som finnes i Konungariket Tripoli.
Vetensk. Acad. Handling. 1773. p. 140—143.
———: Beschreibung von Trona, oder einer art Natron aus Tripoli. Crell's Entdeck. in der Chemie, 1 Theil, p. 95, 96.

Charles LEIGH.
A letter concerning some experiments and observations about the Natron of *Egypt*, and the nitrian water.
Philosoph. Transact. Vol. 14. n. 160. p. 609—619.

Johann Georg MODEL.
De Borace nativa, a Persis Borech dicta, Dissertatio. Cogitata de partibus constitutivis Boracis, occasione salis cujusdam, e *Persia* accepti, prolata.
Pagg. 36. Londini, 1747. 4.
———: Gedanken von den bestandtheilen des Boraxes, bey gelegenheit eines aus Persien bekommenen salzes.
Hamburg. Magaz. 14 Band, p. 473—521.

BARON.
Examen chymique d'un sel apporté de Perse, sous le

nom de Borech, avec des reflexions sur une dissertation latine concernant la meme matiere. Mem. etrangers de l'Acad. des Sc. de Paris, Tome 2. p. 412—434.

Johann Georg MODEL.

Erörterung einiger vom Hrn. Baron gemachten einwürfe über das persische salz. impr. cum ejus Gedanken uber ein natürliches Salmiak; p. 31—64.

Leipzig, 1758. 8.

Samuel Benjamin CNOLL.

Extractus ex literis ejus, de Alcali nativo *indico.* Miscellan. Berolinens. Tom. 7. p. 318—321.

Johan Abraham GRILL.

Om Kien, ett nativt Alkali minerale, från *China.* Vetensk. Acad. Handling. 1772. p. 170, 171.

————: Bericht vom Kien, einem natürlichen mineralischen alkali aus China. Crell's Entdeck. in der Chemie, 1 Theil, p. 71, 72.

Gustaf VON ENGESTRÖM.

Försök på förut'omtalte salt eller Kien. Vetensk. Acad. Handling. 1772. p. 172—179.

————: Versuche mit vorerwähntem salze oder Kien. Crell's Entdeck. in der Chemie, 1 Theil, p. 72—76.

191. *Aphronitrum.*

Daniel LUDOVICI.

De nitro murario. Ephemer. Acad. Nat. Curios. Dec. 1. Ann. 4 et 5. p. 279—285.

Friderici Augusti CARTHEUSERI.

Observatio chymico-physica de Aphronitro. Act. Acad. Mogunt. Tom. 2. p. 369—378.

Joachim Diederich CAPPEL.

Om muursalt, som et naturligt ludsalt. Danske Vidensk. Selsk Skrift. 11 Deel, p. 429—438.

————: Ueber das mauersalz, als ein natürliches laugensalz. Crell's Entdeck. in der Chemie, 2 Theil, p. 165—167.

Joseph Louis PROUST.

Observation sur le Natrum. Journal de Physique, Supplem. Tome 13. p. 443, 444.

Augustin HAASE.

Von einem mineralischen laugensalz. Naturforscher, 22 Stück, p. 183—206.

192. *Alcali volatile.*

Joannes Fridericus HENCKEL.
Alcali volatile minerale.
Act. Acad. Nat. Curios. Vol. 5. p. 325—332.
————: Von flüchtigen alcali im mineralreich. in seine kleine Schriften, p. 580—597.
Thomas TOMSON.
Dissertatio inaug. de Alkali volatili.
Pagg. 71. Lugduni Bat. 1788. 8.

193. *Inflammabilia.*

Carl Abraham GERHARD.

Abhandlung über die brennbahren mineralien. Zweyter theil seiner Beiträgen zur chymie, und geschichte des mineralreichs, vide supra pag. 22.

Christian Friedrich SCHULZE.

Betrachtung der brennbaren mineralien, ingleichen der an verschiedenen orten in Sachsen befindlichen Steinkohlen.
Pagg. 342. tabb. æneæ 8. Dresden, 1777. 8.
(Dritter theil der Schriften der Leipziger oekonomischen Societät.)

Josephus LIPPERT.

Phlogistologia mineralis, seu consideratio Phlogistorum mineralium.
Pagg. 64. Viennæ, 1782. 8.

194. *Monographiæ Inflammabilium.*

Sulphur.

Matthiæ UNTZERI

De Sulphure tractatus medico-chymicus.
Pagg. 101. Hallæ, 1620. 4.

Guerneri ROLFINCII

Dissertatio chimica secunda de Sulphure. Resp. Herm. Andreæ. in ejus Dissertationibus chimicis sex.
Pagg. 36.

Guillaume HOMBERG.

Essay de l'analyse du Soufre commun.
Mem. de l'Acad. des Sc. de Paris, 1703. p. 31—40.

Georgio Erhardo HAMBERGER

Præside, Dissertatio de Sulphure. Resp. Joh. Jac. Schreiber. Pagg. 28. Jenæ, 1748. 4.

Joannes Antonius SCOPOLI.

Tentamen mineralogicum de Sulphure.
in ejus Anno 5to Historico-naturali, p. 31—52.

Auguste Denis FOUGEROUX DE BONDAROY.

Nouvelles observations sur le Soufre.
Mem. de l'Acad. des Sc. de Paris, 1780. p. 105—110.
——— : Neüe bemerkungen über den Schwefel.
Crell's chem. Annalen, 1787. 2 Band, p. 463—468.

MONNET.
Memoire sur la terre pyriteuse qui se trouve en Picardie, et dans le Soissonois, et sur les moyens qu'il y a d'etablir des fabriques de Vitriol avec cette matiere.
Journal de Physique, Tome 11. p. 183—186.

DUPUGET.
Memoire sur les terres sulfuriques de Rollot, departement de la *Somme*, et sur une manufacture de sulfate de fer et de sulfate d'alumine, etablie dans cette commune.
Journal des Mines, an 4. Fructidor, p. 49—59.

Nicolas VAUQUELIN.
Essai de la terre sulfureuse de la commune de Rollot.
ib. an 5. p. 74—77.

Jean Gottlob LEHMANN.
Sur une terre de Souffro, qu'on trouve près de Tarnowitz en *Silesie*.
Hist. de l'Acad. de Berlin, 1757. p. 85—109.

Joanne Hadriano SLEVOGT
Præside, Dissertatio de Sulphure *Goslariensi*. Resp. Heinr. Chr. Holzmannus. Pagg. 30. Jenæ, 1719. 4.

Ole HENCHEL.
Underretning om de *Islandske* Svovel-miiner, samt Svovel-raffineringen sammesteds.
impr. cum Olavii Reise igiennem Island; p. 665—734.

195. *Bitumina.*

Matthias Zacharias PILLINGEN.
Bitumen et lignum fossile bituminosum.
Pagg. 114. Altenburgi, 1674. 8.

Richard KIRWAN.
Of the composition and proportion of Carbon in Bitumens and mineral coal.
Transact. of the Irish Acad. Vol. 6. p. 141—167.
——— Seorsim etiam adest.
Pagg. 29. Dublin, 1796. 4.
——— printed with his Elements of Mineralogy, 2d edit. Vol. 2. p. 514—529.
——— Nicholson's Journal, Vol. 1. p. 487—496.

Charles HATCHETT.
Observations on bituminous substances, with a description of the varieties of the Elastic Bitumen.
Transact. of the Linnean Soc. Vol. 4. p. 129—154.
——— Nicholson's Journal, Vol. 2. p. 201—209, et p. 248—251.

196. *Succinum*.

Severinus GOEBELIUS.
De Succino libri 2. inter libros de fossilibus editos a Gesnero. Foll. 31. Tiguri, 1565. 8.

Isaac THILO.
Dissertatio pro loco, de Succino Borussorum, prima, nomina, descriptionem et materiam ejus exhibens. Plagg. 4½. Lipsiæ, 1663. 4.

Johanne Theodoro SCHENCKIO
Præside, Dissertatio de Succino. Resp. Gottfr. Schultz. Pagg. 34. Jenæ, 1671. 4.

Thomas BARTHOLINUS.
De Succino experimenta.
in ejus Act. Hafniens. 1671. p. 110—115.
————: Of the nature of Amber, and experiment thereon. Acta Germanica, p. 264—266.
De Succini generatione, resolutione et viribus.
Act. Hafniens. 1673. p. 306—314.

Philippus Jacobus HARTMANN.
Succini Prussici physica et civilis historia.
Pagg. 291; cum tabb. æneis. Francofurti, 1677. 8.
Succincta Succini Prussici historia et demonstratio.
Pagg. 48. Berolini, 1699. 4.

Johannes Sigismundus ELSHOLTIUS.
De Succino fossili.
Ephem. Ac. Nat. Cur. Dec. 1. Ann. 9 & 10. p. 223—225.

Olaus BORRICHIUS.
Oratio de Succino, habita anno 1681. in ejus Dissertationibus, editis a Lintrupio, Tom. 1. p. 352—393.

Gunnone EURELIO
Præside, Dissertatio: Ηλεκτρον. Resp. And. Eurelius.
Plagg. 3½. Lipsiæ, 1687. 4.

Philippo Richardo SCHROEDERO
Præside, Dissertatio de Jure Succini in Regno Borussiæ. Resp. Jul. Ægid. Negelein.
Pagg. 55. Regiomonti, 1722. 4.

Nathanaelis SENDELII
Electrologiæ missus 1. de perfectione Succinorum operibus naturæ et artis promota, testimoniisque rationis et experientiæ demonstrata.
Pagg. 56. Elbingæ, 1725. 4.

———: Of the maturation of Amber, and the bringing of it to perfection, both by art and nature. Acta Germanica, p. 340—353.

Missus 2. de mollitie Succinorum et inde emergentibus contentis variis animalibus, vegetabilibus, mineralibus atque aquosis.
Pagg. 64. Elbingæ, 1726. 4.

———: Of the softness and various contents of Ambers. (Abstract.) Acta Germanica, p. 360—366.

Missus 3. de prosapia Succinorum, et eorum variis affectionibus, vi electrica, colore, odore, sapore.
Pagg. 56. Elbingæ, 1728. 4.

———: Of the family and various properties of Amber. Acta Germanica, p. 389—405.

Historia Succinorum corpora aliena involventium, et naturæ opere pictorum et cælatorum, ex Regiis Augustorum cimeliis Dresdæ conditis.
Pagg. 328. tabb. æneæ 13. Lipsiæ, 1742. fol.

Johannes Philippus BREYNIUS.

Observatio de Succinea gleba, plantæ cujusdam folio imprægnata.
Philosoph. Transact. Vol. 34. n. 395. p. 154—156.

etrus ANCHER.

Dissertatio de Succino, Danice Raf, cujus Particula 1ma de nominibus et etymologia. Resp. Joh. Joach. Anchersen. Pagg. 16. Havniæ, 1737. 4.

Johannes Fridericus HENCKEL.

De Succino fossili in Saxonia Electorali.
Act. Acad. Nat. Curios. Vol. 4. p. 313—316.

———: Von dem gegrabnen Bernstein im Churfürstenthum Sachsen.
in seine kleine Schriften, p. 539—553.

Claude Louis BOURDELIN.

Memoire sur le Succin.
Mem de l'Acad. des Sc. de Paris, 1742. p. 143—175.

Johannes Ambrosius BEURERUS.

De natura Succini.
Philosoph. Transact. Vol. 42. n. 468. p. 322—324.

John FOTHERGILL.

An extract of his essay upon the origin of Amber. ibid. Vol. 43. n. 472. p. 21—25.

Joannes Georgius STOCKAR DE NEUFORN.

Specimen inaug. de Succino in genere, et speciatim de Succino fossili Wisholzensi.
Pagg. 65. Lugduni Bat. 1760. 4.

——— Pagg. 88. Lugduni Bat. 1761. 8.

Friedrich Samuel Bock.

Versuch einer kurzen naturgeschichte des Preussischen Bernsteins, und einer neuen wahrscheinlichen erklärung seines ursprunges.
Pagg. 146. Königsberg, 1767. 8.

Beschreibung zweyer vom Bernstein durchdrungenen Holzstücke, nebst einigen anmerkungen über den ursprung des Bernsteins in Preussen.
Naturforscher, 16 Stück, p. 57—70.

Friedrich August Cartheuser.

Vom ursprunge des Bernsteins.
in seine Mineralog. Abhandlung. 1 Theil, p. 172—190.

Louis Bernard Guyton de Morveau.

Memoire sur l'acide Karabique. Mem. de l'Acad. de Dijon, 1783. 2 Semestre, p. 1—19.

Just Christian Heinrich Heyer.

Chemische versuche mit Bernstein.
Act. Acad. Mogunt. 1786, 7. Pagg. 21.

197. *Mellites.*

Gillet-Laumont.

Notes sur une substance jaune, transparente, critallisée en octaëdre, annoncée pour etre du succin.
Journal de Physique, Tome 39. p. 370—374.
——— Annales de Chimie, Tome 11. p. 308—314.

198. *Petroleum.*

Johanne Friderico Cartheuser

Præside, Dissertatio de Naphtha sive Petroleo. Resp. Jo. Chr. Ferd. Vierthaler.
Pagg. 40. Francofurti cis Viadrum, 1763. 4.

Joannes Theophilus Hoeffel.

Historia Balsami mineralis *Alsatici* seu Petrolei vallis S. Lamperti, germanice der Hanauische Erd-balsam, Lampersloch'er öl-oder bächel-brunn. Dissertatio inaug.
Pagg. 42. Argentorati, 1734. 4.

Jacob Reinbold Spielmann.

Sur le Bitume d'Alsace.
Hist. de l'Acad. de Berlin, 1758. p. 105—128.
———: Von dem Erdharze im Elsas.
Neu. Hamburg. Magaz. 42 Stück, p. 536—575.

RIVIERE.

Memoire sur quelques singularités du terroir de *Gabian*, et principalement sur la fontaine de l'huile de Petrole, qui y coule. Pagg. 28. Montpellier, 1717. 4.

——— Mem. de la Societé de Montpellier, Tome I. p. 220—240.

(*Jean* BOUILLET. Herissant p. 132.)

Memoire sur l'huile de Petrole en general, et particulierement sur celle de Gabian.

Pagg. 20. Besiers, 1752. 4.

Auguste Denis FOUGEROUX DE BONDAROY.

Sur le Petrole de *Parme*.

Mem. de l'Acad. des Sc. de Paris, 1770. p. 37—52.

Johann Heinrich PAPE.

Von den Theerquellen bey Edemissen. Deutsche schrift. der Societ. zu Göttingen, I Band, p. 64—71.

WINTERL.

Zerlegung eines schwarzen zähen Bergöhls, aus *Ungarn*, zwischen Peklenicza und Moslowina.

Crell's chemische Annalen, 1788. I Band, p. 493—499.

———: Sur la decomposition d'une huile epaisse de Petrole noir, de la Hongrie, entre Peklenicza et Moscowina.

Journal de Physique, Tome 33. p. 452—455.

199. *Asphaltum.*

G THOREY.

Chemische untersuchung des Judenpechs.

Crell's chemisches Journal, 6 Theil, p. 56—73.

JULIOT.

Extrait d'un memoire sur le Bitume de *Gaujac*.

Observations de physique et d'hist. nat. par M. de Secondat, p. 193—205.

Carolus Ludevicus L'AGASCHERIE DU BLE'.

Dissertatio inaug. sistens examen Bituminis *Neocomensis*.

Pagg. 18. Basileæ, 1758. 4.

——— Pagg. 24. Lugduni Bat. 1761. 8.

HIRZEL *sohn*.

Brief über den Asphalt. Höpfner's Magaz. für die naturk. Helvet. 2 Band, p. 317—330.

Anton GROSS.

Abhandlung über das im *Karpatischen* gebirge entdeckte Erdpech. ibid. p. 312—316.

——— Abhandl. der Böhm. Gesellsch. 1787. p. 55—39.

Engelbertus KÆMPFER.

Muminahì, seu Mumia nativa *Persica*.

in ejus Amoenitat. exoticis, p. 516—524.

Gottlob SCHOBER.

Dissertatiuncula de Mumia Persica.

Act. Ac. Nat. Curios. Vol. 1. Append. p. 150—157.

200. *Bitumen elasticum, Elaterites.*

Jean Claude DE LA METHERIE.

Memoire sur un bitume elastique fossile trouvé dans le Derbyshire.

Journal de Physique, Tome 31. p. 311—313.

Charles HATCHETT, vide supra pag. 169.

201. *Lignum fossile.*

Josephi MONTII

De fossilibus lignis dissertatio.

Comment. Instit. Bonon. Tom. 3. p. 241—260.

Balthazar George SAGE.

Analyse du bois fossile.

Mem. de l'Acad. des Sc. de Paris, 1789. p. 538, 539.

——— Journal de Physique, Tome 35. p. 136, 137.

William BORLASE.

An account of some trees discovered under-ground on the shore at Mount's-Bay in *Cornwall*.

Philosoph. Transact. Vol. 50. p. 51—53.

William DERHAM.

Observations concerning the subterraneous trees in Dagenham, and other marshes in the county of Essex. ib. Vol. 27. n. 335. p. 478—484.

Abraham DE LA PRYME.

Letter concerning trees found under ground in *Hatfield Chase*. ib. Vol. 22. n. 275. p. 980—992.

23. n. 277. p. 1073, 1074.

ANON.

A relation of the abundance of wood, found under ground in *Lincolnshire*. ib. Vol. 4. n. 67. p. 2050, 2051.

———: Nachricht von dem holze, das in der grafschaft Lincoln in grosser menge unter der erde gefunden wird.

Hamburg. Magaz. 3 Band, p. 679, 680.

RICHARDSON.
Relation of subterraneous trees dug up at Youle in *York-shire.*
Philosoph. Transact. Vol. 19. n. 228. p. 526—528.
George Earl of CROMARTIE.
An account of the mosses in *Scotland,* in a letter to Dr. Sloane. ib. Vol. 27. n. 330. p. 296—301.
Hans SLOANE.
A letter in answer to the foregoing letter. ib. p. 302—308.
Antoine François FOURCROY.
Bois fossile et charbonné. (en *France.*)
dans son Journal, Tome 1. p. 193, 194.
Balthazar George SAGE.
D'une espece particuliere de charbon de terre argileux, de la mine de la Chapelle-desirée, entre Saint-Martin et Veteuil, district de Mantes.
Nouv. Journal de Physique, Tome 1. p. 173, 174.
Giambattista TODERINI.
Dissertazione sopra un legno fossile, (non procul a *Mantua*) che tutto scioglesi in cenere rossa; pubblicata da Dom. Troili. Modena, 1780. 8.
Pagg. 22; præter epistolas Troili, sull' induramento di molti bachi da seta, vide Tom. 2. p. 532, et su l'aurora boreale, non hujus loci.
Francesco STELLUTI.
Trattato del legno fossile minerale nuovamente scoperto (in agro *Tudertino.*)
Pagg. 12. tabb. æneæ 13. Roma, 1637. fol.
———: De ligno fossili mineraii noviter detecto.
Ephem. Ac. Nat. Cur. Dec. 1. Ann. 3. p. 523—531.
Comte G. DE RAZOUMOWSKY.
Description d'une espece de bitume peu connu, qui se trouvé en *Suisse.*
Journal de Physique, Tome 37. p. 275—286.
Z. G. WEIS.
Etwas über die unterirdischen waldungen (in *Ostfriesland.*)
Schr. der Berlin. Ges. Naturf. Fr. 5 Band, p. 337—353.
Samuel Christianus HOLLMANN.
Montium quorundam præaltorum, (prope *Mundam* et Allendorffium,) magna ligni fossilis copia quasi infarctorum, descriptio.
Philosoph. Transact. Vol. 51. p. 506—514.
(Est compendium sequentis commentationis.)

Loci memorabilis, in quo ingens ligni fossilis copia reperitur, descriptio; cum duabus mantissis. in ejus Sylloge altera Commentationum in R. Scient. Societ. Goetting. recensitarum, p. 95—136.

Friedrich Christian LESSER.

Auszug eines schreibens Hrn. G. C. Querls, die *Sangerhausner* gegrabenen kohlen betreffend.
Physikal. Belustigungen, 1 Band, p. 605—609.

Lars Chr. HAGGREN.

Beskrifning öfver en skogs-sjö, (i *Nerike,*) hvars hela botten är beväxt med rötter af Furu.
Vetensk. Acad. Handling. 1787. p. 73, 74.

Daniel TILAS.

Om trädrötter til en fin jordart förvandlade, i et gult jordhvarf eller ochra (i *Tavastebus Län.*) ib. 1742. p. 16—18.

202. *Turfæ.*

Martini SCHOOCKII

Tractatus de Turffis, ceu cespitibus bituminosis.
Pagg. 256. Groningæ, 1658. 12.

Rosinus LENTILIUS.

De Turfis seu cespitibus.
Act. Acad. Nat. Curios. Vol. 1. p. 228—235.

Joh. Hartm. DEGNERI

Dissertatio physica de Turfis, sistens historiam naturalem cespitum combustilium.
Pagg. 190. Trajecti ad Rhen. 1729. 8.

Pehr Adrian GADD.

Disputation om Bränne-torf. Resp. Jac. Foenander.
Pagg. 18. Åbo, 1759. 4.

Johann BECKMANN.

Torf in seine Beytr. zur Geschichte der Erfindung.
2 Band, p. 186—194.
4 Band, p. 393—401.

———: Turf. in his Hist. of inventions, Vol. 1. p. 333—339.

Franz Carl ACHARD.

Chemische untersuchung des Torfs.
Crell's chem. Annalen, 1786. 2 Band, p. 391—403.

James ANDERSON.

A practical treatise on Peat moss.
Pagg. 150. London, 1794. 8.

George Earl of CROMARTIE.
An account of the mosses in *Scotland.* vide supra pag. 177.

Christopher TAIT.
An account of the Peat-mosses of Kincardine and Flanders in Perthshire. Transact. of the R. Soc. of Edinburgh, Vol. 3. p. 266—279.

ANON.
Indication de quelques unes des principales tourbieres exploitées ou reconnues en *France.*
Journal des Mines, an 3. Brumaire, p. 50—64.

BELLERY.
Dissertation sur la tourbe de Picardie, qui a remporté le prix de l'Academie d'Amiens.
Pagg 54. tab. ænea 1. Amiens, 1755. 12.

DERIBAUCOUR.
Tourbe nouvellement decouverte dans le departement de la Seine inferieure.
Actes de la Soc. d'Hist. Nat. de Paris, Tome 1. p. 48.

NOEL.
Observations sur les tourbes de Jumieges, departement de la Seine inferieure.
Magasin encyclopedique, Tome 5. p. 11—19.

W. A. F. LAMPADIUS.
Einige bemerkungen und versuche über eine torfart (in *Böhmen.*) Mayer's Samml. physical. Aufsäze, 4 Band, p. 375—384.

Johan HESSELIUS.
Om et slags torf, (i *Westmanland,*) som i elden gifver en krithvit aska.
Vetensk. Acad. Handling. 1745. p. 181—186.
Om tvänne slags torf, (i Nerike, och i Vermeland,) hvaraf den ena gifver en gul, den andra en hvit aska. ib. 1750. p. 226—229.

Abraham BÄCK.
Rön anstälde med nyss-beskrefne hvita aska. ib. p. 230, 231.

203. *Lithanthrax.*

Rosinus LENTILIUS.
De carbone fossili seu Lithanthrace.
Act. Acad. Nat. Curios. Vol. 1. p. 235—242.

Mårten TRIEWALD.
Om alt hvad som länder til kundskapen om Stenkol.
Vetensk. Acad. Handling. 1739. p. 98—117.
1740. p. 216—231, p. 309—317, et p. 379—391.
Andra uplagan, p. 372—384.

Johann Gottlob KRÜGERS
Gedanken von den Stein-kohlen. Halle, 1741. 8.
Pagg. 98; præter Physicotheologische betrachtungen einiger thiere, de quibus Tomo 5. in Supplemento.

DE TILLY.
Memoire sur l'utilité, la nature et l'exploitation du Charbon mineral.
Pagg. 131. tabb. æneæ 2. Paris, 1758. 8.

Carl August SCHEIDTS
Versuch einer praktischen anleitung Steinkohlenlager in ihren gebürgen aufzusuchen, und dieselben zu bearbeiten. Abhandl. der Churbaier. Akad. 1 Band, 2 Theil, p. 169—210.

Jacques DE STEHELIN.
Over het navorschen en uitvinden der Steenkolen.
Verhand. van de Maatsch. te Haarlem, 14 Deel, p. 67—92.

Carl August THERKORN.
Gedanken über die sogenannten Berg-oder Erdkohlen.
Neu. Samml. der Naturf. Gesellsch. in Danzig, 1 Band, p. 200—208.

Peter Jacob HJELM.
Anledningar til utrönande af beståndsdelarna i Sten-och Trä-kol.
Vetensk. Acad. Handling 1781. p. 184—202.
———: Einige anleitungen zur erforschung der bestandtheile der Stein-und Holzkohlen.
Crell's chemische Annalen, 1784. 1 Band, p. 432—451.

Jean François Clement MORAND.
Nomenclature raisonnée d'une collection de toutes les substances fossiles qui appartiennent au mines de Charbon de terre, tant en France qu'en pays etrangers, faisant partie de son cabinet.
Journal de Physique, Tome 20. p. 401—416.
21. p. 409—415.
(Sola introductio ad catalogum.)

Richard KIRWAN.
Observations on Coal-mines.
Transact. of the Irish Academy, 1788. p. 157—170.

———: Observations sur les mines de Charbon.
Annales de Chimie, Tome 22. p. 231—245.
Letter to the Earl of Charlemont, with a letter from *Abraham* Mills.
Transact. of the Irish Academy, 1789. p. 49—54.
(*Giovanni* Fabroni.)
Dell' Antracite, o carbone di cava, detto volgarmente carbon fossile.
Pagg. 358. tabb. æneæ 11. Firenze, 1790. 8.
Duhamel *fils*.
Extrait d'un memoire sur la Houille, qui a remporte, en 1793, le prix proposé par l'academie des sciences de Paris.
Journal des Mines, an. 3. no. 8. p. 33—79.

Jeremiah Milles.
Remarks on the *Bovey* coal.
Philosoph. Transact. Vol. 51. p. 534—553, et p. 941—944.
John Strachey.
Description of the strata in the coal mines of *Mendip* in Somersetshire. ib. Vol. 30. n 360. p. 968—973.
An account of the strata in coal-mines (in Northumberland and Scotland.) ibid. Vol. 33. n. 391. p. 395—398.
Benct Quist *Andersson*.
Berättelse om *Engelska* Stenkols flötser och deras bearbetande.
Vetensk. Acad. Handling. 1776. p. 69—77, p. 163—173, p. 241—249, et p. 305—313.
———: Bericht von den Englischen Steinkohlen-flözen, und deren bearbeitung.
Crell's Entdeck. in der Chemie, 3 Theil, p. 181—184, et p. 214—216.
Joseph Fisher.
Observations and inquiries made upon and concerning the Coal works at *Whitehaven* in the county of Cumberland.
Transact. of the Irish Acad. Vol. 5. p. 266—279.
Heinrich Sander.
Beschreibung einer unterirdischen reise zu den Steinkohlengruben bey *Valenciennes*.
Besch. der Berlin. Ges. Naturf. Fr. 4 Band, p. 190—202.
——— in seine kleine Schriften, 1 Band, p. 312—323.

Jean Et. GUETTARD et *Ant. Laur.* LAVOISIER.
Description de deux mines de Charbon de terre, situées au pied des montagnes de *Voyes.*
Mem. de l'Acad. des Sc. de Paris, 1778. p. 435—441.
————: Beschreibung von zwo kohlengruben in den Vogesen, der einen in Hochburgund, der andern im Elsass.
Crell's Entdeck. in der Chemie, 9 Theil, p. 135.

Louis Bernard Guyton DE MORVEAU.
Analyse du Charbon de pierre de *Mont-Cenis* en Bourgogne.
Journal de Physique, Tome 2. p. 445—450.
————: Zergliederung der Steinkohle von Mont-Cenis in Burgund.
Crell's chem. Annalen, 1784. 2 Band, p. 77, 78.

Balthasar George SAGE.
Examen et analyse du Coacks ou Cinders naturel de *Saint-Symphorien-de-Lay*, district de Roanne, departement de Rhône et Loire.
Journal de Physique, Tome 42. p. 75—78.

Manoel FERREIRA DA CAMARA.
Observacões feitas por ordem da Real Academia de Lisboa ácerca do Carvaõ de pedra, que se encontra na *Freguezia da Carvoeira.*
Mem. econom. da Acad. R. das Sciencias de Lisboa, Tomo 2. p. 285—294.

Giovanni MAIRONI DA PONTE.
Dei carboni fossili, o Antraci bituminosi di *Gandino.*
Opuscoli scelti, Tomo 8. p. 135—139.

Antonio BASSEGGIO *di Giovanni.*
Analisi chimica del Carbon fossile di *Arzignano.*
Pagg. 48. Venezia, 1786. 8.

Alberto FORTIS.
Memoria sopra la miniera di Carbone di *Sogliano* in Romagna.
Opuscoli scelti, Tomo 13. p. 129—144.

Franciscus Samuel WILD.
Lettera su una miniera di Carbon di terra, scoperta a grandissima altezza. (in *Helvetia.*) ibid. p. 243—247.

Christian Friedrich SCHULZE.
Nachricht von dem bey *Dresden* befindlichen Steinkohlenflöze.
Hamburg. Magaz. 19 Band, p. 535—559.
Zufällige gedanken über den ursprung und über die nutzung der bey Leipzig befindlichen Steinkohlen.
Pagg. 30. Dresden, 1759. 4.

Betrachtung der in Sachsen befindlichen Steinkohlen. vide supra pag. 168.

Johann Thaddæus LINDACKER.

Beobachtung über einige Steinkohlen-lagen des *Pilsner Kreises.* Mayer's Samml. physikal. Aufsäze, 1 Band, p. 7—12.

H. BLICHFELDT et *C.* MARTFELT.

Beretning om Steenkul paa *Bornholm.*
Danske Landhuush. Selsk. Skrift. 1 Deel, p. 455—496.

Baron Samuel Gustaf HERMELIN.

Om Boserups Stenkols-grufva, och de öfrige Stenkols-försök uti *Skåne.*
Vetensk. Acad. Handling. 1773. p. 236—254.

204. *Anthracolithus.*

Louis Bernard Guyton DE MORVEAU.

Observations sur un charbon fossile incombustible trouve à Rive-de-Gier, et sur les proprietés de quelques matieres passées à l'etat de Plombagine. Nouv. Mem. de l'Acad. de Dijon, 1783. 1 Sem. p. 76—86.

———: Ueber eine unverbrennliche steinkohle von Rive de Gier, und über die eigenschaften einiger stoffe, wenn sie in den zustand von Reisbley übergangen sind. Crell's chem. Annalen, 1789. 1 Band, p. 43—51.

STRUVE.

Description de la Plombagine charbonneuse ou hexaëdre, decouverte nouvellement en Suisse. Mem. pour l'hist. nat. de la Suisse, Tome 1. p. 268—273.

——— Journal de Physique; Tome 36. p. 55—58.

———: Ueber das kohligte, oder sechsseitige Reissbley aus der Schweiz.
Crell's Beyträge, 4 Band, p. 284—286.

Carl HAIDINGER.

Auszug eines briefes.
Bergbaukunde, 2 Band, p. 458—462.

Johann Christian WIEGLEB.

Chemische untersuchung des Liebschwizer steinkohlen-ähnlichen fossils.
Crell's chem. Annalen, 1790. 2 Band, p. 29—35.

Peter Christian ABILDGAARD.

Beskrivelse og chemisk undersögelse af en biergart, som

findes i tvende Kongsbergske gruber, under navn af Sölvbranderts. Danske Vidensk. Selsk. Skrift. nye Saml. 4 Deel, p. 435—443.

205. *Graphites.*

Robert PLOT.
Some observations concerning Black-lead.
Philosoph. Transact. Vol. 20. n. 240. p. 183.
Johannes Henricus POTT.
Examen chymicum Plumbi scriptorii, vulgo Plumbaginis.
Miscellan. Berolinens. Tom. 6. p. 29—39.
Benct QUIST.
Rön om Bly erts.
Vetensk. Acad. Handling. 1754. p. 189—210.
Carl Wilhelm SCHEELE.
Försök med Blyerts, Plumbago. ib. 1779. p. 238—245.
———: Experiences sur la mine de plomb, ou Plombagine.
Journal de Physique, Tome 19. p. 162—166.
———: Versuche mit Reissbley, Plumbago. Crell's Entdeck. in der Chemie, 7 Theil. p. 153—160.
Bertrand PELLETIER.
Memoire sur l'analyse de la Plombagine.
Journal de Physique, Tome 27 p. 343—362.
——— dans ses Memoires, Tome 1. p. 146—192.
HAHNEMANN.
Entdeckung eines neuen bestandtheils im Reissbley.
Crell's chem. Annalen, 1789. 2 Band, p. 291—298.

GIROUD.
Analyse d'un echantillon de Plombagine, provenant de la mine de Pluffier, à 2 lieues de Morlaix.
Journal des Mines, an 3. Fructidor, p. 15, 16.

206. *Adamas.*

Scholium de Adamantibus.
Ephem. Ac. Nat. Cur. Dec. 2. Ann. 2. p. 99—106.
David JEFFRIES.
A treatise on Diamonds and Pearls.
Pagg. 69. tabb. æneæ 30. London, 1750. 8.

DARCET et ROUELLE.

Procès verbal des experiences faites dans le laboratoire de M. Rouelle sur plusieurs diamans.

Journal de Physique, Introd. Tome 1. p. 480—488.

———— : Wörtliche erzählung der versuche, welche die Herren Darcet und Rouelle in der chemischen werkstätte des leztern mit Diamanten angestellt haben. Crell's Entdeck. in der Chemie, 8 Theil, p. 242—250.

Antoine Laurent LAVOISIER.

Resultat de quelques experiences faites sur le Diamant, par M M. Macquer, Cadet et Lavoisier.

Journal de Physique, Introd. Tome 2. p. 108—111.

———— : Erfolg einiger versuche, welche die Herren Macquer, Cadet und Lavoisier mit dem Diamant angestellt haben. Crell's Entdeck. in der Chemie, 9 Theil, p. 161—164.

CADET.

Experiences et observations chymiques sur le Diamant.

Journal de Physique, Introd. Tome 2. p. 401—409.

———— : Chymische versuche und beobachtungen über den Diamant. Crell's Entdeck. in der Chemie, 9 Theil, p. 172—178.

DARCET et ROUELLE.

Experiences nouvelles sur la destruction du Diamant dans les vaisseaux fermés.

Journal de Physique, Tome 1. p. 17—34.

———— : Neue versuche über die zerstörung des Diamants in verschlossenen gefässen. Crell's Entdeck. in der Chemie, 11 Theil, p. 150—168.

———— : Neue erfahrungen über die zerstörbarkeit des Diamants in verschlossenen gefässen.

Crell's Beyträge, 1 Bandes 2 Stück, p. 114—126.

Antoine Laurent LAVOISIER.

Memoire sur la destruction du Diamant par le feu. Mem. de l'Acad. des Sc. de Paris, 1772. 2 Part. p. 564—616.

Pehr Adrian GADD.

Anmärkningar, mineralogiske och oeconomiske, om Demanters rätta art och beskaffenhet. Resp. Fried Dickman. Pagg. 18. Åbo, 1775. 4.

BERNIARD.

Lettre à M. Darcet.

Journal de Physique, Tome 6. p. 410, 411.

———— : Lettera sulla volatilizzazione del Diamante. Scelta di Opusc. interess. Vol. 18. p. 114—118.

J. E. Graf VON BUBNA.

Abhandlung über den Demant. Abhandl. einer privatges in Böhmen, 6 Band, p. 112—126.

———: Lichtenberg's Magazin, 3 Band. 1 Stück, p. 44—47.

Albrecht HÖPFNER.

Einige zweifel über die brennbarkeit der Diamanten, nebst etlichen dahingehörigen erläuternden versuchen. Crell's Beyträge, 3 Band, p. 275—278.

———: Observations sur la combustibilité du Diamant, suivies de quelques experiences sur cet objet. Journal de Physique, Tome 35. p. 448, 449.

COURET.

Observations sur le memoire de M. Hoepfner sur le Diamant. ibid. p. 450—452.

Ludwig ROUSSEAU.

Ueber den plaz des Diamants im mineral system. Beob. der Berlin. Ges. Naturf. Fr. 4 Band, p. 411—413.

René Just HAUY.

Sur le Diamant. Journal d'Hist. Nat. Tome 1. p. 377—384.

Johann MAYER.

Nachricht über die verbrennung des Diamants. in sein. Samml. physikal. Aufsäze, 3 Band, p. 379—383.

Smithson TENNANT.

On the nature of the Diamond. Philosoph. Transact. 1797. p. 123—127.

——— Nicholson's Journal, Vol. 1. p. 177—179.

———: De la nature du Diamant. Nouv Journal de Physique, Tome 2. p. 432—435.

———: Sur la nature de Diamant. Annales de Chimie, Tome 25. p. 72—76.

ANON.

A description of the Diamond-mines (of *Coromandel.*) Philosoph Transact. Vol. 12. n. 136. p. 907—917.

———: Description des mines des Diamants. impr. avec la Metallurgie de Barba; Tome 2. p. 308—329. La Haye, 1752. 12.

Jacob DE CASTRO SARMENTO.

A letter concerning Diamonds lately found in *Brazil.* Philosoph. Transact. Vol. 37. n. 421. p. 199—201.

D'ANDRADA.

Diamans du Bresil. Actes de la Soc. d'Hist. Nat. de Paris, Tome 1. p. 78—80.

——— Journal de Physique, Tome 41. p. 325—328.
——— Annales de Chimie, Tome 15. p. 82—88.
———: Ueber die Brasilischen Diamanten. Voigt's Magazin, 9 Band. 2 Stück, p. 47—54.
———: An account of the Diamonds of Brazil. Nicholson's Journal, Vol. 1. p. 24—26.

207. *Metalla.*

Johann BECKMANN.
Chemische bezeichnung der metalle. in seine Beitr. zur Gesch. der Erfindung. 3 Band, p. 356—377.
——— : Chemical names of metals. in his Hist. of Inventions, Vol. 3. p. 53—71.

Georgii AGRICOLÆ
Bermannus, sive de re metallica.
Pagg. 135. Basileæ, 1530. 8.
——— Pagg. 108. Parisiis, 1541. 8.
——— impr. cum ejus de ortu et causis subterraneorum libris; p. 843—947. Wittebergæ, 1612. 8.
——— impr. cum ejus de re metallica libris; p. 679—701. Basileæ, 1657. fol.
De veteribus et novis metallis libri 2. impr. cum ejus de ortu et causis subterraneorum libris; p. 776—842. Wittebergæ, 1612. 8.
——— impr. cum ejus de re metallica libris; p. 665—678. Basileæ, 1657. fol.

Georgius FABRICIUS.
De metallicis rebus ac nominibus observationes, ex schedis ejus, quibus ea potissimum explicantur, quæ Ge. Agricola præteriit. inter libros de fossilibus editis a C. Gesnero. Foll. 31. Tiguri, 1565. 8.

Gabriel FALLOPIUS.
De metallis seu fossilibus tractatus. impr. cum ejus de medicatis aquis tractatu; fol. 85 verso—176. Venetiis, 1569. 4.

Lucas POLLIO.
Exercitatio physica de metallis.
Plagg. 2½. Lipsiæ, 1629. 4.

Leonhardus BEER.
Disputatio pro loco de metallis in genere.
Plag. 1½. ib. 1640. 4.

Johannes FIEDLER.
Dissertatio de metallis. Resp. Henr. Freiesleben.
Plagg. 3. ib. 1648. 4.

Johanne SPERLING
Præside, Exercitatio physica de metallis in genere. Resp. Joh. Ge. Stempelius.
Plagg. 3½. Wittebergæ, 1651. 4.

Johann-Sigismundo SCHWENCKIO

Præside, Disputatio exhibens metallographian generalem. Resp. Sam. Vogtius.

Plagg. 3½. Lipsiæ, 1659. 4.

Ludovicus de COMITIBUS.

Metallorum ac metallicorum naturæ operum ex orthophysicis fundamentis recens elucidatio.

Pagg. 286. Colon. Agripp. 1665. 8.

Constantino ZIEGRA

Præside, Disputatio de metallis in specie dictis. Resp. Ge. Chladni. Plagg. 5. Wittebergæ, 1665. 4.

John WEBSTER.

Metallographia, or an history of metals.

Pagg. 388. London, 1671. 4.

Joachimi JUNGII

Schedarum fasciculus, inscriptus mineralia, concinnari in systema coeptus a Chr. Bunckio, utque ab eo mox defuncto relictus erat, ita editus, recensente Joh. Vagetio.

Pagg. 343. Hamburgi, 1689. 4.

Benedictus Nicolaus PETRÆUS.

Disputatio inaug. de natura metallorum, nonnullisque eorum artefactis.

Pagg. 35. Trajecti ad Rhen. 1699. 4.

David KELLNER.

Synopsis musæi metallici Ulyssis Aldrovandi, omnium metallorum materiam, proprietates, differentias, generandi et præparandi rationem et usum succincte tradens.

Pagg. 258. Lipsiæ, 1701. 12.

Paulus SNELLEN.

Disputatio inaug. de historia metallorum.

Pagg. 15. Lugd. Bat. 1707. 4.

Johanne Ludovico HANNEMANN

Præside: Thubalcain ad fornacem et incudem stans, id est, metallorum naturam et differentias explicans Dissertatio. Resp. Ant. Lütgens.

Pagg. 44. Kilonii, 1707. 4.

Franciscus FORTSCHNIGG.

Dissertatio inaug. de metallis.

Pagg. 16. (Vindobonæ,) 1762. 4.

Joannes Antonius SCOPOLI.

Observationes metallurgicæ.

in ejus Anno 5to Historico-naturali, p. 62—70.

Tentamen mineralogicum de schematibus metallorum. in ejus Dissert. ad Scient. Natur. p. 7—24.

Ragionamento su la differenza, che passa fra i metalli nascosti, e i mineralizzati.
Opuscoli scelti, Tomo 1. p. 217—230.

Carl Abraham GERHARD.
Anmerckungen über die metallische-erde, und deren beschaffenheit. in ejus Beitr. zur chymie, 1 Theil, p. 46—53.

Josephus Leopoldus FOURNIER.
Dissertatio chemico-medica de metallis.
Pagg. 81. Viennæ, 1777. 8.

Torbernus BERGMAN.
Dissertatio de diversa phlogisti quantitate in metallis. Resp. Andr. Nic. Tunborg.
Pagg. 16. Upsaliæ, 1780. 4.
——— in ejus Opusculis, Vol. 3. p. 132—156.
———: Dissertation sur les diverses proportions dans lesquelles les metaux contiennent le phlogistique.
Journal de Physique, Tome 22. p. 109—121.

Theodorici Leonhardi OSKAMP
Disquisitio inaug. de calcinatione metallorum per aquæ analysin, eorumque per ejusdem fluidi synthesin reductione. Marpurgi, 1791. 8.
Pagg. 35; præter elenchum auctorum chemiæ novissimæ, non hujus loci.

Johanne GADOLIN
Præside, Dissertationes de natura metallorum.
Pars Pr. Resp. Isr. Unonius. Pagg. 22.
Pars Post. Resp. Is. Forsell. Pagg. 12.
Aboæ, 1792. 4.

Georgii BRANDT
Dissertatio de semi-metallis.
Act. Liter. et Scient. Sveciæ, 1735. p. 1—12.

Philippus Nerius HANN.
Dissertatio inaug. de semi-metallis.
Pagg. 24. (Viennæ,) 1763. 4.

208. *Metalla varia.*

Guernerus ROLFINCIUS.
Dissertatio chimica quarta, de metallis perfectis, Auro et Argento. Resp. Theod. Rollio.
Pagg. 36. Jenæ, 1660. 4.
——— in ejus Dissertationibus chimicis sex.

Diss. chim. quinta de Antimonio. Resp. Casp. Gigante. in ejus Diss. chimicis sex. Plagg. 6½.

Diss. chim. sexta de metallis imperfectis duris duobus, Ferro et Cupro. Resp. God. Sam. Polisio. ibid. Plagg. 4½.

Hermannus Nicolaus GRIMM.

De minera Auri et Argenti Sumatrensi.
Ephem. Ac. Nat. Cur. Dec. 2. Ann. 5. p. 68—70.

David DURAND.

Histoire naturelle de l'Or et de l'Argent, extraite de Pline le naturaliste, livre 33. avec le texte latin, et eclairci par des remarques nouvelles.
Pagg. 258. Londres, 1729. fol.

Casimirus Christophorus SCHMIEDEL.

Fossilium, metalla et res metallicas concernentium glebæ. latine et germanice.
Textus utriusque pag. 1—28. tab. æn. color. 1—25.
Norimbergæ, 1753. 4.

Cosmus COLINI.

Sur l'incertitude de l'histoire naturelle dans l'etude des mines metalliques; remarques et decouvertes sus ces mines : Or et Plomb.
Comment. Acad. Palat. Vol. 2. p. 497—537.

———: Ueber die ungewissheit der naturgeschichte in ansehung der metallminern.
Neu. Hamburg. Magaz. 51 Stück, p. 195—282.

Ignatii Godefridi KAIM

Dissertatio inaug. de metallis dubiis. (Arsenico, Cobalto, Niccolo, Magnesia.)
Pagg. 59. Viennæ, 1770. 8.

Gustaf VON ENGESTRÖM.

Pak-fong, en chinesisk hvit metall, beskrifven.
Vetensk. Acad. Handling. 1776. p. 35—38.

———: Pak-fong, ein chinesisches weisses metall, beschrieben. Crell's Entdeck. in der Chemie, 3 Theil, p. 178—181.

———: Sur l'alliage metallique, connu à la Chine sous le nom de Pak-fong, ou cuivre blanc; avec des additions.
Journal des Mines, an 3. Thermidor, p. 89—92.

George FORDYCE et *Stanesby* ALCHORNE.

An examination of various ores in the museum of Dr. W. Hunter.
Philosoph. Transact. Vol. 69. p. 527—536.

Tobern BERGMAN.

Præcipitations försök med Platina, Nickel, Cobolt och Magnesium.

Vetensk. Acad. Handling. 1780. p. 282—293.

———: De Cobalto, Niccolo, Platina et Magnesia, eorumque per præcipitationes investigata indole. in ejus Opusculis, Vol. 4. p. 371—386.

———: Fällungsversuche mit Platina, Nickel, Kobold und Braunstein. Crell's Entdeck. in der Chemie, 8 Theil, p. 191—206.

Tilläggning om Tungsten (et Molybdæna.)

Vetensk. Acad. Handling. 1781. p. 95—98.

———: de acidis metallicis.

in ejus Opusculis, Vol. 3. p. 124—131.

———: Supplement to the memoir upon Tungsten. print. with de Luyart's analysis of Wolfram; p. 14—20.

———: Addition (au memoire de M. Scheele sur la Tungstène.)

Journal de Physique, Tome 22. p. 128—130.

———: Vom Schwersteine.

Crell's chem. Annalen, 1784. 1 Band, p. 44—48.

VON RUPRECHT.

Ueber einen vollkommenen und reinen Schwerstein-und Wasserbley-könig.

Crell's chem. Annalen, 1790. 1 Band, p. 483—487

———: On pure and perfect reguli of Tungsten and Molybdæna.

Crell's chemical Journal, Vol 1. p. 38—44.

———: Experiences pour obtenir un regule pur de la Tungstene et de la Molybdene.

Journal de Physique, Tome 37. p. 230, 231.

———: Procedé pour reduire les mines de Tungstene et de Molybdene.

Annales de Chimie, Tome 8. p. 3—9.

Gaetano D'ANCORA.

Ricerche filosofico-critiche sopra alcuni fossili metallici della Calabria. (Wismuthum, Molybdenum, Magnesium.) Pagg. 57. Livorno, 1791. 8.

Johann Jacob BINDHEIM.

Ueber die Cadmien, besonders vom Zink und Kobold.

Pallas Neu. Nord. Beyträge, 6 Band, p. 153—164.

Smithson TENNANT.

On the action of Nitre upon Gold and Platina.

Philosoph. Transact. 1797. p. 219—221.

——— Nicholson's Journal, Vol. 2. p. 30, 31.

209. *Monographiæ Metallorum.*

Platina.

William Brownrigg et *William* Watson.
Several papers concerning a new semi-metal called Platina.
Philosoph. Transact. Vol. 46. n. 496. p. 584—596.

Henric Theophilus Scheffer.
Det hvita gullet beskrifvit til sin natur.
Vetensk. Acad. Handling. 1752. p. 269—278.
———: Description de l'Or blanc. in libro, cui titulus: La Platine, p. 37—54.

William Lewis.
Experimental examination of a white metallic substance said to be found in the Gold mines of the Spanish West-Indies, and there known by the appellations of Platina, Platina di Pinto, Juan Blanca.
Philosoph. Transact. Vol. 48. p. 638—689.
———: Examen analytique d'une substance metallique blanche, qui se trouve dans les mines d'or de l'Amerique Espagnole, et qu'on connoit en ce pays sous les noms de Platina, Platina di Pinto, et Juan blanca. in libro, cui titulus: La Platine, p. 55—176.
Experimental examination of Platina. Paper 5. and 6.
Philosoph. Transact. Vol. 50. p. 148—166.

Henric Theophilus Scheffer.
Anmärkningar vid de rön, som Herr Lewis låtit införa uti Philosophical Transactions, angående metallen Platina di Pinto.
Vetensk. Acad. Handling. 1757. p. 314—325.

Andreas Sigismund Marggraf.
Essais concernant la nouvelle espece de corps mineral, connu sous le nom de Platina del Pinto.
Hist. de l'Acad. de Berlin, 1757. p. 31—60.

Anon.
La Platine, l'Or blanc, ou le huitieme metal.
Pagg. 194. Paris, 1758. 12.
Initium et finis hujus libri, belgice: Onderzoek der eigenschappen van het witte goud, in Uitgezogte Verhandelingen, 3 Deel, p. 526—552.

Pierre Joseph MACQUER.
Sur un nouveau metal connu sous le nom d'Or blanc, ou de Platine.
Mem. de l'Acad. des Sc. de Paris, 1758. p. 119—133.
Johann Georg KRÜNITZ.
Von dem in Südamerica neu entdeckten metalle, Platina del Pinto, oder weisses gold genannt, und denen bisher davon ans licht getretenen schriften.
Hamburg. Magaz. 22 Band, p. 273—284.
Axel Fredric CRONSTEDT.
Anmärkningar vid Platina di Pinto.
Vetensk. Acad. Handling. 1764. p. 221—228.
Johan Gotschalk WALLERIUS.
Försök med Platina del Pinto. ibid. 1765. p. 161—171.
Georg Louis le Clerc Comte DE BUFFON.
Extrait d'un memoire sur la nature de la Platine.
Journal de Physique, Tome 3. p. 324—328.
BLONDEAU.
Lettre sur la Platine. ibid. Tome 4. p. 154, 155.
Louis Bernard Guyton DE MORVEAU.
Sur la fusibilité, la malleabilité, le magnetisme, la densité, la crystallisation de la Platine, et son alliage avec l'acier. ibid. Tome 6. p. 193—203.
———: Ueber die schmelzbarkeit, schmidbarkeit, magnetische kraft, dichtigkeit und kristallenbildung der Platina, und ihre verbindung mit stahl.
Crell's Beyträge, 3 Band, p. 353—362.
Torbern BERGMAN.
Anmärkningar om Platina.
Vetensk. Acad. Handling. 1777. p. 317—328.
———: De Platina.
in ejus Opusculis, Vol. 2. p. 166—183.
———: Memoire sur la Platine.
Journal de Physique, Tome 15. p. 38—45.
———: Ueber die Platina. (e gallico, in Journ. de Phys.)
Sammlungen zur Physik, 2 Band, p. 387—401.
ANON.
Ueber das weisse gold, oder die Platina del Pinto.
Abhandl. einer privatgesellsch. in Böhmen, 3 Band, p. 337—349.
Matthieu TILLET.
Sur le moyen de dissoudre la Platine par l'acide nitreux.
Mem. de l'Acad. des Sc. de Paris, 1779. p. 373—377, p. 385—437, et p. 545—549.

———: Ueber das mittel, Platina in saltpetersäure aufzulösen.
Crell's chem. Annalen, 1784. 1 Band, p. 345—365.

Graf Carl von Sickingen.
Versuche uber diė Platina.
Pagg. 324. tabb. æneæ 2. Mannheim, 1782. 8.

Johann Christian Wiegleb.
Beytrag zu den bisher mit der Platina angestellten versuchen. Crell's Entdeck. in der Chemie, 12 Theil, p. 111—130.

Lorenz Crell.
Einige versuche mit der Platina im Porcellainofen.
in sein. chem. Annalen, 1784. 1 Band, p. 328—334.

M. L.
Memoire sur la Platine ou or blanc.
Journal de Physique, Tome 27. p. 362—373.

Thomas Willis.
Experiments on the fusion of Platina.
Mem. of the Soc. of Manchester, Vol. 3. p. 467—481.
——— Crell's chemical Journal, Vol. 1. p. 45—61.
———: Experiences sur la Platine.
Journal de Physique, Tome 35. p. 217—225.
———: Versuche über die Platina.
Crell's chem. Annalen, 1790. 1 Band, p. 242—247.

Ruprecht.
On the regulus of Platina.
Crell's chemical Journal, Vol. 2. p. 105—108.

Comte Apollos Mussin-Puschkin.
Sur les sels et precipités de Platine, et sur l'amalgame du Platine.
Annales de Chimie, Tome 24. p. 205—213.
———: On the salts, precipitates and amalgam of Platina. Nicholson's Journal, Vol. 1. p. 537—540.

Louis Bernard Guyton.
Examen de quelques proprietés du Platine.
Annales de Chimie, Tome 25. p. 3—20.

210. *Aurum.*

Constantino Ziegra
Præside, Aurum dissertatione physica exponit Gottfr. Thilo. Plagg. $2\frac{1}{2}$. Wittebergæ, 1665. 4.

Michael Wariensis.
Disputatio inaug. de metallo regio.
Plagg. $3\frac{1}{2}$. Lugduni Bat. 1685. 4.

Johann Gottlieb VOLKELT.
Versuch eines beweises des vererzten Goldes. Abhandl. der Hallischen Naturf. Ges. 1 Band, p. 97—110.

John LLOYD.
An account of the late discovery of native Gold in *Ireland.* Philosoph. Transact. 1796. p. 34—37.
——— Nicholson's Journal, Vol. 2. p. 223, 224.

Abraham MILLS.
A mineralogical account of the native Gold, lately discovered in Ireland.
Philosoph. Transact. 1796. p. 38—45.
——— Nicholson's Journal, Vol. 2. p. 224—227.

ANON.
Nachricht von dem in *Sachsen,* insonderheit bey Reichmannsdorf, im Saalfeldischen, entdeckten Golde, und goldhaltigen mineralien.
Dresdnisches Magazin, 2 Band, p. 118—124.

Carl DEICHMANN.
Nogre efterretninger om de *Norske* Guld-ertzer.
Kiöbenh. Selsk. Skrift. 11 Deel, p. 93—122.

Hermannus Dietericus SPÖRING.
Observationes quibus Aurum *Svecanum* ab oblivione vindicavit.
Act. Liter. et Scient. Sveciæ, 1737. p. 211—220.

Johann Daniel HAAGER.
Ueber das vorkommen des Goldes in *Siebenbürgen.*
Pagg. 62. Leipzig, 1797. 8.

von MÜLLER.
Nachricht von den Golderzten aus Nagyag in Siebenbürgen. Physikal. Arbeit. der eintr. Freunde in Wien, 1 Jahrg. 2 Quart. p. 85—87.

Jonas SCHNACK.
Proba divitis minæ auriferæ (ex *Angola.*)
Act. Liter. Sveciæ, 1726. p. 187—189.

211. *Fluvii auriferi.*

René Antoine Ferchault DE REAUMUR.
Essais de l'histoire des rivieres et des ruisseaux du royaume, qui roulent des paillettes d'or.
Mem. de l'Acad. des Sc. de Paris, 1718. p. 68—88.
——— impr. avec la Metallurgie de Barba; Tome 2. 357—394.

Jean Etienne GUETTARD.
Memoire sur les paillettes et les grains d'or de l'*Ariege.*
Mem. de l'Acad. des Sc. de Paris, 1761. p. 197—210.

Johann Daniel SCHÖPFLIN.
Vom *Rheingolde* im Elsass. (ex ejus Alsatia illustrata.)
Hamburg. Magaz. 8 Band, p. 451—463.
Franciscus Ludovicus TREITLINGER.
De aurilegio, præcipue in Rheno, Dissertatio inaug.
Pagg. 62. Argentorati, 1776. 4.
Joannes Florentius MARTINET.
Over het goud van den Rhyn. Verhandel. van de Maatsch. te Haarlem, 17 Deels 2 Stuk, p. 222—230.
Heinrich SANDER.
Von der goldwäsche am Rheine.
Naturforscher, 14 Stück, p. 37—40.
——— in seine kleine Schriften, 1 Band, p. 295—298.

Sigismundus LEDELIUS.
De fluviis auriferis *Silesiacis.*
Ephem. Ac. Nat. Cur. Dec. 3. Ann. 1. p. 5—7.

Ignatius A BORN.
Relatio de aurilegio *Daciæ* transalpinæ.
Nov. Act. Ac. Nat. Cur. Tom. 8. p. 97—100.

212. *Aurum vegetabile!*

Philippus Jacobus SACHS A LEWENHEIMB.
De Auro vegetabili.
Ephem. Ac. Nat. Cur. Dec. 1. Ann. 1. p. 255—258.
——— : Vegetable gold.
Acta germanica, p. 174—176.
Joh. Paterson. HAIN et *P. J.* SACHS A LEWENHEIMB.
Aurum vegetabile, Vites Hungariæ aureæ.
Ephem. Ac. Nat. Cur. Dec. 1. Ann. 2. p. 187—191.
Johannes Adamus RAYMANN.
De dubia auri Uvarum vegetabilis existentia. ibid. Cent. 9 et 10. p. 116—118.
Fallacia auri Uvarum vegetabilis ulterius demonstrata.
Act. Acad. Nat. Curios. Vol. 6. p. 427—434.
Michaele ALBERTI
Præside, Dissertatio de auro vegetabili Pannoniæ. Resp. Joh. Chph. Huber.
Pagg. 64. Halæ, 1733. 4.

213. *Argentum.*

Martin Heinrich KLAPROTH.
Chemische untersuchung der Silbererze. in seine Beitr. zur chem. kenntn. der Mineralkörp. 1 Band, p. 123—188.

J. G. SCHREIBER.
Auszug eines briefes. (de mineris argenti, ex Allemont, in *Dauphiné.*) Bergbaukunde, 1 Band, p. 402—404.
ANON.
Nachricht von einem im *Österreichischen* entdeckten silberbergwerke.
Physikal. Belustigungen, 2 Band, p. 43—46.
J. H. JUSTI.
Auszug eines schreibens, die von ihm im Österreichischen neu entdeckten erztgänge betreffend. ibid. p. 47—50.
LEHMANN.
Examen d'une mine d'argent lamelleuse, ou d'une espece de liege mineral, qu'on trouve dans les mines de Dorothee et Caroline, sur le *Haut Hartz.*
Hist. de l'Acad. de Berlin, 1758. p. 20—33.
Olaus COLLING.
Relatio de argento nativo in fodina ferrea Brattfors *Wermelandiæ* a. 1726 reperto, una cum experimentis chemicis, circa argenti matricem, argillam, a Ge. Brandt institutis.
Act. Liter. et Scient. Sveciæ, 1738. p. 420—427.

214. *Argentum Antimoniale.*

Martin Heinrich KLAPROTH.
Chemische untersuchung des Spiessglanz-silbers von Wolfach. in sein. Beitr. zur chem. kenntn. der Mineralkörp. 2 Band, p. 298—301.

215. *Argentum Arsenicale.*

Abraham Gottlob WERNER.
Beschreibung einer neuen gattung silbererz.
Sammlungen zur Physik, 1 Band, p. 454—459.

216. *Argentum vitreum.*

Johann Thaddæus LINDAKER.
Beobachtungen über das haarige, zackige und verschieden gestaltete silber-glaserzt. Mayer's Samml. physikal. Aufsäze, 2 Band, p. 286—288.

217. *Argentum mineralisatum nigrum.*

Martin Heinrich KLAPROTH.
Zergliederung des blättrigen spröden Glaserzes, von Grosvoigtsberg.
Crell's chem. Annalen, 1787. 2 Band, p. 10—14.
——— in seine Beitr. zur chem. kenntn. der Mineralkörp. 1 Band, p. 162—166.

218. *Argentum mineralisatum corneum.*

Ericus LAXMANN.
Minera argenti cornea chemice examinata et descripta.
Nov. Comm. Acad. Petropol. Tom. 19. p. 482—496.
———, Chemische untersuchung des Hornerzes.
Crell's chem. Annalen, 1785. 1 Band, p. 275—277.

Christian Hieronymus LOMMER.
Abhandlung vom Hornerze, als einer neuen gattung silbererz.
Pagg. 66. tab. ænea 1. Leipzig, 1776. 8.
Nachtrag zu seiner abhandlung vom Hornerze.
Beschäft. der Berlin. Ges. Naturf. Fr. 3 Band, p. 446—449.

MONNET.
Sur une espece de mine decouverte nouvellement à Ste. Marie-aux-mines. Mem. etrangers de l'Acad. des Sc. de Paris, Tome 9. p. 717—729.

J. HIORT.
Om Horn-ertz og en deel figureret sölv, funden i een af gruberne ved Kongsberg. Norske Vidensk. Selsk. Skrifter, nye Saml. 1 Bind, p. 263—268.

219. *Argentum mineralisatum rubrum.*

Joannes Antonius SCOPOLI.
De minera argenti rubra. in ejus Dissert. ad Scient. Nat. p. 24—39.

Balthazar George SAGE.
Analyse comparée de la mine d'argent rouge du Perou, et de celle de Sainte-Marie.
Mem. de l'Acad. des Sc. de Paris, 1789. p. 99—101.
——— Journal de Physique, Tome 34. p. 331—333.
Martin Heinrich KLAPROTH.
Untersuchung des Rothgültigerzes. in seine Beitr. zur chem. kenntn. der Mineralkörp. 1 Band, p. 141—158.
———: Memoire sur les parties constituantes de la mine d'argent rouge.
Journal de Physique, Tome 41. p. 263—266.
——— ——— Annales de Chimie, Tome 18. p. 81—87.
Balthazar George SAGE.
Observations sur le memoire de M. Klaproth.
Journal de Physique, Tome 41. p. 370, 371.
Nicolas VAUQUELIN.
Examen de l'argent rouge transparent.
Journal des Mines, an 4. Pluviose, p. 1—11.
Balthazar George SAGE.
Observations sur l'analyse de la mine rouge d'argent transparente, faite par Klaproth et Vauquelin.
Nouv. Journal de Physique, Tome 2. p. 284—286.
Jean Frederic WESTRUMB.
Observations rapides sur le contenu antimonial de la mine d'argent rouge. Journ. de Phys. Tome 43. p. 291—294.
J. N. G. M.
Chemische zergliederung des Rothgülden-erzts von Joachimsthal. Mayer's Samml. physikal. Aufsäze, 4 Band, p. 69—80.

220. *Argentum mineralisatum album.*

Martin Heinrich KLAPROTH.
Zergliederung des Weissgültigerzes vom Himmelsfürsten bey Freyberg.
Crell's chem. Annalen, 1789. 2 Band, p. 3—10.
——— in seine Beitr. zur chem. kenntn. der Mineralkörp. 1 Band, p. 166—173.

221. *Hydrargyrum.*

Notice des ouvrages qui traitent du Mercure en general, de ses mines, et des manufactures qui ont cette substance pour objet.
Journal des Mines, an 4. Pluviose, p. 57—82.

Guerneri ROLFINCII

Non ens chimicum, Mercurius metallorum et mineralium. Pagg. 24. Jenæ, 1670. 4.

" Per Mercurium hîc non intelligitur pars substantiæ, " compositionis seu misturæ essentialis, quatenus ut " principium consideratur a nonnullis, sed ut princi- " piatum et mistum objectum quoddam chimicum, ar- " gentum vivum communiter dictum. pag. 1.

Janus BING.

Theses de Cinnabari et Mercurio. Resp. Andr. Meldal. Pagg. 10. Hafniæ, (1709.) 4.

Theodoro ZVINGERO

Præside, Dissertatio de Hydrargyri natura, viribus et usu. Resp. Casp. Oerius. in Zvingeri Fasciculo Dissertat. medic. select. p. 222—308.

Hermannus BOERHAAVE.

De Mercurio experimenta.

Philosoph. Transact. Vol. 38. n. 430. p. 145—167.

———: Versuche vom Quecksilber.

Hamburg. Magazin, 4 Band, p. 437—461.

Sur le Mercure.

Mem. de l'Acad. des Sc. de Paris, 1734. p. 539—552.

———: De Mercurio experimenta. Pars 2. latine vertit Cr. Mortimer.

Philosoph. Transact. Vol. 39. n. 443. p. 343—359.

———: Versuche vom Quecksilber. 2 Theil.

Hamburg. Magazin, 4 Band, p. 510—529.

De Mercurio experimenta. Pars 3.

Philosoph. Transact. Vol. 39. n. 444. p. 368—376.

———: Versuche vom Quecksilber. 3 Theil.

Hamburg. Magazin, 5 Band, p. 69—79.

Christianus Xaverius WABST.

De Hydrargyro tentamen physico-chemico-medicum. Pagg. 218. Vindobonæ, 1754. 4.

Georg Friederich HILDEBRANDT.

Chemische und mineralogische geschichte des Quecksilbers. Pagg. 476. Braunschweig, 1793. 4.

Joannis Antonii SCOPOLI

De Hydrargyro *Idriensi* tentamina physico-chymico-medica; denuo edidit J. C. T. Schlegel. Pag. 94. Jenæ et Lipsiæ, 1771. 8.

Tent. 1. de minera Hydrargyri huc pertinet. 2. de Vitriolo Idriensi, vide supra p. 157. 3. de morbis fossorum hydrargyri, non hujus loci.

Balthasar HACQUET.
Verzeichniss der hauptsächlichsten arten und abarten der Queksilber-und Zinnoberlerze aus der grube von Hydria oder Idria. Beschäft. der Berlin. Ges. Naturf. Fr. 3.Band, p. 56—106.

J. J. M. Wolfgang MUCHA.
Anleitung zur mineralogischen kenntniss des Quecksilberbergwerks zu Hydria im herzogthume Krain.
Pagg 76. . Wien, 1780. 8.

Balthazar George SAGE.
Analyse d'une nouvelle espece de mine de Mercure, sous forme de chaux solide, d'Idria dans le Frioul.
Mem. de l'Acad. des Sc. de Paris, 1782. p. 316, 317.
——— Journal de Physique, Tome 24 p. 61.
———: Zerlegung einer neuen art Quecksilbererz unter der gestalt eines festen kalks, von Idria. Crell's chem. Annalen, 1788. 2 Band, p. 258, 259.
———: Untersuchung einer neuen art von Quecksilbermine, in gestalt eines festen kalks, aus Idria in Friaul.
Lichtenberg's Magazin, 2 Band. 4 Stück, p. 84, 85.

Cosmus COLINI.
Description de plusieurs mines de Mercure du *Palatinat*, du Duché de Deux Ponts, et de quelques autres endroits du voisinage, avec des observations sur ces mines, et une nouvelle methode de les distribuer.
Comment. Acad. Palat. Vol. 1. p. 505—541.
———: Beschreibung verschiedener Quecksilbererze in der Churpfalz, dem herzogthume Zweybrück, und einigen andern benachbarten gegenden, nebst anmerkungen über diese erze, und einer neuen methodischen eintheilung derselben.
Neu. Hamburg. Magaz. 21 Stück, p. 195—259.

Georg Adolph SUCKOW.
Mineralogische beschreibung des natürlichen Turpeths, nebst einer chymischen untersuchung dieses Queksilber-erzes.
Pagg. 28. tab. ænea 1. Mannheim, 1782. 8.

Just Christian Heinrich HEYER.
Zerlegung eines natürlichen Silberamalgama und Quecksilbererzes aus Zweybrücken.,
Crell's chem. Annalen, 1790. 2 Band, p. 36—44.

Ericus ODHELSTIERNA.
Epistola de Mercurii minera, in fodina argentea *Sahlbergensi* detecta.
Act. Liter. Sveciæ, 1720. p. 59—68.
——— Brückmann's Magnalia Dei, 2 Theil, p. 900 —906.
———: Of the ore of Quicksilver.
Acta germanica, p. 97—101.

222. *Cinnabaris.*

Matthiæ TILINGII
Cinnabaris mineralis, seu minii naturalis scrutinium physico-medico-chymicum.
Pagg. 250. Francof. ad Moen. 1681. 8.
Johannes Adamus HOFSTETER.
Dissertatio pro loco, de Cinnabari nativa. Resp. Paul. Dons. Pagg. 37. Hafniæ, 1714. 4.
Christophorus Andreas MANGOLD.
Experimenta quædam chemica de Cinnabari ejusque partibus constituentibus.
Act. Acad. Mogunt. Tom. 2. p. 401—430.

223. *Cuprum.*

Christianus HELWICHIUS.
Schediasma de Ære. Ephem. Acad. Nat. Curios. Dec. 3. Ann. 7 & 8. App. p. 143—190.
Joanne Melchiore VERDRIES
Præside, Dissertatio de Cupri origine, tractatione et usibus. Resp. Jo. Franc. Chph. Jasche.
Pagg. 72. Gissæ, 1715. 4.
ANON.
Gesammlete merkwürdigkeiten vom Kupfer.
Neu. Hamburg. Magaz. 86 Stück, p. 133—141.
88 Stück, p. 371—376.
Balthazar George SAGE.
Maniere de determiner la pureté du Cuivre.
Mem. de l'Acad. des Sc. de Paris, 1785. p. 237, 238.
John MACDONALD.
On the Copper of Sumatra.
Transact. of the Soc. of Bengal, Vol. 4. p. 31—33.

224. *Mineræ Cupri variæ.*

Friedrich August CARTHEUSER.
Vom mergelartigen Kupferschiefer. in seine Mineralog. Abhandlung. 1 Theil, p. 29—45.

Balthazar George SAGE.
Analyse d'une nouvelle espece de mine de Cuivre blanche, phosphorée, antimoniale, brillante, eparse dans une mine de cuivre terreuse, noiratre, martiale, granuleuse, arénacée, entremelée de sel cuivreux verdatre, des environs de Nevers.
Journal de Physique, Tome 43. p. 333—336.

Nicolas VAUQUELIN.
Analyse d'une mine de cuivre ferrugineuse de la Barde. Journal des Mines, an 3. Fructidor, p. 5—10.

225. *Cuprum nativum.*

Friedrich August CARTHEUSER.
Vom gediegnen Kupfer. in seine Mineralog. Abhandlung. 1 Theil, p. 60—72.

226. *Aquæ æratæ.*

Matthias BELIUS.
Observatio de aquis Neosoliensium æratis, vulgo Cementwasser dictis, ferrum ære permutantibus.
Philosoph. Transact. Vol. 40. n. 450. p. 351—361.
———: Von dem Neusolischen Kupferwasser das insgemein Cementwasser heisst, und eisen mit kupfer verwechselt.
Hamburg. Magaz. 4 Band, p. 333—345.

E. F. KAGEL.
Einige erfahrungen mit dem Cementwasser vom Herrengrund in Ungarn.
Berlin. Sammlung. 5 Band, p. 494—501.

227. *Cuprum mineralisatum vitreum.*

Martin Heinrich KLAPROTH.
Zergliederung des Sibirischen Kupferglanzerzes. in sein. Beitr. zur chem. kenntn. der Mineralkörp. 2 Band, p. 276—280.

228. *Cuprum mineralisatum variegatum.*

Martin Heinrich KLAPROTH.
Chemische untersuchung des Bunt-kupfererzes. in sein. Beitr. zur chem. kenntn. der Mineralkörp. 2 Band, p. 281—286.

229. *Cuprum mineralisatum griseum.*

Joannes Antonius SCOPOLI.
De minera argenti alba.
in ejus Anno 5to historico-naturali, p. 15—30.
LINK.
Einige versuche mit dem Weissgüldenerze des Oberharzes. Crell's chem. Annalen, 1790. 1 Band, p. 150—153.
Chevalier NAPION.
Sur les principes constituans de la mine d'argent grise. Mem. de l'Acad. de Turin, Vol. 5. p. 173—185.

230. *Cuprum mineralisatum rubrum.*

Balthazar George SAGE.
Observations sur la mine rouge de cuivre.
Mem. de l'Acad. des Sc. de Paris, 1778. p. 210—212.
——— Journal de Physique, Tome 14. p. 155—157.
———: Ueber das rothe kupfererz. Crell's Entdeck. in der Chemie, 9 Theil, p. 133.
Marc Antoine Louis DE LATOURRETTE.
Lettre concernant ces observations.
Journal de Physique, Tome 14. p. 489—491.
Friedrich August CARTHEUSER.
Von der rothen Kupferblüte von Rheinbreitbach. Klipstein's Mineralog. Briefwechsel, 2 Band, p. 388—395.

231. *Cuprum mineralisatum viride.*

Felice FONTANA.
Analyse de la Malachite.
Journal de Physique, Tome 11. p. 509—521.
Martin Heinrich KLAPROTH.
Chemische untersuchung des Sibirischen Malachits. in sein. Beitr. zur chem. kenntn. der Mineralkörp. 2 Band, p. 287—290.

232. *Cuprum ochraceum, Chrysocolla.*

Rene Antoine Ferchault DE REAUMUR.
Examen d'une matiere cuivreuse, qui est une espece de Verd-de-gris naturel.
Mem. de l'Acad. des Sc. de Paris, 1723. p. 12—20.

Louis Bernard Guyton DE MORVEAU.
Examen des mines de cuivre, appellées Verd de montagne, Bleu de montagne. Mem. de l'Acad. de Dijon, 1782. 1 Semestre, p. 100—106.

233. *Atacamites.*

Duc DE LA ROCHEFOUCALD, BAUME', et DE FOURCROY.
Examen d'un sable vert cuivreux, du Perou.
Mem. de l'Acad. des Sc. de Paris, 1786. p. 465—473.

Claude Louis BERTHOLLET.
Notes sur l'analyse du meme sable. ibid. p. 474—477.

234. *Mineræ Cupri Zincique.*

Carl LEIJELL.
Om en nyligen upfunnen zink-blandad kopparmalm.
Vetensk. Acad. Handling. 1745. p. 96—102.

Balthazar George SAGE.
Analyse d'une mine de Laiton de Pise en Toscane.
Journal de Physique, Tome 38. p. 155, 156.
———: Analysis of an ore of brass, from Pisa, in Tuscany.
Crell's chemical Journal, Vol. 3. p. 151—156.

235. *Ferrum.*

Versuch eines systematischen verzeichnisses der schriften und abhandlungen vom Eisen, als gegenstand des naturforschers, berg-und hüttenmanns, künstlers und handwerkers, kaufmanns, staatshaushälters und gesezgebers. Pagg. 87. Berlin, 1782. 8.

Nicolaus MONARDES.
Dialogo del Hierro, y de sus grandezas. impr. cum ejus Historia de las plantas que se traen de las Indias; fol. 125 verso—147. Sevilla, 1580. 4.

———: The dialogue of Yron, which treateth of the greatnesse thereof. impr. cum ejus Joyfull newes out of the newfound world, edit. 1580 et 1596. fol. 139—163.

Petro HAHN

Præside, Disputatio physica, de metallorum quamvis infimo, omnium tamen fere utilissimo, Ferro et Chalybe. Resp. Magn. Stäälhöös.
Pagg. 32. Aboæ, 1688. 8.

Andrea SPOLE

Præside, Dissertatio physica Ferrum exhibens. Resp. Petr. Thalin. Pagg. 59. Upsaliæ, 1698. 8.

Louis LEMERY.

Observations chimiques et physiques sur le Fer et sur l'Aimant.
Mem. de l'Acad. des Sc. de Paris, 1706. p. 119—135.

Georg BRANDT.

Försök angaende Järn, och des förhållande mot andra kroppar.
Vetensk. Acad. Handling. 1751. p. 205—214.

Johannes Gotschalk WALLERIUS.

Dissertatio de nobilitate Ferri, inprimis Sveogothici. (Resp. Gust. Phil. Malmerfeldt. 1763.)
in ejus Disputat. academ. Fasc. 2. p. 305—323.

Christian Gottlob WEINLIG.

Abhandlung von Eisen.
Pagg. 40. Berlin und Leipzig, 1778. 8.

Charles Abraham GERHARD.

Considerations generales sur les differences du Fer, et sur leurs causes.
Mem. de l'Acad. de Berlin, 1780. p. 68—80.
——— Journal de Physique, Tome 23. p. 143—152.

Daniele Wilhelmo NEBEL

Præside, Dissertatio de Ferro. Resp. Jo. Wilh. Virmond.
Pagg. 77. Heidelbergæ, 1780. 4.

Torbern BERGMAN.

Dissertatio de analysi Ferri. Resp. Joh. Gadolin.
Pagg. 74. Upsaliæ, 1781. 4.
——— in ejus Opusculis, Vol. 3. p. 1—108.

Johann Carl Friedrich MEYER.

Von dem verhältnisse des brennbaren im Guss-und Stabeisen.
Schr. der Berlin. Ges. Naturf. Fr. 4 Band, p. 274—290.

VANDERMONDE, BERTHOLLET *et* MONGE.
Memoire sur le Fer, consideré dans ses differens etats metalliques.
Mem. de l'Acad. des Sc. de Paris, 1786. p. 132—200.
Il y en a un extrait dans le Journal de Physique, Tome 29. p. 210—221, et p. 281—285.

236. *Chalybs.*

L. F. HERMANN.
Ueber die erzeugung des Stahls.
Pallas Neue Nord. Beyträge, 3 Band, p. 354—374.
Louis Bernard Guyton DE MORVEAU.
Lettre sur la theorie de la conversion du Fer en Acier, et sur la Plombagine.
Journal de Physique, Tome 29. p. 308—312.
Om Stålets natur, och des närmaste grundämnen.
Vetensk. Acad. Handling. 1787. p. 3—36.
———: Von der natur und den nächsten bestandtheilen des Stahls. Crell's chem. Annalen, 1788. 1 Band. p. 73—86, et p. 156—176.
Peter Jacob HJELM.
Tilläggning vid föregående afhandling.
Vetensk. Acad. Handling. 1787. p. 36—41.
———: Supplement au memoire de M. de Morveau, sur la nature de l'Acier et ses principes constituans.
Journal de Physique, Tome 31. p. 169—171.
———: Zusaz zur vorhergehenden abhandlung.
Crell's chem. Annalen, 1788. 1 Band, p. 176—181.
George PEARSON.
Experiments and observations to investigate the nature of a kind of steel, manufactured at Bombay, and there called Wootz; with remarks on the properties and composition of the different states of Iron.
Philosoph. Transact. 1795. p. 322—346.
Nicolas VAUQUELIN.
Analyse de quatre echantillons d'Aciers, avec des reflexions sur les moyens nouveaux employés pour cette analyse.
Journal des Mines, an 5. p. 3—32.
——— Annales de Chimie, Tome 22. p. 3—25.
———: Analysis of four specimens of Steel.
Nicholson's Journal, Vol. 1. p. 210—217, et p. 248—256.

237. *Hydrosiderum.*

Johann Carl Friedrich MEYER.
Versuche mit der in dem Gusseisen entdeckten weissen metallischen erde. Schr. der Berlin. Ges. Naturf. Fr. 2 Band, p. 334—348.
Excerpta in Lichtenberg's Magaz. 1 Band. 4 Stück, p. 69—73.
Versuche zur näheren kenntniss des Wassereisens, eines neuen metalles.
Schr. der Berlin. Ges. Naturf. Fr. 3 Band, p. 380—393.
Das vermeyntliche neue metall, das Wassereisen, vorn erfinder selbst berichtigt.
Crell's chem. Annalen, 1784. 1 Band, p. 195—197.
————: Memoire sur un nouveau metal, le Fer-d'eau, Wassereisen, Hydrosiderum.
Journal de Physique, Tome 27. p. 32, 33.
Torbern BERGMAN.
Commentatio chemica de caussa fragilitatis Ferri frigidi.
Nov. Act. Societ. Upsal. Vol. 4. p. 51—62.
———— in ejus Opusculis, Vol. 3. p. 109—123.
————: Sulla cagione della fragilita del Ferro fragile-a-freddo, ossia su un nuovo metallo.
Opuscoli scelti, Tomo 7. p. 170—178.
Martin Heinrich KLAPROTH.
Von dem Wassereisen, als einem mit Phosphorsäure verbundenen Eisenkalke.
Crell's chem. Annalen, 1784. 1 Band, p. 390—399.
Carl Wilhelm SCHEELE.
Zerlegung des natürlichen Wassereisens.
Crell's chem. Annalen, 1785. 2 Band, p. 387—395.
————: Analysis of native Siderite.
Crell's chemical Journal, Vol. 1. p. 112—124.
ANON.
Memoire sur la Siderite.
Journal de Physique, Tome 28. p. 59—62.
————: Ueber das Wassereisen.
Crell's chem. Annalen, 1786. 2 Band, p. 300—302.

238. *Mineræ Ferri variæ.*

Johannis Laurentii BAUSCHII
Schediasmata bina de lapide Hæmatite et Aëtite.
Pagg. 164 et 79; cum tabb. æneis. Lipsiæ, 1665. 8.

Johannes Georgius LIEBKNECHT.
Mira metamorphosis ligni in mineram ferri.
Act. Eruditor. Lips. 1710. p. 484—486.
Axel Fredric CRONSTEDT.
Försök gjorde med trenne Järnmalms arter.
Vetensk. Acad. Handling. 1751. p. 226—232.
Sven RINMAN.
Anmärkningar angående Jarnhaltiga jord-och sten-arter.
ibid. 1754. p. 282—297.
Nicolaus PODA.
Examina lapidum ferrariorum montis Arzberg. impr. cum Continuatione altera Selectarum ex Amoenit. Academ. Linnæi Dissertationum ; p. 217—250.
ANON.
Descriptio lapidum Ferrariorum Musei Græcensis. ibid. p. 251—277.
Friedrich August CARTHEUSER.
Eintheilung der Eisensteine.
in seine Mineralog. Abhandlung. 1 Theil, p. 73—93.
KRENGER.
Memoire sur les mines de Fer, et sur les parties etrangeres qui s'y trouvent.
Journal de Physique, Tome 6. p. 225—230.
Johann Samuel SCHRÖTER.
Von den vorzüglichsten Eisenstufen, welche am Stahlberge und der sogenannten Mommel bey Smalkalden gefunden werden.
Naturforscher, 13 Stück, p. 113—131.
Johann Christian WIEGLEB.
Ueber die zerlegung der Eisenerzen. Höpfner's Magaz. für die naturk. Helvet. 1 Band, p. 137—152.
Chemische untersuchung eines martialischen rothen Steinkohle.
Crell's chem. Annalen, 1789. 2 Band, p. 299—302.
PORCEL.
Methode pour decouvrir dans une mine de Fer les Oxides (ou chaux) de Zinc et de Manganese, par le moyen de l'acide aceteux.
Journal de Physique, Tome 33. p. 436—448.
Nicolas VAUQUELIN.
Analyse d'une mine de Fer, commune de Penn, departemente du Tarn.
Journal des Mines, an 3. Fructidor, p. 11—16.

239. *Ferrum nativum.*

Johann Friedrich STOY.
Nachricht von gediegenem Eisen.
Hamburg. Magaz. 7 Band, p. 441—445.
J. C. HELK.
Anmerkungen über Herrn Stoys nachricht von gewachsenem gediegenen Eisen. ibid. 8 Band, p. 288—291.
ANON.
Vom gediegenen Eisen.
Berlin. Sammlung. 7 Band, p. 514—534.
Johann Samuel SCHRÖTER.
Die geschichte des gediegenen Eisens. in sein. Abhandl. über die Naturgesch. 2 Theil, p. 161—199.

Jacob DE STEHLIN.
Letter to Dr. Maty, with a specimen of native Iron.
Philosoph. Transact. Vol. 64. p. 461—463.
——— : Lettre sur une masse de Fer natif.
Journal de Physique, Tome 8. p. 135, 136.
Peter Simon PALLAS.
Account of the Iron ore lately found in Siberia.
Philosoph. Transact. Vol. 66. p. 523—529.
——— : Description de la mine de Fer natif, nouvellement decouverte dans la Siberie.
Journal de Physique, Tome 13. Suppl. p. 128—130.
Johann Carl Friedrich MEYER.
Gedanken über eine merkwürdige Siberische gediegene Eisenstuffe. Beschäft.. der Berlin. Ges. Naturf. Fr. 2 Band, p. 542—545.
Versuche mit der von dem Herrn Prof. Pallas in Sibirien gefundenen Eisenstufe, nebst einigen allgemeinen erfahrungen vom Eisen. ibid. 3 Band, p. 385—414.
Fortsezung der versuche mit dem Eisen.
Schr. derselb. Gesellsch. 1 Band, p. 219—230.
Karl Christian BRUMBEY.
Gedanken über eben diese Eisen-stuffe. Beschaft. der Berlin Ges. Naturf. Fr. 2 Band, p. 546—550.
Friedrich August ZORN VON PLOBSHEIM.
Beschreibung einer Sibirischen gediegenen Eisenstufen. Neu. Samml. der Naturf. Gesellsch. in Danzig, 1 Band, p. 288—290.

ANON.
Observations sur du Fer natif dans les Fraises.
Journal de Physique, Tome 23. p. 389—393.

Don Miguel RUBIN DE CELIS.
An account of a mass of native Iron, found in South-America. (Hispanice.)
Philosoph. Transact. Vol. 78. p. 37—42.
——: Memoire sur une masse de Fer natif, trouvé dans l'Amerique meridionale.
Annales de Chimie, Tome 5. p. 149—153.
——: Ueber eine gediegene Eisenmasse, die in Südamerika gefunden worden ist.
Voigt's Magazin, 6 Band. 4 Stück, p. 60—70.

SCHREIBER.
Memoire sur du Fer natif, trouvé dans les montagnes de la paroisse d'Oulle, district de Grenoble, departement de l'Isere.
Journal de Physique, Tome 41. p. 3—8.

240. *Pyrites.*

Johannes Jacobus WAGNERUS.
Mineræ Ferri, sub diversis figuris, lapidum, leguminum, testaceorum marinorum, fructuum exoticorum, atque confectionum, spectabiles.
Ephem. Ac. Nat. Cur. Dec. 2. Ann. 8. p. 321—326.

Johann Friedrich HENKELS
Pyritologia, oder Kieshistorie. Neue ausgabe.
Pagg. 904. tabb. æneæ 12. Leipzig, 1754. 8.
——: Pyritologia, or a history of the Pyrites.
Pagg. 376. London, 1757. 8.

241. *Magnes glareosus.*

Henry HORNE.
Observations on Sand Iron.
Philosoph. Transact. Vol. 53. p. 48—61.
——: Beobachtungen über das reiche Eisenerz in America, der Virginische schwarze sand genannt.
Neu. Hamburg. Magaz. 69 Stück, p. 240—258.

Antoine François DE FOURCROY.
Note sur un sable noir et ferrugineux de S. Domingue.
Annales de Chimie, Tome 6. p. 126—132.

DUPUGET.
Extrait d'une lettre, sur les sables ferrugineux et attirables, qui se trouvent dans plusieurs contrées de l'Amerique. Journal des Mines, an 4. Prairial, p. 75—79.

242. *Ferrum mineralisatum speculare.*

TRONSSON DU COUDRAI.
Memoire sur la mine de Fer crystallisée de l'isle d'Elbe. Journal de Physique, Tome 4. p. 52—64.

243. *Ferrum ochraceum spathosum.*

Friedrich August CARTHEUSER.
Vom weissen Eisenspat.
in seine Mineralog. Abhandlung. 1 Theil, p. 1—28.
Torbern BERGMAN.
Disputation om hvita Järnmalmer. Resp. Pet. Jac. Hjelm. Pagg. 42. Upsala, 1774. 4.
———: De mineris Ferri albis.
in ejus Opusculis, Vol. 2. p. 184—230.
Pierre BAYEN.
Examen chymique d'une mine de Fer spathique. Mem. etrangers de l'Acad. des Sc. de Paris, Tome 9. p. 689—710.
——— Journal de Physique, Tome 7. p. 213—228.
Comte Gregoire DE RAZOUMOWSKI.
Description d'une nouvelle mine de Fer blanche.
Mem. de la Soc. de Lausanne, 1783. p. 149—151.
———: Beschreibung eines neuen weissen Eisenerzes. Crell's Beyträge, 2 Band. 2 Stück, p. 216—218.

244. *Ferrum ochraceum argillaceum.*

Balthazar George SAGE.
Observations sur une espece de mine de Fer argileuse rougeatre, prismatique articulée. Schindelnageleisenstein des Allemands.
Mem. de l'Acad. des Sc. de Paris, 1782. p. 315, 316.
———: Bemerkungen über den Schindelnageleisenstein.
Crell's chem. Annalen, 1788. 2 Band, p. 251.
Franz Ambrós REUSS.
Der schuppenförmige thonartige Eisenstein, eine neue art. in sein. Samml. naturhist. aufsaze, p. 223—230.

245. *Aëtites.*

Gvilielmi LAUREMBERGII
Historica descriptio Aetitis, seu lapidis Aquilæ.
Rostochii, 1627. 12.
Plagg. 7; præter Clutii libellum de Calsuee.

Gottlieb Henricus KANNEGIESSER.
De rarioribus quibusdam Aetitis in Holsatia repertis.
Nov. Act. Acad. Nat. Cur. Tom. 4. p. 220—225.
———: Sur quelques Aetites singuliers, vulgairement nommées pierres d'aigle, trouvés dans le Duché de Holsace. Journal de Physique, Introd. Tome 1. p. 128—131.
———: Nachricht von einigen in Holstein gefundenen seltenern Adlersteinen, übersezt, nebst einer anzeige der vornehmsten schriften von den adlersteinen und deren gebrauche, von J. G. Krünitz.
Neu. Hamburg. Magazin, 59 Stück, p. 453—469.

246. *Ferrum ochraceum cæruleum.*

Gottlob Carolus SPRINGSFELD.
De terra quadam cærulea, in fodina, prope Eccardsbergam in Thuringia, reperta.
Act Acad. Nat. Curios. Vol. 10. p. 76—90.

Charles Philippe BRANDES.
Recherches chymiques sur la terre de Beuthniz.
Hist. de l'Acad. de Berlin, 1757. p. 110—124.

Sylvester DOUGLAS.
Experiments and observations upon a blue substance, found in a peat-moss in Scotland.
Philosoph. Transact. Vol. 58. p. 181—188.
———: Experimente und wahrnehmungen, eine in einem Torfmoosse in Schottland angetroffene blaue substanz betreffend.
Neu. Hamburg. Magaz. 65 Stück, p. 469—479.
———: Observations sur une substance bleue, trouvée en Ecosse, dans un fond de tourbe mousseuse. Journal de Physique, Introd. Tome 1. p. 280—284.
———: Bemerkung über einen blauen körper, den man in Schottland in einem moosigen torfboden gefunden hat. (e gallico in Journ. de Phys.)
Crell's chemisches Journal, 6 Theil, p. 208—215.

Anon.
Beobachtungen über das sogenannte natürliche Berliner blau.
Pagg. 32. Leipzig, 1780. 8.

247. *Smiris.*

Johann Christian Wiegleb.
Chemische untersuchung des Smirgels.
Crell's chem. Annalen, 1786. 1 Band, p. 492—499.

248. *Plumbum.*

René Antoine Ferchault de Reaumur.
Sur le son que rend le Plomb en quelques circonstances.
Mem. de l'Acad. des Sc. de Paris, 1726. p. 243—248.
Grosse.
Recherche sur le Plomb. ibid. 1733. p. 313—328.

249. *Plumbi mineræ variæ.*

Michael Morris.
Account of some specimens of native Lead, found in a mine of Monmouthshire.
Philosoph. Transact. Vol. 63. p. 20, 21.
Richard Watson.
Chemical experiments and observations on Lead ore. ibid. Vol. 68. p. 863—883.
———: Experiences et observations sur la mine de Plomb.
Journal de Physique, Tome 18. p. 19—28.
Balthazar George Sage.
Analyse d'une mine de Plomb, terreuse, jaunatre, antimoniale et martiale, en masse formée de differens lits, se trouvant par filons à Bonvillars en Savoie.
Mem. de l'Acad. des Sc. de Paris, 1784. p. 291, 292.
——— continetur in sequenti commentariolo.
———: Zerlegung einer gelblichten spiess-glanz-und eisenhaltenden Bley-erde, wovon sich mehrere schichten zu Borvillars in Savoien in gängen finden.
Crell's chem. Annalen, 1790. 1 Band, p. 515, 516.
Analyse d'une mine d'Antimoine et de Plomb terreuse, combinée avec les acides vitriolique et arsenical.
Mem. de l'Acad. des Sc. de Paris, 1785. p. 242—244.

Analyse d'une mine de Plomb cuivreuse, antimoniale, martiale, cobaltique, argentifere, dans laquelle ces substances métalliques se trouvent combinées avec le soufre et l'arsenic, d'Arnostigui près Baigorri en Basse-Navarre.
Mem. de l'Acad. des Sc. de Paris, 1789. p. 534—536.
——— Journal de Physique, Tome 40. p. 72—74.

Bertrand PELLETIER.
Moyen dont on peut faire usage, pour distinguer plusieurs mines de Plomb spathiques, ou à l'etat terreux, des sulfates de baryte, ou spaths pesans, avec lesquels on les confond quelquefois.
Annales de Chimie, Tome 9. p. 56—58.
——— dans ses Memoires, Tome 1. p. 371—373.

Johann Jakob BINDHEIM.
Mineralogisch-chemische beobachtungen über einige Sibirische Bleierze.
Beob. der Berlin. Ges. Naturf. Fr. 4 Band, p. 369—390.

250. *Galena.*

Balthazar George SAGE.
Observations sur differentes especes de Galenes auriferes.
Mem. de l'Acad. des Sc. de Paris, 1789. p. 537.
——— Journal de Physique, Tome 35. p. 216.

Bertrand PELLETIER.
Essai d'une Galene, ou Sulfure de Plomb, de Castelnau de Durban.
Journal des Mines, an 3. Vendemiaire, p. 27—30.

251. *Plumbago.*

STRUVE.
Description du Plomb antimonial de la mine des Chenets près de Servoz, dans la vallée de Chamounix. Mem. pour l'hist. nat. de la Suisse, Tome 1. p. 285—288.

252. *Saturnites.*

Jean Henri HASSENFRATZ *et* GIROUD.
Sur le Saturnite de la mine de Plomb de Poullaouen en Bretagne.
Journal de Physique, Tome 28. p. 62, 63.

MONNET.

Lettre au sujet de la Saturnite. Journal de Physique, Tome 28. p. 168—170.

———: Ueber den Saturnit.

Crell's chem. Annalen, 1786. 2 Band, p. 303—305.

BROLEMANN.

Ueber einen rohstein der öfen zu Poullaouen (den Saturnit.) ibid. p. 491—493.

253. *Plumbum mineralisatum album.*

BAUMÉ.

Rapport fait à l'Academie R. des Sciences, ou examen et analyse de la mine de Plomb blanche de Poulawen en Basse-Bretagne.

Journal de Physique, Tome 3. p. 348—359.

LABORIE.

Analyse de la mine de Plomb blanche (de Poulaouen.) Mem. etrangers de l'Acad. des Sc. de Paris, Tome 9. p. 441—450.

C. L. VON BOSE.

Beschreibung und untersuchung einer unter dem namen eines neuentdeckten seltenen kazensilbers vom Andreasberg, näher bestimten abart eines weissen Bleyspaths. Beob. der Berlin. Ges. Naturf. Fr. 2 Band, p. 204—210.

254. *Plumbum mineralisatum viride.*

Martin Heinrich KLAPROTH.

Ueber die phosphorsäure im Zschopauer grünen Bleyspathe. Crell's Beyträgé, 1 Band. 2 Stück, p. 13—21.

Balthazar George SAGE.

Analyse d'une mine de Plomb terreuse, combinée avec les acides arsenical et phosphorique, de Rosiers, près la mine de Roure, en Auvergne.

Mem. de l'Acad. des Sc. de Paris, 1789. p. 543—546.

——— Journal de Physique, Tome 35. p. 53—55.

Antoine François DE FOURCROY.

Analyse chimique d'une mine de Plomb verte, du hameau les Roziers, près Pontgibaud, en Auvergne.

Mem. de l'Acad. des Sc. de Paris, 1789. p. 343—350.

——— Annales de Chimie, Tome 2. p. 23—34.

———: Beschreibung und zerlegung eines grünen Bleyerzes, von Rosiers, in Auvergne.

Crell's chem. Annalen, 1790. 1 Band, p. 450—457.

Analyse de la mine de Plomb verte d'Erlenbach, en Alsace, avec des remarques sur l'analyse des mines phosphoriques de Plomb en general.
Annales de Chimie, Tome 2. p. 207—218.
———: Zerlegung eines grünen Bleyerzes von Erlenbach im Elsas, nebst bemerkungen über die zerlegung der phosphorsauren Bleyerze überhaupt.
Crell's chem. Annalen, 1790. 1 Band, p. 550—555.
Johann Jakob BINDHEIM.
Vom Sibirischen grünen Bleyspath.
Beob. der Berlin. Ges. Naturf. Fr. 5 Band, p. 177—180.

255. *Plumbum mineralisatum rubrum.*
Vide infra, sect. 273. *Chromium.*

Johannes Gottlob LEHMANN.
De nova mineræ Plumbi specie crystallina rubra, Epistola. Pagg. 12. Petropoli, 1766. 4.
———: Von einem neu entdeckten Bleyerze.
Neu. Hamburg. Magazin, 10 Stück, p. 336—348.
MACQUART.
Du Plomb rouge de Siberie.
Journal de Physique, Tome 34. p. 389—396.
Johann Jakob BINDHEIM.
Ueber den Sibirischen rothen Bleyspat.
Beob. der Berlin. Ges. Naturf. Fr. 4 Band, p. 287—318.

256. *Plumbum mineralisatum flavum.*

Franciscus Xaverius WULFEN.
Minera plumbi spatosa Carinthiaca.
Jacquini Miscellan. Austriac. Vol. 2. p. 139—273.
Collectan. Vol. 1. p. 3—23.
———: Abhandlung vom Kärnthnerischen Bleyspate.
Pagg. 150. tabb. æneæ color. 21. Wien, 1785. 4.
Justus Christianus Henricus HEYER.
Experimenta nonnulla chemica cum speciebus duabus minerarum Plumbi Carinthiacarum instituta.
Nov. Act. Ac. Nat. Cur. Tom. 8. App. p. 55—84.
———: De minera Plumbi Carinthiaca Molybdænæ acido mineralisata. ibid. p. 95—116.
Martin Heinrich KLAPROTH.
Chemische untersuchung des gelben Kärnthenschen Bleyspaths.
Beob. der Berlin. Ges. Naturf. Fr. 4 Band, p. 95—105.

———: in seine Beitr. zur chem. Kenntn. der Mineralkörp. 2 Band, p. 265—275.
———: Analyse chimique du Plomb spathique jaune de Carinthie.
Annales de Chimie, Tome 8. p. 103—112.
Nachricht von der ersten entdeckung der Molybdänsäure im gelben Kärnthenschen Bleyspat.
Beob. der Berlin. Ges. Naturf. Fr. 5 Band, p. 105, 106.

MACQUART.
Analyse du Plomb jaune de Carinthie.
Journal des Mines, an 4. Pluviose, p. 23—32.

Charles HATCHETT.
An analysis of the Carinthian Molybdate of Lead, with experiments on the Molybdic acid.
Philosoph. Transact. 1796. p. 285—339.

257. *Plumbum ochraceum.*

Christian Friedrich HABEL.
Von den Bleyerden, besonders der grauen. Beob. der Berlin. Ges. Naturf. Fr. 1 Band. p. 267—270.

258. *Stannum.*

Claude Joseph GEOFFROY.
De l'Etain.
Mem. de l'Acad. des Sc. de Paris, 1738. p. 103—127.

Pehr Adrian GADD.
Disputation om Tennets och dess malmers beskaffenhet.
Resp. Aug. Nordenskjöld.
Pagg. 46. Stockholm och Åbo, 1772. 4.

Feodor MOJSJEENKOW.
Mineralogische abhandlung von dem Zinnsteine.
Pagg. 91. Leipzig, 1779. 8.

Dietrich Ludwig Gustav KARSTEN.
Oryktognostischer beitrag zur geschichte des Zinns.
Beob. der Berlin. Ges. Naturf. Fr. 4 Band, p. 390—398.

Louis Bernard GUYTON.
Observations sur l'acide de l'Etain, et l'analyse de ses mines.
Annales de Chimie, Tome 24. p. 127—134.
———: Observations on the acid of Tin, and the analysis of its ores.
Nicholson's Journal, Vol. 1. p. 543—546.

Johann BECKMANN.
Zinn. in sein. Beytr. zur geschichte der Erfindungen, 4 Band, p. 321—381.

Philippe Frederic Baron DE DIETRICH.
Observations sur le Cuivre contenu naturellement dans les mines d'Etain.
Journal de Physique, Tome 15, p. 381—383.

Martin Heinrich KLAPROTH.
Chemische untersuchung der Zinnsteine. in seine Beitr. zur chem. kenntn. der Mineralkörp. 2 Band, p. 245—256.

William BORLASE.
Extract of letters (on native Tin, found in *Cornwall*;) with observations by E. M. da Costa.
Philosoph. Transact. Vol. 56. p. 35—39, et p 305, 306.
Letters from W. Borlase and Henry Rosewarne, giving an account of a specimen of native Tin, found in Cornwall. ibid. Vol. 59. p. 47—49.

Morten Thrane BRÜNNICH.
Beskrifning på tvänne Tenn-malmer (fran Cornwall.)
Vetensk. Acad. Handling. 1778. p. 320—323.
————: Beschreibung zweier Zinnerze. Crell's Entdeck. in der Chemie, 6 Theil, p. 190—193.

Martin Heinrich KLAPROTH.
Chemische untersuchung des Holz-zinns (Stannum ochraceum cornubiense.)
Crell's chem. Annalen, 1786. 2 Band, p. 507—512.

Sven RINMAN *et Georg* BRANDT.
Om en jern-haltig Tennmalm ifrån Dannemora sokn i *Upland*. Vetensk. Acad. Handling. 1746. p. 176—183.

Torbern BERGMAN.
Försvafladt Tenn från *Siberien*, beskrifvit.
Vetensk. Acad. Handling. 1781. p. 328—332.
————: De Stanno sulphurato.
in ejus Opusculis, Vol. 3. p. 157—163.
————: Description de l'Etain sulfureux de Siberie, ou Or mussif natif.
Journal de Physique, Tome 22. p. 367—370.
————: Geschwefeltes Zinn aus Siberien, beschrieben.
Crell's chem. Annalen, 1784. 1 Band, p. 536—541.

Martinus HOUTTUYN.
Beschryving van eenige *Oostindische* Tin-ertsen.
Verhandel. van het Genootsch. te Vlissingen, 9 Deel, p. 337—350.

Beschryving van de *Malakse* Tin-erts. Verhandel. van het Genootsch. te Vlissingen, 11 Deel, p. 383—389.

259. *Zincum.*

Jean HELLOT.

Analise chimique du Zinc. Mem. de l'Acad. des Sc. de Paris, 1735. p. 12—31, et p. 221—243.

Johannes Fridericus HENCKEL.

De Zinco.

Act. Acad. Nat. Curios. Vol. 4. p. 308—312.

Johannes Henricus POTT.

De Zinco. in ejus Observation. chymic. Collect. 2. p. 1—54.

Paul Jacques MALOUIN.

Experiences qui decouvrent de l'analogie entre l'Etain et le Zinc.

Mem. de l'Acad. des Sc. de Paris, 1742. p. 76—90.

Second memoire sur le Zinc. ibid. 1743 p. 70—86.

Troisieme memoire sur le Zinc. ib. 1744. p. 394—405.

Carl Gustaf EKEBERG.

Underrättelse om Tutanego.

Vetensk. Acad. Handling. 1756. p. 316, 317.

SCHULZE.

Kurze betrachtung der Zinkhaltigen mineralien, und derselben vornehmsten produkte.

Neu. Hamburg. Magaz. 3 Stück. p. 250—275.

Joseph Marie François DE LASSONE.

Sur le Zinc. Mem. de l'Acad. des Sciences de Paris, 1772. 1 Partie, p. 380—397.

1775. p. 1—20.

1776. p. 563—573.

1777. p. 1—20.

———: Ueber den Zink.

Crell's chemisches Journal, 3 Theil, p. 165—177.

5 Theil, p. 59—70.

Entdeck. in der Chemie, 2 Theil, p. 115—125.

5 Theil, p. 213—223.

Andreas Josephus WURKO.

Dissertatio inaug. de Zinco.

Pagg. 33. Viennæ Austriæ, 1777. 8.

Emanuel Henricus GELLER.

Dissertatio inaug. Zincum chemicum inquirens.

Pagg. 30. Jenæ, 1784. 4.

Johann BECKMANN.
Zink. in seine Beytr. zur Geschichte der Erfindungen, 3 Band, p. 378—411.
——— : Zinc. in his History of inventions, Vol. 3. p. 71—99.

Torbern BERGMAN.
Dissertatio de mineris Zinci. Resp. Bened. Reinh. Geijer. Pagg. 30. Upsaliæ, 1779. 4.
——— in ejus Opusculis, Vol. 2. p. 309—348.
——— : Dissertation sur les mines de Zinc.
Journal de Physique, Tome 16. p. 17—38.
Jean Abraham GRILL.
Berättelse om en malm af Tutanego, som är en naturlig Flos Zinci, ifrån China.
Vetensk. Acad. Handling. 1775. p. 77, 78.
——— : Bericht von einer art Tutanegoerz, aus China, welches natürliche Zinkblume ist. Crell's Entdeck. in der Chemie, 3 Theil, p. 91, 92.
Gustaf VON ENGESTRÖM.
Försök på en naturlig Flos Zinci ifrån China.
Vetensk. Acad. Handling. 1775. p. 78—85.
——— : Versuche mit den natürlichen Zinkblumen aus China. Crell's Entdeck. in der Chemie, 3 Theil, p. 93—98.

260. *Pseudogalena.*

Johannes Henricus POTT.
De Pseudogalena. in ejus Observation. chymic. Collect. 2. p. 105—120.
Franciscus Ernestus BRÜCKMANN.
De Pseudogalena observationes.
Commerc. litterar. Norimberg. 1744. p. 38—40.
Friherre Alexander FUNCK.
Anmärkning öfver Zinkmalm.
Vetensk. Acad. Handling. 1744. p. 57—61.
Joannes Antonius SCOPOLI.
De Pseudogalena Schemnizensi.
in ejus Anno 5to historico-naturali, p. 53—59.

261. *Lapis calaminaris.*

Balthazar George SAGE.
Analyse de la pierre calaminaire du comté de Somerset,

et de celle du comté de Nottingham. Mem. de l'Acad. des Sc. de Paris, 1770. p. 15—23.

Analyse d'une pierre calaminaire, ou mine de Zinc terreuse en masses transparentes, d'un blanc verdatre, de Gazimour en Daourie. ib. 1790. p. 625—632.

——— Journal de Physique, Tome 36. p. 325—329.

DE JOUBERT.

Memoire sur la pierre calaminaire des mines de Saint-Sauveur. Assemblée publ. de la Societé de Montpellier, 1780. p. 29—35.

BAILLET.

Observations sur la mine de calamine de la Grande-Montagne, dans le pays de Limbourg.

Journal des Mines, an 4. Vendemiaire, p. 43—48.

262. *Wismuthum.*

Johannes Henricus POTT.

De Wismutho. in ejus Observation. chymic. Collect. 1. p. 134—197.

GEOFFROY *le fils.*

Analyse chymique du Bismuth.

Mem. de l'Acad. des Sc. de Paris, 1753. p. 296—312.

Johann Friedrich GMELIN.

Ueber den Wismuth, und seine verbindung mit andern metallen.

Göttingisches Journal, 1 Band. 2 Heft, p. 1—32.

Balthazar George SAGE.

Analyse d'une nouvelle espece de mine de Bismuth terreuse, solide, grisatre, recouverte d'une efflorescence d'un vert-jaunatre.

Mem. de l'Acad. des Sc. de Paris, 1780. p. 99—101.

——— ibid. 1785. p. 245—247.

——— Journal de Physique, Tome 26. p. 271, 272.

———: Zerlegung des erdartigen, festen, graulichten Wismutherzes mit einem grün gelblichten beschlag.

Crell's chem. Annalen, 1787. 2 Band, p. 457—459.

Analyse de la mine de Bismuth sulfureuse.

Mem. de l'Acad. des Sc. de Paris, 1782. p. 307—309.

———: Zerlegung des schweflichten Wismurtherzes.

Crell's chem. Annalen, 1788. 2 Band, p. 244—246.

Martin Heinrich KLAPROTH.

Prüfung des vermeintlichen Wasserbleisilbers.

in seine Beitr. zur chem. kenntn. der Mineralkörper, 1 Band, p. 253—256.

Chemische untersuchung des Wismuthischen silbererzes von Schapbach. ibid. 2 Band, p. 291—297.

263. *Antimonium.*

Hamerus POPPIUS *Thallinus.*
Basilica Antimonii, in qua Antimonii natura exponitur, et nobilissimæ remediorum formulæ, quæ pyrotechnica arte ex eo elaborantur, quam accurate traduntur.
Pagg. 50. Francofurti, 1618. 4.

Jacobus GRANDIUS.
De Stibio, ejusque usu apud antiquos in re cosmetica. Ephem. Ac. Nat. Cur. Dec. 2. Ann. 6. Append. p. 81—122.

Rudolffo Guilielmo CRAUSIO
Præside, Dissertatio de regulis Antimonii, eorumque præparatione et usu. Resp. Hieron. Erh. Hartmann.
Pagg. 16. Jenæ, 1703. 4.

Nicolas LEMERY.
Traité de l'Antimoine.
Pagg. 620. Paris, 1707. 12.

Hermanno Friderico TEICHMEYERO
Præside, Dissertatio sistens quasdam observationes de Antimonio ejusque regulis. Resp. Car. Frid. Koppe.
Jenæ, 1733. 4.
Pagg. 22 ; sed desunt pagg. priores 16, seu plag. A et B.

DE SECONDAT.
Experiences sur le regule d'Antimoine, qui augmente de poids par la calcination. dans ses Observations de Physique et d'his. nat. p. 113—124.

Joannes Gotschalk WALLERIUS.
De stella reguli Antimonii.
Act. Acad. Nat. Curios. Vol. 9. p. 253—255.

Anton SWAB.
Om en nativ regulus Antimonii.
Vetensk. Acad. Handling. 1748. p. 99—106.

Balthazar George SAGE.
Analyse de la mine d'Antimoine arsenicale ; regule d'Antimoine natif, melé avec tres-peu d'Arsenic.
Mem. de l'Acad. des Sc. de Paris, 1782. p. 310—313.
——— Journal de Physique, Tome 23. p. 64—66.
———: Zerlegung des arsenikalischen Spiesglaserzes, oder des gediegenen Spiesglaskönigs mit sehr wenigem Arsenik.
Crell's chem. Annalen, 1788. 2 Band, p. 246—249.

———: Ueber einen neuen mit Arsenikkönig vermengten und gediegnen Spiesglaskönig.
Lichtenberg's Magaz. 2 Band. 3 Stück, p. 86—88.

MONGEZ *le jeune.*
Analyse de la mine d'Antimoine natif, d'Allemond en Dauphiné.
Journal de Physique, Tome 23. p. 66—75.

———

Johannes Paulus WURFFBAIN.
De minera Antimonii elegantissime crystallisata.
Ephem. Ac. Nat. Cur. Dec. 2. Ann. 2. p. 301, 302.

Johannes Ernestus HEBENSTREIT.
De Antimonio rubro.
Act. Acad. Nat. Curios. Vol. 4. p. 557—561.

Balthazar George SAGE.
Analyse de deux especes de mines d'Antimoine terreuses.
Journal de Physique, Tome 27. p. 383—385.
Analyse d'une nouvelle espece de mine d'Antimoine terreuse, d'un jaune clair, parsemée de bleu martial de Siberie.
Mem. de l'Acad. des Sc. de Paris, 1787. p. 247, 248.

Graf G. RAZOUMOWSKY.
Neu-entdecktes phosphorsaures Spiesglas.
Crell's chem. Annalen, 1786. 1 Band, p. 291, 292.

Friederich Wilhelm Heinrich VON TREBRA.
Ueber das Spiesglanzerz vom Oberharze. ibid. 1790. Band, p. 412—414.

261. *Cobaltum.*

Johannes Henricus LINCKIUS.
Commentatio de Cobalto.
Philosoph. Transact. Vol. 34. n. 396. p. 192—203.

Johannis Alberti GESNERI
Historia Cadmiæ fossilis metallicæ, sive Cobalti, et ex illo præparatorum Zaffaræ et Smalti. Pars prior.
Pagg. 32. Berolini, 1744. 4.

Franciscus Rudolphus A SCHWACHHEIM.
Specimen inaug. Cobalti historiam, producta et novas quasdam species exhibens.
Pagg. 48. Halæ, 1757. 4.

Georg BRANDT.
Tal om Färg-Cobolter.
Pagg. 24. Stockholm, 1760. 8.

Johann Gottlob LEHMANN.
Cadmiologia, oder geschichte des Farben-Kobolds.
1 Theil. pagg. 100. Königsberg, 1761. 4.
2 Theil. pagg. 115. tabb. æneæ 9. 1766.
Johann BECKMANN.
Kobolt, Saflor, Schmalte. in seine Beytr. zur Geschichte der Erfindungen, 3 Band, p. 202—224.
————: Cobalt, Zaffer, Smalt. in his History of inventións, Vol. 2 p. 353—371.

Georg BRANDT.
Anmärkningar angaende en synnerlig Färg-Cobolt. Vetensk. Acad. Handling. 1746. p. 119—130.
————: Cobalti nova species examinata et descripta. Act. Societ. Upsal. 1742. p. 33—41.
SAUR.
Sur un mineral nommé Cobalt, ou mine arsenicale, que l'on trouve en France. Mem. etrangers de l'Acad. des Sc. de Paris, Tome 1. p. 329—344.
Johann Gottlieb GLEDITSCH.
Nachricht von der 1769 geschehenen entdekkung des Blaufarbenkobalts in Schlesien. Beschäft. der Berlin. Ges. Naturf. Fr. 2 Band, p. 482—493.
Conrad MÖNCH.
Chymische untersuchungen des glanz und stahlderben Kobolds von Riechelsdorf in Hessen.
Crell's chemisches Journal, 3 Theil, p. 46—79.
Don Joséf Luis PROUST.
Analisis del Cobalto del valle de Gistau en el reyno de Aragon. Extractos de las juntas generales celebradas por la R. Socied. Bascongada, 1780. p. 23—29.
Andre Sigismond MARGGRAF.
Experiences sur la mine du Cobald calcinée.
Mem. de l'Acad. de Berlin, 1781. p. 3—8.
———— Journal de Physique, Tome 25. p. 355—358.
CAVILLIER.
Essai de la mine de Cobalt grise arsenicale entremelée de Galene, de Chatelaudren. ibid. Tome 31. p. 33, 34.
GUILLOT.
Lettre à M. Cavellier. ibid. p. 268, 269.
Balthazar George SAGE.
Analyse d'une mine de Cobalt sulfureuse et arsenicale, recouverte d'une efflorescence rougeatre de vitriol de Cobalt, de la vallée de Giston dans les Pyrenées Espagnoles. ibid. Tome 39. p. 53—58.

Martin Heinrich KLAPROTH.
Chemische untersuchung des krystallisirten Glanzkobalts von Tunaberg. in sein. Beitr. zur chem. kenntn. der Mineralkörp. 2 Band, p. 302—307.

265. *Niccolum.*

Axel Fredric CRONSTEDT.
Försök gjorde med en malmart från Los kobolt grufvor. Vetensk. Acad. Handling. 1751. p. 287—292.
1754. p. 38—45.
Petrus POGORETSKI.
Specimen inaug. sistens aliqua de semimetallo Nickel. Pagg. 42. Lugduni Bat. 1765. 4.
Torbern BERGMAN.
Dissertatio de Niccolo. Resp. Joh. Afzelius Arvidsson. Pagg. 34. Upsaliæ, 1775. 4.
——— in ejus Opusculis, Vol. 2. p. 231—271.
———: Dissertation chymique sur le Nickel. Journal de Physique, Tome 8. p. 279—298.
Joannes Fridericus GMELIN.
De Niccoli quadam calce indurata. Commentat. Societ. Gotting. Vol. 12. p. 3—11.
——— : Analyse d'un oxide de Nikel endurci. Nouv. Journal de Physique, Tome 2. p. 142—146.

266. *Magnesium.*

Johannes Henricus POTT.
Examen chymicum Magnesiæ vitriariorum, Germanis Braunstein. Miscellan. Berolinens. Tom. 6. p. 40—53.
Sven RINMAN.
Rön om Magnesia. Vetensk. Acad. Handling. 1765. p. 241—256.
André Sigismund MARGGRAF.
Sur les veritables parties metalliques de la Manganese. Mem. de l'Acad. de Berlin, 1773. p. 3—8.
——— Journal de Physique, Tome 15. p. 223—227.
Carl Wilhelm SCHEELE.
Om Brunsten eller Magnesia, och dess egenskaper. Vetensk. Acad. Handling. 1774. p. 89—116, et p. 177—194.
———: Von Braunstein, und dessen eigenschaften. Crell's Entdeck. in der Chemie, 1 Theil, p. 112—137, et p. 140—156.

Torbern BERGMAN.
Tillägning om Brunsten.
Vetensk. Acad. Handling. 1774. p. 194—196.
————: Zusaz vom Braunstein. Crell's Entdeck. in der Chemie, 1 Theil, p. 156—158.

Gustaf VON ENGESTRÖM.
Ytterligare anmärkningar vid Herr Scheeles rön om Magnesia.
Vetensk. Acad. Handling. 1774. p. 196—200.
————: Fernerweitige anmerkungen über Hrn. Scheele abhandlung vom Braunstein. Crell's Entdeck. in der Chemie, 1 Theil, p. 158—162.

Carolus Godofredus HAGEN.
Diatribe chemica de vitriariorum Magnesia.
Nov. Act. Ac. Nat. Cur. Tom. 6. App. p. 329—352.

Peter Jacob HJELM.
Försök om Brun-stens närvarelse i järnmalmer.
Vetensk. Acad. Handling. 1778. p. 82—87.
————: Versuch über die gegenwart des Braunsteins in den eisenerzen. Crell's Entdeck. in der Chemie, 6 Theil, p. 164—171.
Försök, at af Brunsten erhålla Magnesium, och sammansmälta den med några andra metaller.
Vetensk. Acad. Handling. 1785. p. 141—156.
————: Versuche aus dem Braunsteine den Braunsteinkönig zu erhalten, und denselben mit einigen andern metallen zusammen zu schmelzen.
Crell's chem. Annalen, 1787. 1 Band, p. 158—168, et p. 446—454.

Philippe Picot DE LAPEIROUSE.
Sur quelques proprietés de la Manganese.
Journal de Physique, Tome 16. p. 156—158.

Louis Bernard Guyton DE MORVEAU.
Sur la decoloration spontanée d'une dissolution phosphorique de Manganese, et sur quelques proprietés de cette substance metallique. ibid. p. 348—354.

Siegmund Friedrich HERMBSTÄDT.
Bemerkungen über die bestandtheile des Braunsteins, und seine würkung gegen brennstoffhaltige körper.
Crell's chem. Annalen, 1787. 1 Band, p. 198—202, et p. 296—302.

Johann Jakob BINDHEIM.
Abhandlung vom Braunstein, besonders vom luftgesäuerten kalk desselben.
Beob. der Berlin. Ges. Naturf. Fr. 3 Band, p. 101—132.

———: Experiments with Manganese, and particularly with its aerated calx. Crell's chemical Journal, Vol. 2. p. 46—55.

FUCHS.

Experiments and observations on Manganese. ibid. Vol. 3. p. 260—264.

Johann BECKMANN.

Braunstein. in sein. Beytr. zur geschichte der Erfindungen, 4 Band, p. 401—420.

Sven RINMAN.

Beskrifning på en ny art af spatformig Magnesia ifrån Klapperuds järngrufva i Fresko socken pa Dals land. Vetensk. Acad. Handling. 1774. p. 201—205.

———: Description d'une nouvelle espece de Manganese en forme de Spath.
Journal de Physique, Tome 26. p. 111—113.

———: Beschreibung einer neuen art spatförmigen Braunsteins, von Klapperuds eisengrube im Fresko kirchspiele in Dahlland. Crell's Entdeck. in der Chemie, 1 Theil, p. 162—166.

Philippe Picot DE LA PEIROUSE.

Description de diverses varietés de mines de Manganese des Pyrenées.
Journal de Physique, Tome 15. p. 67—74.

Sur une mine de Manganese native.
Mem. de l'Acad. de Toulouse, Tome 1. p. 256, 257.

——— Journal de Physique, Tome 28. p. 68, 69.

———: Ueber den natürlichen Braunsteinkönig.
Crell's chem. Annalen, 1786. 2 Band, p. 302, 303.

Balthazar George SAGE.

Analyse du melange metallique envoyé à l'Academie, sous le nom de regule de Manganaise, par M. le Baron de la Peyrouse.
Mem. de l'Acad. des Sc. de Paris, 1785. p. 235, 236.

J. C. ILSEMANN.

Versuche über einen ganz reinen strahligten glänzenden Braunstein, von Ilefeld, und den daraus erhaltenen könig. Crell's Entdeck. in der Chemie, 4 Theil, p. 24—42.

Josiah WEDGWOOD.

Some experiments upon the Ochra friabilis nigro fusca of Da Costa, and called by the miners of Derbyshire, Black Wadd.
Philosoph. Transact. Vol. 73. p. 284—287.

Philippe Frederic Baron DE DIETRICH.
Lettre à M. de la Metherie.
Journal de Physique, Tome 30. p. 351, 352.
J. A. CHAPTAL.
Extrait d'une lettre à M. le Bar. de Dietrich. ibid. Tome 31. p. 100, 101.
Chev. NAPION.
Analyse de la mine de Manganese rouge du Piemont.
Mem. de l'Acad. de Turin, Vol. 4. p. 303—308.
Nicolas VAUQUELIN.
Analyse du minerai de Manganese du canton de Laveline, departement des Vosges.
Journal des Mines, an 4. Pluviose, p. 12—14.
Deodat DOLOMIEU.
Description de la mine de Manganese de Romaneche. ib. Germinal, p. 27—50.
Martin Heinrich KLAPROTH.
Chemische untersuchung des grenatförmigen Braunsteinerzes. in sein. Beitr. zur chem. kenntn. der Mineralkörp. 2 Band, p. 239—244.
Chemische untersuchung des kobaltischen Braunsteinerzes von Rengersdorf. ibid. p. 308—319.

267. *Scheelium.*

Christian Friedrich SCHULZE.
Zufällige gedanken über die beschaffenheit des Wolframs und dessen arten.
Neu. Hamburg. Magaz. 26 Stück, p. 99—111.
Carl Wilhelm SCHEELE.
Tungstens beständs-delar.
Vetensk. Acad. Handling. 1781. p. 89—95.
————: On the constituent parts of Tungsten. printed with de Luyart's analysis of Wolfram; p. 4—13.
————: Sur les parties constituantes de la Tungstene, ou pierre pesante.
Journal de Physique, Tome 22. p. 124—128.
————: Bestandtheile des Schwersteins. Crell's Entdeck. in der Chemie, 10 Theil, p. 209—216.
Don Juan Josef y *Don Fausto* DE LUYART.
Analisis quimico del Volfram, y examen de un nuevo metal, que entra en su composicion.
Extractos de las juntas generales celebradas por la R. Socied. Bascongada, 1783. p. 46—88.

——— : Sur la nature du Volfram, et celle d'un nouveau metal qui entre dans sa composition.
Mem. de l'Acad. de Toulouse, Tome 2. p. 141—168.

——— : A chemical analysis of Wolfram, and examination of a new metal, which enters into its composition; translated by Ch. Cullen.
Pagg. 67. London, 1785. 8.

Lorenz CRELL.
Ueber die saure des Tungstein (Schwerstein.)
in sein. chem. Annalen, 1784. 2 Band, p. 195—207.

Johann Christian WIEGLEB.
Chemische untersuchung des Wolframs. ibid. 1786. 1 Band, p. 204—211, et p. 300—308.

Joannes Fridericus GMELIN.
Commentatio de nuper in lapide ponderoso et lupi spuma invento sui generis metallico corpore.
Commentat. Societ. Gotting. Vol. 8. p. 3—20.

——— : Beytrag zur geschichte des Wolframs.
Crell's chem. Annalen, 1786. 2 Band, p. 3—12, et p. 114—127.

——— : Experiments on Wolfram. Crell's chemical Journal, Vol. 3. p. 127—141, et p. 205—219.

Commentatio altera de metallo in spuma lupi latente.
Commentat. Societ. Gotting. Vol. 9. p. 90—107.

——— : Noch ein beytrag zur geschichte des Wolframs. Crell's chem. Annalen, 1789. 1 Band, p. 387—399, et p. 496—507.

——— : Further experiments on Wolfram.
Crell's chemical Journal, Vol. 3. p. 293—325.

Martin Heinrich KLAPROTH, vide supra pag. 30.

Rudolph Eric RASPE.
Sur l'analyse chymique de quelques mineraux remarquables. (germanice.)
Nov. Act. Acad. Petropol. Tom. 3. p. 63—67.

Philippe PICOT.
Rapport sur la mine de Wolfram de Puy les-Mines, departement de la Haute-Vienne.
Journal des Mines, an 3. Nivose, p. 23—26.

HAÜY, VAUQUELIN et HECHT.
Exposé des observations et experiences faites sur le Wolfram de France, dans la maison d'instruction pour l'exploitation des mines de la republique. ib. an 4. Germinal, p. 3—26.

268. *Molybdænum.*

Carl Wilhelm SCHEELE.

Försök med Blyerts, Molybdæna.
Vetensk. Acad. Handling. 1778. p. 247—255.
———: Sur la mine de plomb, ou Molybdene.
Journal de Physique, Tome 20. p. 342—349.
———: Versuche mit Wasserbley, Molybdæna. Crell's Entdeck. in der Chemie, 6 Theil, p. 176—188.
——— Excerpta, italice, in Opuscoli scelti, Tomo 6. p. 61—65.

Bertrand PELLETIER.

Memoire sur l'analyse de la Molybdene.
Journal de Physique, Tome 27. p. 434—447.
——— dans ses Memoires, Tome 1. p. 193—224.

J. C. ILSEMANN.

Versuche über die Molybdæna, oder Wasserbley von Altenberg.
Crell's chem. Annalen, 1787. 1 Band, p. 407—414.
———: Recherches chimiques sur la Molybdene d'Altemberg en Saxe.
Journal de Physique, Tome 33. p. 292—297.

Balthazar George SAGE.

Lettre sur les recherches chimiques de M. Islmann sur la Molybdene d'Altemberg. ibid. p. 389, 390.

Bertrand PELLETIER.

Lettre sur la Molybdene d'Altemberg en Saxe. ibid. Tome 34. p. 127—129.
——— dans ses Memoires, Tome 1. p. 225—229.

Just Christian Heinrich HEYER.

Versuche mit Wasserbley. Crell's chem. Annalen, 1787. 2 Band, p. 21—44, et p. 124—139.

Peter Jacob HJELM.

Försök med Molybdæna och med reduction af des jord.
Vetensk. Acad. Handling. 1788. p. 280—292.
1789. p. 131—141, et p. 241—258.
1790. p. 50—74, et p. 81—96.
1791. p. 65—79, et p. 213—240.
1792. p. 115—141.
Excerpta, anglice, in Crell's chemical Journal, Vol. 2. p. 299—308. Vol. 3. p 40—51, p. 166—188, p. 220—252, et p. 326—379.
Prima pars hujus commentationis, gallice versa, in Journal de Physique, Tome 34. p. 372—378.

Om den nytta som kan göras med Molybdena, och Molybden kalkens förhållande i smaltningsvägen.
Vetensk. Acad. Handling. 1793. p. 127—140.

Adolph MODEER.
Versuche mit Wasserbley (Molybdænum membranaceum.
Beob. der Berlin. Ges. Naturf. Fr. 3 Band, p. 49—70.

Martin Heinrich KLAPROTH.
Nachtrag zu diesen aufsaz. ibid. p. 71—74.
Il y a un extrait de ces deux memoires dans les Annales de Chimie, Tome 3, p. 115—120.

Charles HATCHETT.
Experiments on the Molybdic acid, vide supra pag. 217.

269. *Arsenicum.*

Paulo Gottfried SPERLING
Præside, Dissertatio de Arsenico. Resp. Joh. Gunth. Tiling. Plagg. 5. Wittenbergæ, 1685. 4.

Brandano MEIBOMIO
Præside, Dissertatio de Arsenico. Resp. Jac. Ludovici. Pagg. 28. Helmstadii, 1729. 4.

Georgius BRANDT.
De Arsenico observationes.
Act. Lit. et Scient. Sveciæ, 1733. p. 39—43.

Johan BROWALLIUS.
Anmärkningar angående Arseniken, och i synnerhet dess metalliska natur.
Vetensk. Acad. Handling. 1744. p. 20—38.

Daniel TILAS.
Tilläggning om Arseniken. ibid. p. 38—40.

Pierre Joseph MACQUER.
Recherches sur l'Arsenic.
Mem. de l'Acad. des Sc. de Paris, 1746. p. 223—236.
1748. p. 35—50.

Friedrich August CARTHEUSER.
Einige anmerkungen vom Arsenic.
in seine Mineralog. Abhandlung. 2 Theil. p. 102—127.

Carl Wilhelm SCHEELE.
Om Arsenik och dess syra.
Vetensk. Acad. Handling. 1775. p. 263—294.
————: Von Arsenik und dessen säure. Crell's Entdeck. in der Chemie, 3 Theil, p. 125—157.

Torbern BERGMAN.
Dissertatio de Arsenico. Resp. Andr. Pihl. Pagg. 24. Upsaliæ, 1777. 4.

——— in ejus Opusculis, Vol. 2. p. 272—308.

———: Dissertazione sull' Arsenico.
Opuscoli scelti, Tomo 2. p. 3—22.

Giovanni FABRONI.
Dissertazione sulla natura dell' Arsenico, e sulla maniera di preparar l'acido arsenicale.
Opuscoli scelti, Tomo 2. p. 153—171.

François Charles ACHARD.
Sur l'Arsenic, et sur sa combinaison avec differents corps.
Mem. de l'Acad. de Berlin, 1781. p. 103—111.

Bertrand PELLETIER.
Observations sur l'acide arsenical.
Journal de Physique, Tome 19. p. 127—136.
——— dans ses Memoires, Tome 1. p. 1—24.

Nicætas SOCOLOFF.
De natura Arsenici.
Act. Acad. Petropol. 1782. Pars pr. p. 209—224.

270. *Auripigmentum.*

Michaele ALBERTI
Præside, Dissertatio de Auripigmento. Resp. Aug. Frid. Pott. Pagg. 84. Halæ, 1720. 4.

Joannes Antonius SCOPOLI.
De Auripigmento comitatus Soliensis Hungariæ.
in ejus Anno 5to Historico naturali, p. 59—62.

271. *Uranium.*

Martin Heinrich KLAPROTH.
Kurze anzeige eines neuentdeckten halbmetalls.
Beob. der Berlin. Ges. Naturf. Fr. 3 Band, p. 373—375.
Chemische untersuchung des Uranits, einer neuentdeckten metallischen substanz.
Crell's chem. Annalen, 1789. 2 Band, p. 387—403.
———: Chemical investigation of Uranium. Crell's chemical Journal, Vol. 1. p. 124—136, et p. 229—241.
———: Analyse chimique de l'Uranit, substance metallique nouvellement decouverte.
Journal de Physique, Tome 36. p. 248—256.
———: Analisi chimica dell' Uranite, sostanza metallica nuovamente scoperta.
Opuscoli scelti, Tomo 13. p. 313—322.
Memoire chimique et mineralogique sur l'Urane.
Mem. de l'Acad. de Berlin, 1786-7. p. 160—174.
Priori paulo uberior est hæc editio.

——— : Chemische untersuchung des Uranerzes. (addita nova analysi.) in sein. Beitr. zur chem. kenntn. der Mineralkörp. 2 Band, p. 197—221.

KARSTEN.

Oryklinostischer versuch zur näheren bearbeitung der naturgeschichte des Uraniums.

Beob. der Berlin. Ges. Naturf. Fr. 4 Band, p. 170—181.

HECHT.

Lettre à M. de la Metherie sur le Glimmer et le Pechblende.

Journal de Physique, Tome 36. p. 53—55.

G. Fried. Christ. FUCHS.

Ueber Richters methode, das Uraniummetall aus der Pechblende zu erhalten.

Act. Acad. Mogunt. 1793. p. 11—14.

272. *Titanium.*

William GREGOR.

Observations et essais sur le Menakanite, espece de sable attirable par l'aimant, trouvé dans la province de Cornouailles. Journal de Physique, Tome 39. p. 72—78, et p. 152—160.

John Godfrey SCHMEISSER.

Experiments on, and analysis of the magnetic sand, found in the county of Cornwall, and called by Mr. Gregor, Menakanite.

Crell's chemical Journal, Vol. 3. p. 252—259.

Martin Heinrich KLAPROTH.

Chemische untersuchung des sogenannten hungarischen rothen Schörls. in sein. Beitr. zur chem. kenntniss der Mineralkörp. 1 Band, p. 233—244.

——— : Analyse chimique du schorl rouge de Hongrie.

Journal des Mines, an 4. Frimaire, p. 1—9.

Untersuchung eines neuen fossils aus dem Passauischen. in sein. Beitr. zur chem. kenntn. der Mineralkörp. 1 Band, p. 245—252.

——— : Analyse d'un fossile de l'eveché de Passau.

Journal des Mines, an 4. Germinal, p. 51—56.

Chemische untersuchung zweier neuen Titanerze. in sein. Beitr. zur chem. kenntn. der Mineralkörp. 2 Band, p. 222—225.

Chemische untersuchung einiger eisenhaltiger Titanerze. ib. p. 226—238.

Nicolas VAUQUELIN et HECHT.

Experiences sur le Schorl rouge, et le metal qu'il contient. (Excerpta sequentis commentarii.)
Magasin encyclopedique, Tome 6. p. 301—307.

Analyse du Schorl rouge de France.
Journal des Mines, an 4. Frimaire, p. 10—27.

Analyse d'un fossile de Baviere, qu'on a pris pour de la mine d'Etain, et qui est de l'oxide de Titane, uni à du fer et à du manganese.
Journal des Mines, an 4. Germinal, p. 57—60.

273. *Chromium.*

Nicolas VAUQUELIN.

Memoire sur une nouvelle substance metallique contenue dans le plomb rouge de Siberie, et qu'on propose d'appeler Chrome, à cause de la proprieté, qu'il a de colorer les combinaisons où il entre.
Annales de Chimie, Tome 25. p. 21—31.
Excerpta in Bulletin de la Societé Philomatique, p. 62, 63. inde in Nouv. Journal de Physique, Tome 2. p. 393—395; unde anglice versa, in Nicholson's Journal, Vol. 2. p. 145, 146.

Second memoire sur le metal contenu dans le plomb rouge de Siberie.
Annales de Chimie, Tome 25. p. 194—204.
——— Nouv. Journal de Physique, Tome 3. p. 311—315.

Analyse du Plomb rouge de Siberie, et experiences sur le nouveau metal qu'il contient.
Journal des Mines, an 5. p. 737—760.

274. *Tellurium.*

Martin Henri KLAPROTH.

Extrait d'un memoire sur un nouveau metal nommé Tellurium.
Journal des Mines, an 6. p. 145—150.
——— Annales de Chimie, Tome 25. p. 273—281, et p. 327—331.
———: Abstract of a memoir on a new metal, denominated Tellurium.
Nicholson's Journal, Vol. 2. p. 372—376.

Joannes Antonius SCOPOLI.
Experimenta de minera Aurifera *Nagayensi*.
in ejus Anno 3tio Historico-naturali, p. 79—108.
Additiones, in Anno 5to, p. 13, 14.

Ignatius VON BORN.
Nachricht von gediegenen Spiesglaskönig in Siebenbirgen. Abhandl. einer Privatgesellsch. in Bohmen, 5 Band, p. 383—386.

VON MÜLLER.
Schreiben über den vermeintlichen natürlichen Spiesglaskönig. Physik. Arbeit. der eintr. Freunde in Wien, 1 Jahrg. 1 Quart. p. 57—59.
————: Lettre sur le pretendu regule d'Antimoine natif.
Journal de Physique, Tome 31. p. 20, 21.

VON RUPRECHT.
Ueber den Siebenbürgischen gediegenen Spiesglaskönig. Physik. Arbeit. der eintr. Freunde in Wien, 1 Jahrg. 1 Quart. p. 60—62.

VON MÜLLER.
Versuche mit dem in der grube Mariahilf in dem gebirge Fazebay bey Zalathna vorkommenden vermeinten gediegenen Spiesglaskönige. ibid. p. 63—69.
————: Experiences faites sur le pretendu regule d'Antimoine natif, qui se trouve dans la mine de Mariahilf, dans la montagne de Fazebay, proche Zalothna.
Journal de Physique, Tome 32. p. 337—342.
Fortsezung der versuche mit dem vermeinten gediegenen Spiesglaskönig. Physik. Arbeit. der eintr. Fr. in Wien, 1 Jahrg. 2 Quart. p. 49—53.

VON RUPRECHT.
Schreiben über den vermeintlichen Siebenbürgischen gediegenen Spiesglaskönig. ibid. 1 Quart. p. 70—73.
————: Lettre sur le pretendu regule d'Antimoine natif de Transilvanie.
Journal de Physique, Tome 31. p. 231—233.

Torbern BERGMAN.
Auszug aus einem schreiben an Herrn von Born. Physik. Arbeit. der eintr. Freunde in Wien, 1 Jahrg. 1 Quart. p. 74.
————: Extrait d'une lettre à M. de Born.
Journal de Physique, Tome 32. p. 342.

275. *Metalla commenticia.*

VON RUPRECHT.

Ueber ein neues metall aus der Schwererde, und den Tungstein-und Molybdenkönig.

Crell's chem. Annalen, 1790. 2 Band, p. 3—14, p. 91—94, p. 195—202, et p. 291—295.

Franciscus TIHAVSKY.

De metallis e terris obtinendis.

Jacquini Collectanea, Vol. 4. p. 3—36.

———: On the metals obtained from the simple earths.

Crell's chemical Journal, Vol. 1. p. 283—306.

———: Sur les metaux retirés des differentes terres.

Journal de Physique, Tome 38. p. 208—225.

——— Excerpta, gallice, in Annales de Chimie, Tome 9. p. 275—292.

Karl HAIDINGER.

Auszug eines briefes.

Bergbaukunde, 2 Band, p. 454—457.

Marsilio LANDRIANI.

Extrait d'une lettre sur les nouveaux regules metalliques.

Journal de Physique, Tome 37. p. 388.
38. p. 54.

Martin Henri KLAPROTH.

Sur les pretendus metaux, calcaire, magnesien &c. ibid. p. 324. 325.

Memoire sur la pretendue reduction des terres simples.

Annales de Chimie, Tome 10. p. 275—293.

A. M. SAVARESI.

Lettre à M. Fourcroy. ibid. Tome 8. p. 9—16.
9. p. 157—174.

Sur la pretendue metallisation des terres.

ibid. Tome 10. p. 61—102, et p. 254—274.
11. p. 38—63.

Johann Friderich WESTRUMB.

Versuche über die behauptete metallisation der einfachen grunderden.

Voigt's Magazin, 7 Band. 3 Stück, p. 46—56.

Geschichte der neu entdeckten metallisirung der einfachen erden. Pagg. 143. Hannover, 1791. 8.

Antoine François FOURCROY.

Sur la reduction des terres en metaux.

dans son Journal, Tome 1. p. 50—53.

Extrait d'une lettre sur les metaux retirés des terres. ibid. p. 355—358.

PARS II.

PHYSICA ET GEOLOGICA.

1. *Observationes Physicæ miscellæ.*

Conradi Gesneri
De rerum fossilium, lapidum et gemmarum maxime, figuris et similitudinibus, liber.
Foll. 169; cum figg. ligno incisis. Tiguri, 1565. 8.

Johanne Sperling
Præside, Exercitatio de traductione formarum in mineralibus. Resp. Adr. Dauth.
Plag. $1\frac{1}{2}$. Wittebergæ, 1649. 4.

Philippi Jacobi Sachs a Lewenheimb
Dissertatio de miranda lapidum natura. impr. cum Majore de cancris petrefactis; p. 50—110.
Jenæ, 1664. 8.

Olaus Borrichius.
Adamantes lapidibus aliis innati.
Bartholini Acta Hafniens. Vol. 5. p. 198—201.

Wilhelmus Hannæus.
De Adamantibus silici innatis. Prodrom. continuat. Act. Med. Havniens. p. 116, 117.

Samuel Ledelius.
De lapide Silesiaco violacei odoris; cum scholio L. Schröck.
Ephem. Ac. Nat. Cur. Dec. 2 Ann. 8. p. 81—84.

Franciscus Ernestus Bruckmann.
De lapidibus odoratis Epistola itiner. 13. (Cent. 1.)
Plag. 1. Wolffenbuttelæ, 1729. 4.
Epist. itin. 13. Cent. 2. p. 103—112.

Martin Lister.
An account of certain transparent pebles, mostly of the shape of the ombriæ or brontiæ.
Philosoph. Transact. Vol. 17. n. 201. p. 778—780.

René Antoine Ferchault de REAUMUR.

Sur la rondeur que semblent affecter certaines especes de pierres, et entr'autres sur celle qu'affectent les cailloux.

Mem. de l'Acad. des Sc. de Paris, 1723. p. 273—284.

Joseph PLATT.

A letter concerning a flat spheroidal stone having lines regularly crossing it.

Philosoph. Transact. Vol. 46. n. 496. p. 534, 535.

Cromwell MORTIMER.

Description of a small flat spheroidal stone, having lines formed upon it. ib. p. 602*—604*.

Petro Adriano GADD

Præside, Dissertatio de exhalationibus mineralium. Resp. Car. Nic. Hellenius.

Pagg. 23. Aboæ, 1766. 4.

Auguste Denis FOUGEROUX *de Bondaroy.*

Sur des substances heterogenes trouvées dans les Cristaux de roche, les Agates, les Opales, et les Rubis.

Mem. de l'Acad. des Sc. de Paris, 1776. p. 681—685.

Excerpta, italice, in Opuscoli scelti, Tomo 3. p. 311.

Marcus Elieser BLOCH.

Von der erzeugung der regulären vertiefungen in verschiedenen glasartigen steinen. Beschäft. der Berlin. Ges. Naturf. Fr. 4 Band, p. 408—455.

Jean Etienne GUETTARD.

Memoire sur les pierres et les mineraux qui prennent des figures plus ou moins regulieres.

dans ses Memoires, Tome 5. p. 353—412.

DORTHES.

Sur un Quartz glanduleux en crête de coq, qui presente à l'exterieur la configuration du plâtre en crête du coq de Montmartre, et sur plusieurs substances fossiles, dont la substance est differente de celle des corps dont ils presentent les formes.

Annales de Chimie, Tome 5. p. 72—79.

Dietrich Ludwig Gustav KARSTEN.

Entwickelung zweyer spekulativen fragen die fossilien betreffend. Neu. Schrift. der Berlin. Ges. Naturf. Fr. 1 Band, p. 228—243.

Karl HAIDINGER.

Etwas über den durchgang der blätter bey fossilien.

Neu. Abhandl. der Böhm. Gesellsch. 2 Band, p. 95—123.

2. *Ortus et Generatio Mineralium.*

AVICENNÆ
Mineralia. impr. cum Gebri Summa perfectionis magisterii; p. 245—253. Gedani, 1682. 8.

Georgius AGRICOLA.
De ortu et causis subterraneorum libri 5. Wittebergæ, 1612. 8.
Pagg. 164; præter reliquos ejus libros mineralogicos, de quibus suis locis.
——— impr. cum ejus de re metallica libris; p. 492—528. Basileæ, 1657. fol.

Estienne DE CLAVE.
Paradoxes, ou traittez philosophiques des pierres et pierreries, contre l'opinion vulgaire.
Pagg. 492. Paris, 1635. 8.

Johannes WERGER.
Disputatio pro loco de mineralium generatione. Resp. Gerh. Wichmann.
Plagg. 2. Wittebergæ, 1658. 4.

Johanne Theodoro SCHENCKIO
Præside, Exercitationes de natura mineralium. Resp. Chr. Klinchamerus. Plagg. 3. Jenæ, 1662. 4.

Johannes Ernestus HERING.
Disputatio de ortu lapidum. Resp. Joh. Chph. Schweigger. Plagg. $4\frac{1}{2}$. Wittebergæ, 1665. 4.

Nicolai STENONIS
De solido intra solidum naturaliter contento dissertationis prodromus.
Pagg. 78. tab. ænea 1. Florentiæ, 1669. 4.

Thomas SHERLEY.
A philosophical essay, declaring the probable causes, whence stones are produced in the greater world.
Pagg. 143. London, 1672. 8.

Olaus BORRICHIUS.
De generatione lapidum in macro et microcosmo.
Bartholini Act. Hafniens. Vol. 5. p. 184—196.
——— cum additione J. Lanzoni, in hujus Operibus, Tom. 3. p. 377—400. Lausannæ, 1738. 4.

Nicolas VENETTE.
Traite des pierres qui s'engendrent dans les terres et dans les animaux. Amsterdam, 1701. 12.
Pagg. 326. tabb. æneæ 8, quarum prima, lapidum Bezoardicorum, deest in nostro exemplo.

Joseph Pitton TOURNEFORT.
Observations sur l'accroissement et la generation des pierres.
Mem. de l'Acad. des Sc. de Paris, 1702. p. 221—234.

Georgius BAGLIVUS.
De vegetatione lapidum. in Operibus ejus, p. 497—523.
Lugduni, 1710. 4.

Paulus BOCCONE.
De materia simili Lithomargæ Agricolæ, aut Agarico minerali Ferrantis Imperati, quæ in cavitate quorundam saxorum aut silicum in districtu civitatis Rothomagensis, et Portus gratiæ in Normannia invenitur.
Ephem. Ac. Nat. Cur. Cent. 1 et 2. p. 5—12.

Jacobi LUDEEN
De lithogenesia macro-et microcosmi exercitatio physico-medica. Pagg. 187. Lugduni Bat. 1713. 12.

Martino Gotthelff LOESCHERO
Præside, Dissertatio de lapidum concretione et accretione. Resp. Sam. Frid. Bucher.
Pagg. 14. Vitembergæ, 1715. 4.

Joanne Adamo KULMO
Præside, Exercitatio de lapidibus. Resp. Chr. Frid. Charitius. Plag. 1. Gedani, 1727. 4.

Johannis Friderici HENKELII
Idea generalis de lapidum origine.
Pagg. 108. Dresdæ et Lipsiæ, 1734. 8.
——— : Von dem ursprung der steine überhaupt.
in sein. Klein. schriften, p. 313—528.

Samuele KLINGENSTIERNA
Præside, Specimen acad. exhibens momenta nonnulla circa ortum fossilium solidorum. Resp. Joh. Ekman.
Pagg. 28. Upsaliæ, 1736. 8.

Johannis Joachimi BECCHERI
Physica subterranea, profundam subterraneorum genesin, e principiis hucusque ignotis, ostendens. Specimen Beccherianum, fundamentorum, documentorum, experimentorum, subjunxit Ge. Ern. Stahl.
Lipsiæ, 1738. 4.
Pagg. 346; præter Alchymica, non hujus loci. Specimen Beccherianum, pagg. 161.

Mårten TRIEWALDS
Tal, om ämne och orsaker til metallernes och mineraliernes födo, tiltagande och mognande vaxt i jorden, hållit år 1740. Andra uplagan.
Pagg. 24. Stockholm, 1748. 8.

Joannes Petrus LOBE'.
Dissertatio inaug. de diversa lapidum origine.
Pagg 29. Lugduni Bat. 1742. 4.

Louis BOURGUET.
Discours sur l'origine des pierres. dans son Traité des petrifications, p. 1—52.

F. C LIEBEROTH.
Vom wachsen derer steine.
Hamburg. Magazin, 5 Band, p. 413—441.

(DE ROBIEN.)
Nouvelles idées sur la formation des fossiles.
Pagg 141. Paris, 1751. 8.

Gustavo HARMENS
Præside, Dissertatio de generatione lapidum et crystallisatione. Resp. Jac. Öjebom.
Pagg. 28. Londini Gothor. 1752. 4.

Joanne Joachimo LANGIO
Præside, Dissertatio qua genesis mineralium variis observationibus illustratur. Resp. Wilh. Mallinckrodt.
Pagg. 30. Halæ, 1756. 4.

Joannes Fridericus HOFFMANNUS.
De generatione lapidum præcipue globosorum.
Nov. Act. Ac. Nat. Cur. Tom. 2. App. p. 173—230.
————: Abhandlung von der erzeugung der steine überhaupt, und sonderlich der kugelrunden, übersezt und mit anmerkungen versehen von J. G. Krüniz.
Neu. Hamburg. Magazin, 14 Stück, p. 99—185.
15 Stück, p. 229—248.

ANON.
Sendschreiben des Herrn Schröders abhandlung von der künstlichen natur in hervorbringung und bildung der steine betreffend.
Hamburg. Magazin, 25 Band, p. 477—502.

Johannes Gotschalk WALLERIUS.
Dissertatio de vegetatione mineralium. Resp. Vilh. Gust. Zetterberg. (1763.)
in ejus Disputat. Academ. Fascic. 2. p. 3—15.

VALMONT DE BOMARE.
Memoire sur les Pyrites et sur les Vitriols, pour servir de confirmation aux idees qu'a fait naitre la chimie, sur la formation naturelle de ces substances minerales. Mem. etrangers de l'Acad. des Sc. de Paris, Tome 5. p. 617—630.

Karl Abraham GERHARD.
Ueber die entstehung der fasrigen stein-und erzarten.
Schr. der Berlin. Ges. Naturf. Fr. 4 Band, p. 291—305.
Pehr Adrian GADD.
Rön och undersökning, i hvad mån Insecter och Zoophyter bidraga til stenhärdningar.
Vetensk. Acad. Handling. 1787. p. 98—106.
———: Erfahrungen und untersuchung, wieferne Insekten und Pflanzenthiere zu den steinerhärtungen beytragen.
Crell's chem. Annalen, 1788. 2 Band, p. 356—365.
MONNET.
Sur la formation des mineraux.
Mem. de l'Acad. de Turin, Vol. 3. p. 337—356.
Prince Demetri DE GALLITZIN.
Lettre à M. G. Forster, pour servir de suite et de seconde partie, aux lettres ecrites en 1789 à M. P. Camper.
Pagg. 54. La Haye, (1790.) 8.
Richard KIRWAN.
Examination of the supposed igneous origin of stony substances.
Transact. of the Irish Acad. Vol. 5. p. 51—81.

3. *Ortus Lapidum variorum.*

Joannes SCHEUCHZER.
De lapide Viennensi.
Comment. Instit. Bonon. Tom. 1. p. 322—325.
Jean Etienne GUETTARD.
Memoire sur une espece de pierres appelées *Salieres.*
Mem. de l'Acad. des Sc. de Paris, 1763. p. 65—84.
Clarus MAYR.
Abhandlung vom *Fluss sand.* Abhandl. der Chur Bajer. Akad. 3 Band 2 Theil, p. 183—198.
Johann Gottlob LEHMANN.
Over den oorsprong van het Zeilsteen-zand.
Verhand. van het Maatsch. te Haarlem, 11 Deels 1 Stuk, p. 337—350.
Johann Ernst Immanuel WALCH.
Vom ursprung des Sandes.
Naturforscher, 3 Stück, p. 156—177.
VON SCHEFFLER.
Sendschreiben an Hrn. Walch von dem ursprung des Sandes. ibid. 11 Stück, p. 122—127.

DEFAY.
Memoire sur la nature et la formation des Ammites, Meconites, Cenchrites, *Pisolites* etc.
Journal de Physique, Tome 12. p. 279, 280.

Johann Jacob FERBER.
Von der entstehung eines arts des *Porphyrs.* in sein. Neu. Beytr. zur mineralgesch. p. 25—50.

Robert de Paul DE LAMANON.
Vues generales sur la formation des pierres *gypseuses.*
Journal de Physique, Tome 19. p. 185—194.

NAUWERK.
Ueber einen neu-erzeugten *Glimmer,* nebst muthmassungen über dessen entstehung.
Crell's chem. Annalen, 1786. 1 Band, p. 309—316.

REYNIER.
Notice sur la formation de la terre verte qui recouvre les matrices de cristaux.
Journal de Physique, Tome 30. p. 175, 176.

BESSON.
Lettre à M. de la Metherie. ibid. p. 313, 314.

Friedrich Albert Anton MEYER.
Von einem merkwürdigen *Sandstein,* aus dem Altenburgischen. Voigt's Magazin, 8 Band. 3 Stück, p. 118—120.

4. *Ortus Lapidum Siliceorum.*

Otho SPERLING.
De nummis in Silice repertis.
Nova Liter. Maris Balthici, 1700. p. 243—252.

Georgius Conradus AB HORN.
Ad relationem de nummis in Silice repertis cogitata. ibid. 1701. p. 253—256.

Rene Antoine Ferchault DE REAUMUR.
Sur la nature et la formation des Cailloux.
Mem. de l'Acad. des Sc. de Paris, 1721. p. 255—276.

Louis BOURGUET.
Lettre sur l'origine des Cailloux. dans son Traité des petrifications, p. 152—163.

William ARDERON.
A letter concerning the formation of Pebbles.
Philosoph. Transact. Vol. 44. n. 483. p. 467—470.

Francois Charles ACHARD.
Lettre sur la decouverte qu'il a faite sur la formation des cristaux et des pierres precieuses.
Journal de Physique, Tome 11. p. 12—14.

——— : Lettera contenente la scoperta ch' egli ha fatta sulla formazione de' cristalli, e delle gemme.
Opuscoli scelti, Tomo 1. p. 135—138.

Johann Hieronymus CHEMNIZ.
Auszug aus einem schreiben (von dem ursprunge der Chalzedonzapfen).
Schrift. der Berlin. Ges. Naturf. Fr. 1 Band, p. 373—379.

ANON.
Zufällige gedanken über den ursprung des agathartigen Feuersteins.
Neu. Hamburg. Magaz. 117 Stück, p. 242—248.

BACHELEY.
Nouvelles observations lithologiques sur la formation du Silex. Journal de Physique, Tome 21. p. 81—101.

Baron DE SERVIERES.
Conjectures physico-historiques sur l'origine des Cailloux quartzeux repandus et amoncelés dans les environs de Nîmes. ibid. Tome 22. p. 370—385.

Jean Philippe DE CAROSI.
Sur la generation du Silex et du Quarz.
Pagg. 94. Cracovie, 1783. 8.

Louis Bernard Guyton DE MORVEAU.
Försök at utreda frågan om Quartsens naturliga upplösnings-medel.
Vetensk. Acad. Handling. 1784. p. 272—286.
——— : Versuch die frage von den natürlichen auflösungsmitteln des Quarzes zu erörtern.
Crell's chem. Annalen, 1786. 2 Band, p. 155—167.
——— : Essai sur la question de savoir comment s'opere naturellement la dissolution du Quartz.
Nouv. Mem. de l'Acad. de Dijon, 1785. 1 Semestrè, p. 46—60.
Addition au memoire precedent. ib. p. 60—64.

Gottlieb Conrad Christianus STORR.
Dissertatio: Investigandæ crystallifodinarum oeconomiæ quædam pericula. Resp. Gul. Halliday.
Pagg. 32. Tubingæ, 1785. 4.
Untersuchung des stofs der weichen Quartzkrystallen, nebst gedanken über das verfahren der natur bey der verdrusung des Quarzes in den krystallgruben.
Crell's chem. Annalen, 1785. 2 Band, p. 395—422.

Wilhelm Heinrich Sebastian BUCHOLZ.
Versuche über die methode, Bergkrystall vermittelst der fixen luft zu erzeugen.
Crell's Beyträge, 1 Band. 1 Stück, p. 11—19.

Jacob MUMSEN.
Om Pimpstenens oprindelse, og hede vanddunsters kraft under jorden. Danske Vidensk. Selsk. Skrift. nye Saml. 4 Deel, p. 127—136.
Thomas BEDDOES.
Some observations on the Flints of chalk-beds.
Mem of the Soc. of Manchester, Vol. 4. p. 303—310.
Deodat DOLOMIEU.
Sur des concretions quartzeuses.
Journal des Mines, An 4. Messidor, p. 53—72.
F. P. N. GILLET-LAUMONT.
Observations sur plusieurs produits siliceux soupçonnés dus à une conversion de la chaux en silice. ib. An 5. p. 491—494.

5. *Ortus Basaltis. (Conf. pag. 113 et 114.)*

August Ferdinand VON VELTHEIM.
Etwas über die bildung des Basalts, und die vormalige beschaffenheit der gebirge in Deutschland.
Crell's Beyträge, 2 Band, p. 387—425.
————: Gedanken über die bildung des Basalts, und die vormahlige beschaffenheit der gebirge in Deutschland. Neue auflage.
Pagg. 75. Braunschweig, 1789. 8.
Johann Friedrich Wilhelm WIDENMANN.
Beantwortung der frage, was ist Basalt? ist er vulkanisch, oder ist er nicht vulkanisch? eine gekrönte preisschrift. Höpfner's Magaz. für die Naturk. Helvet. 4 Band, p. 135—212.
VOIGT.
Ein wörtchen für die vulkanität des Basalts. ibid. p. 214—232.
Albrecht HÖPFNER.
Anhang zu den preisfragen über den Basalt. ib. p. 233—238.
v. H—T. (VON HUMBOLDT.)
Abhandlung vom wasser im Basalt.
Crell's chemische Annalen, 1790. 1 Band, p. 414—418.
HECHT.
Lettre sur le Basalte.
Journal de Physique, Tome 36. p. 207—209.
Deodat DE DOLOMIEU.
Lettre sur la question de l'origine du Basalte. ibid. Tome 37. p. 193—202.

———: Lettera sulla questione dell' origine del Basalte.
Opuscoli scelti, Tomo 14. p. 135—143.
———: Schreiben über den Basalt.
Voigt's Magazin, 7 Bandes 3 Stück, p. 92—113.
Heinrich Friedrich LINK.
Etwas über den Basalt. in sein. Annalen der Naturgesch. 1 Stück, p. 63—66.
M. F. DA CAMERA DI BETHENCOUR.
Sopra la creduta vulcaneità del Basalte, e della formazione del Trappo in generale.
Opuscoli scelti, Tomo 18. p. 27—32.

6. *Ortus Saxorum.*

Francesco BARTOLOZZI.
Osservazioni sul Granito, e conghietture sull' origine di questa e delle altre pietre.
Opuscoli scelti, Tomo 3. p. 134—144.
———: Observations sur le Granit, et conjectures sur sa reproduction et celle d'autres pierres.
Journal de Physique, Tome 21. p. 467—474.
———: Ueber die entstehung des Granits, und anderer steinarten.
Lichtenberg's Magazin, 2 Band. 1 Stück, p. 152—165.
Comte Gregoire DE RAZOUMOWSKI.
Conjectures sur la formation des Roches primitives.
Mem. de la Soc. de Lausanne, 1783. p. 63—66.
Idées sur la formation des Granits.
Journal de Physique, Tome 39. p. 250—254.
DODUN.
Lettre à M. de la Metherie. ib. Tome 29. p. 256—260.

7. *Ortus Salium.*

Johannes Gotschalk WALLERIUS.
Dissertatio de origine Salium alkalinorum. Resp. Joh. Stenberg. (1753.)
in ejus Disput. Academ. Fascic. 1. p. 56—76.
ANON.
Von dem ursprunge der Salze.
Hamburg. Magazin, 15 Band, p. 190—223.
Anton Mario LORGNA.
Ricerche intorno all' origine del Natro o Alcali marino nativo.
Mem. della Società Italiana, Tomo 3. p. 39—101.

——— Excerpta, in Opuscoli scelti, Tomo 9. p. 73—89.

———: Recherches sur l'origine du Natrum, ou Alkali mineral natif.

Journal de Physique, Tome 29. p. 30—44, p. 161—171, p. 295—304, et p. 373—386.

———: Ueber den ursprung des natürlichen Mineralalkali. Sammlungen zur Physik, 4 Band, p. 608—622, et p. 725—775.

8. *Ortus Bituminum.*

Johann Wilhelm Carl Adam Freyherr VON HÜPSCH.

Neue entdeckung des wahren ursprungs des Cöllnischen *Umbers*, oder der Cöllnischen erde.

Pagg. 48. Frankf. und Leipz. 1771. 8.

LE CAMUS.

Dissertation sur l'origine de la *Houille*.

Journal de Physique, Tome 13. p. 178—192.

9. *Ortus et Generatio Metallorum.*

Josephus QUERCETANUS.

Ad Jacobi Auberti de ortu et causis metallorum explicationem responsio. Lugduni, 1575. 8.

Pagg. 76; præter libellum de medicamentorum spagyrica præparatione, non hujus loci.

Guillaume GRANGER.

Paradoxe, que les metaux ont vie.

Pagg. 96. Paris, 1640. 8.

——— impr. avec la Metallurgie de Barba; Tome 2. p. 153—262. la Haye, 1752. 12.

Johannes Zacharias PLATNER.

Dissertatio de generatione metallorum. Resp. Dav. Gottlob Dietze. Pagg. 46. Lipsiæ, 1717. 4.

Johannes Georgius HOFFMAN.

De matricibus metallorum Dissertatio. Resp. Joh. Benj. Boehmer. Pagg. 96. ib. 1738. 4.

Johann Gottlob LEHMANN.

Nachricht von einem in reiches Kupfererzt verwandelten gemssigen gestein, nebst einigen anmerkungen von der metallisirung taubes gesteins.

Physikal. Belustigungen, 1 Band, p. 161—174.

———: Description d'une roche qui s'est changee en

une mine riche en cuivre. dans ses Traités de Physique, Tome 1. p. 362—379.

Kurze erörterung der frage, ob die erzte noch täglich unter der erde wachsen.

Physikal. Belustigungen, 2 Band, p. 422—437.

———: Examen de la question : Si les mines se forment ou croissent dans le sein de la terre ? dans ses Traités de Physique, Tome 1. p. 380—404.

Abhandlung von den metall-müttern, und der erzeugung der metalle.

Pagg. 268. tabb. æneæ 2. Berlin, 1753. 8.

———: Traité de la formation des metaux, et de leurs matrices ou minieres.

Tome 2. de ses Traités de Physique.

De ortu crystallinarum, et quæ in fila discerpi possunt, imprimis coloratarum, minerarum.

Act. Acad. Mogunt. Tom. 2. p. 299—316.

Jean Theodore Eller.

Essai sur l'origine et la generation des metaux.

Hist. de l'Acad. de Berlin, 1753. p. 3—50.

———: Versuch über den ursprung und erzeugung der metalle.

Hamburg. Magazin, 16 Band, p. 600—668.

Samuel Theodorus Quelmalz.

Programma, utrum Arsenicum sit primum principium metallorum. Pagg. xvi. Lipsiæ, 1755. 4.

Monnet.

Dissertation sur l'Arsenic, qui a remporté le prix sur la question : Quel est le veritable but auquel la nature semble avoir destiné l'Arsenic dans les mines ? Peut-on en particulier demontrer, par des experiences faites ou à faire, si, comment, et jusqu'à quel point il sert, soit a former les metaux, soit à les perfectionner, ou à produire en eux d'autres changemens necessaires et utiles.

Pagg. 35. Berlin, 1774. 8.

——— Journal de Physique, Tome 2. p. 191—204.

Michael Lomonosow.

Oratio de generatione metallorum a terræ motu.

Pagg. 28. Petropoli, 1757. 4.

Johann Samuel Schröter.

Ueber die bildung der minern und ihre mütter. in ejus Abhandl. über die Naturgesch. 2 Theil, p. 1—104.

Versuch die erzeugung und die bildung der minern zu erklären. ibid. p. 104—160.

———

René Antoine Ferchault DE REAUMUR.
Description d'une mine de *Fer* du pays de Foix, avec quelques reflexions sur la maniere dont elle a eté formée.
Mem. de l'Acad. des Sc. de Paris, 1718. p. 139—142.

Nicolas VAUQUELIN.
Conjectures sur l'origine du Fer noir de l'isle d'Elbe.
Journal de Fourcroy, Tome 1. p. 194 bis—196.

Ernst Florens Friedrich CHLADNI.
Ueber den ursprung der von Pallas gefundenen und anderer ihr ähnlicher Eisenmassen.
Pagg. 63. Riga, 1794. 4.

Giulio CANDIDA.
Lettera sulla formazione del *Molibdeno*.
Pagg. 61. Napoli, 1785. 8.
Excerpta, in Opuscoli scelti, Tomo 8. p. 193—207.

10. *Transmutatio Mineralium.*

Johann Daniel FLAD.
Erörterung der frage: verwandelt sich der gemeine Horn-Feuer-oder Flintensten in Kreide, oder diese in jenen.
Comment. Acad. Palat. Vol. 4. phys. p. 139—180.

ANON.
Von dem Hornsteine in der Kreide.
Neu. Hamburg. Magazin, 120 Stück, p. 520—531.

Johannes Jacobus FERBER.
Examen hypotheseos de transmutationibus corporum mineralium.
Act. Acad. Petropol. 1780. Pars post. p. 248—298.
———: Untersuchung der hypothese von der verwandlung der mineralischer körper in einander; übersezt, mit einigen anmerkungen vermehrt und herausgegeben von der Gesellschaft Naturforschender Freunde in Berlin.
Pagg. 72. Berlin, 1788. 8.

Conrad MÖNCH.
Ein versuch die Kalkerde in Kieselerde zu verwandeln.
Crell's Entdeck. in der Chemie, 1 Theil, p. 18—22.

Gottlieb Conrad Christian STORR.
Ueber die umänderung der Glaserde, und die besondern eigenschaften der im Thon mit der Alaunerde verbundenen art, der binderde.
Crell's chem. Annalen, 1784. 1 Band, p. 5—24.

Carl Abraham GERHARD.
Memoire sur la transmutation des terres et des pierres, et sur leur passage d'un genre dans un autre.
Mem. de l'Acad de Berlin, 1784. p. 95—163.

Johann Carl Friedrich MEYER.
Ueber die neue verwandlungstheorie der erdarten.
Schr. der Berlin. Ges. Naturf. Fr. 6 Band, p. 368—376.

Johannes Gottlieb GEORGI.
Examen chemicum observationis a Nobiliss. de Carosi celebratæ, de Gypsi cujusdam transmutatione in Chalcedonium.
Nov. Act. Acad. Petropol. Tom. 5. p. 274—279.

Johan GADOLIN.
Undersökning, huruvida Brunsten kan förvandlas i Kalkjord. Vetensk. Acad Handling. 1789. p. 141—150.
————: Untersuchung, in wiefern der Braunstein in Kalkerde verwandelt werden kann?
Crell's chem. Annalen, 1790. 1 Band, p. 129—140.

Johann Friedrich WIDEMANN.
Ueber die umwandlung einer erd-und stein-art in die andere. Eine abhandlung, welche von der Königl. Akad. der wissenschaften den preis erhalten hat.
Pagg. 268. Berlin, 1792. 8.

11. *Decompositio Mineralium.*

Johann Gotschalk WALLERIUS.
Om de mineraliske kroppars förvittring, i luften. Resp. And. Nejman. Pagg. 15. Upsala, 1766. 4.
————: De fatiscentia corporum mineralium in aëre. in ejus Disputat. Academ. Fascic. 2. p. 187—216.

Jean Baptiste Louis DE ROME' DELISLE.
Memoire ou observations sur les alterations qui surviennent naturellement à differentes mines metalliques, et particulierement aux Pyrites martiales.
Act. Acad. Mogunt. 1776. p. 97—111.
———— Journal de Physique, Tome 16. p. 245—256.

Comte Gregoire DE RAZOUMOWSKI.
Sur la decomposition et la recomposition des pierres par le moyen des agens naturels.
Mem. de la Soc. de Lausanne, 1783. p. 1—8.

BESSON.
Observations sur la decomposition et recomposition des mineraux en general.
Journal de Phyisque, Tome 29. p. 85—90.

Friedrich Albert Anton MEYER.
Ueber die verwitterung der mineralien.
Voigt's Magazin, 7 Bandes 3 Stück, p. 114—123.

12. *Effectus Caloris maximi in Mineralia.*

(Conf. pag. 183.*)*

Guillaume HOMBERG.
Observations sur le Fer au verre ardent.
Mem. de l'Acad. des Sc. de Paris, 1706. p. 158—165.

Etienne François GEOFFROY.
Experiences sur les metaux, faites avec le verre ardent du Palais Royal. ib. 1709. p. 162—176.
———: Experiments upon metals, made with the burning-glass of the Duke of Orleans.
Philosoph. Transact. Vol. 26. n. 322. p. 374—386.

Christian Gottbold HOFMANN.
Nachricht von Peter Hösens grossem metallen. brennspiegel, und denen versuchen welche C. G. Hofmann damit gemacht.
Hamburg. Magazin, 5 Band, p. 269—288.

Christian Friedrich SCHULZE.
Einige versuche welche mit verschiedenen Sächsischen erdarten an einem Hoesischen parabolischen brennspiegel, angestellet worden.
Pagg. 62. Dresden u Leipz. 1755. 4.
Versuche, welche mit einigen edelgesteinen, sowol im feuer, als auch vermittelst eines Tschirnhausischen brennglases angestellet worden.
Hamburg. Magazin, 18 Band, p. 164—180.

Jean D'ARCET.
Memoire sur l'action d'un feu egal, violent, et continué pendant plusieurs jours sur un grand nombre de terres, de pierres et de chaux metalliques.
Pagg. 122. Paris, 1766. 8.
Second memoire. Pagg. 170. 1771.
Excerpta, gallice, in Journal de Physique, Introduct. Tome 1. p. 108—123; quæ germanice versa, in Crell's chem. Journal, 6 Theil, p. 148—179.

Jean Etienne GUETTARD.
Experiences faites sur plusieurs sortes de glaises, de sables et de pierres.
dans ses Memoires, Tome 1. p. 254—280.

MITOUARD.

Resultat des experiences faites le 30 Avril, 1772, sur le Diamant, et sur plusieurs autres pierres precieuses.
Journal de Physique, Introd. Tome 2. p. 112—116.

———: Erfolg der versuche, welche Herr Mitouard den 30 Apr. 1772 mit dem Diamant und mehrern andern edelsteinen angestellt hat. Crell's Entdeck. in der Chemie, 9 Theil, p. 165—169.

Resultat des nouvelles experiences sur le Diamant et le Rubis, faites le 5 Mai, 1772.
Journal de Physique, Introd. Tome 2. p. 197—199.

———: Erfolg der neuern versuche, welche Herr Mitouard den 5 May, 1772, mit dem Diamant und Rubin angestellt hat. Crell's Entdeck. in der Chemie, 9 Theil, p. 170—172.

Johann Samuel SCHRÖTER.

Von der würkung des feuers beym schlossbrande zu Weimar, auf verschiedene körper des mineralreichs und andere körper. Schröter's Journal, 3 Band, p. 310—320.

Antoine Laurent LAVOISIER.

Memoire sur l'effet que produit sur les pierres precieuses un degré de feu très violent.
Mem. de l'Acad. des Sc. de Paris, 1782. p. 476—485.

———: Ueber die würkung eines sehr heftigen feuers auf ächte steine.
Crell's chem. Annalen, 1788. 2 Band, p. 270—280.

De l'action du feu, animé par l'air vital, sur les substances minerales les plus refractaires.
Mem. de l'Acad. des Sc. de Paris, 1783. p. 563—624.

———: Von der wirkung des durch dephlogistisirte luft angefachten feuers, auf die strengflüssigsten mineralien.
Crell's chem. Annalen, 1789. 2 Band, p. 433—473.

Bengt Reinbold GEIJER.

Smältnings försök med eldsluft, på några ädlare stenar, samt andra jord-och stenarter.
Vetensk. Acad. Handling. 1784. p. 122—134.

———: Schmelzungsversuche mit feuerluft, an einigen edlen steinen, und andern erd-und steinarten.
Crell's chem. Annalen, 1785. 1 Band, p. 29—45.

Om metallers förhållande i smältning med tilhjelp af eldsluft. Vetensk. Acad. Handling. 1784. p. 283—286.

———: Vom verhalten der metalle, beym schmelzen, mit hülfe der feuerluft.
Crell's chem. Annalen, 1786. 1 Band, p. 353—356.

Just Christian Heinrich HEYER.
Schmelzversuche mit der dephlogistisirten luft.
Crell's Beyträge, 2 Band, p. 29—43.

Chevalier DE LAMANON.
Lettre sur la combustion du Quarz, du Crystal de roche et des pierres qui leur sont analogues.
Journal de Physique, Tome 27. p. 66—69.
DE LA METHERIE.
Observation sur l'action d'un feu violent sur le Crystal de roche. ib. p. 144, 145.
JURINE et DE LA METHERIE.
Lettres sur l'infusibilité du Cristal de roche. ib. Tome 28. p. 228—231.
René Just HAÜY.
De l'action du feu sur le Quartz.
Annales de Chimie, Tome 16. p. 203—207.
Martin Heinrich KLAPROTH.
Versuche über das verhalten verschiedener stein-und erdarten im feuer des porzellan-ofens. in seine Beitr. zur chem. kenntn. der Mineralkörp. 1 Band, p. 1—42.

Torbern BERGMAN.
De tubo ferruminatorio, ejusdemque usu in explorandis corporibus, præsertim mineralibus. in ejus Opusculis, Vol. 2. p. 455—506.
————: Abhandlung vom gebrauche des Löthrohres, bey untersuchung der mineralien.
Abhandl. einer privatges. in Böhmen, 4 Band, p. 254 —304.
————: Del tubo ferruminatorio ossia cannetta da saldatori, e del suo uso nell' esplorare i corpi, e principalmente i minerali.
Opuscoli scelti, Tomo 3. p. 387—413.
Horace Benedict DE SAUSSURE.
Nouvelles recherches sur l'usage du chalumeau dans la mineralogie.
Nouv. Journal de Physique, Tome 2. p. 3—44.

13. *Phosphorescentia Mineralium.*

Sven RINMAN.
Om Lysspat ifrån Garpenberg.
Vetensk. Acad. Handling. 1747. p. 168—173.

Christian Gottbold HOFMANN.
Vom leuchten der Scharfenberger Blende.
Hamburg. Magaz. 5 Band, p. 288—306, et p. 441—443.
Henricus Fridericus DELIUS.
Phosphorescentia lapidum et gemmarum.
Act. Acad. Nat. Curios. Vol. 9. p. 398, 399.
ANON.
Gedanken über den von Herrn Ledermüllern beschriebenen phosphorescirenden stein.
Titius gemeinnüzige Abhandl. 1 Theil, p. 487—490.
——— Neu Hamburg. Magaz. 92 Stück, p. 166—169.
Michaël DE GROSSER.
Phosphorescentia Adamantum novis experimentis illustrata. Pagg. 31. Viennæ, 1777. 8.
———: La phosphorescence du Diamant.
Journal de Physique, Tome 20. p. 270—283.
Friedrich Wilhelm Heinrich von TREBRA.
Talkartiges phosphorescirendes Steinmark.
Crell's chem. Annalen, 1784. 1 Band, p. 387—389.
NICOLAS.
Memoire sur le spath phosphorique calcaire d'Apremont.
Journal de Physique, Tome 25. p. 28—31.
SAUSSURE *le fils.*
Examen de la phosphorescence que presentent quelques pierres calcaires par le contact d'un corps chaud.
Phosphorescence du Spath-fluor.
Journal de Physique, Tome 40. p. 169—173.

14. *Lapis Bononiensis.*

Fortunius LICETUS.
Litheosphorus, sive de Lapide Bononiensi lucem in se conceptam ab ambiente claro mox in tenebris mire conservante liber.
Pagg. 280. Utini, 1640. 4.
Christianus MENTZELIUS.
Lapis Bononiensis in obscuro lucens. Ephem. Ac. Nat. Cur. Dec. 1. Ann. 4 et 5. Append. p. 180—214.
Joannes GRÖNING.
De phosp oro Bononiensi.
Nov. Liter. Maris Balthici, 1698. p. 17—19.
Luigi Ferdinando Conte MARSIGLII.
Dissertazione epistolare del fosforo minerale, ò sia della pietra illuminabile Bolognese.
Pagg. 31. tabb. æneæ A—T. Lipsia, 1698. 4.

André Sigismund MARGGRAF.
Memoire concernant certaines pierres, qui par la stratification avec les charbons et la calcination, parviennent à un etat, et acquierent une force, par laquelle etant exposées un peu de tems à la lumiere, elles brillent en suite dans un lieu obscur.
Hist. de l'Acad. de Berlin, 1749. p. 56—70.
Examen des parties qui constituent cette espece de pierres. ibid. 1750. p. 144—162.
———: Untersuchung der theile, woraus diejenige art von steinen besteht, welche, nachdem sie vermittelst der kohlen calciniret worden, die eigenschaft zu leuchten bekommen, wenn man sie an das licht leget.
Hamburg. Magazin, 12 Band, p. 535—562.
Joannes MARCHETTI.
De phosphoris quibusdam, ac præcipue de Bononiensi. Comment. Instituti Bonon. Tom. 7. p. 289—300.

15. *Lapides colore mutabili (chatoyantes.)*

Balthazar George SAGE.
Examen comparé de l'Aventurine et de quelques pierres chatoyantes.
Mem. de l'Acad. des Sç. de Paris, 1781. p. 1—4.
Louis Jean Marie DAUBENTON.
Observations sur le spath etincelant, sur l'Aventurine naturelle, et sur la pierre appellée Oeil-de-poisson. ibid. p. 5—8.
Urban Friederich Benedict BRÜCKMANN.
Aus einem schreiben an den Hrn. Siegfried.
Schr. der Berlin. Ges. Naturf. Fr. 5 Band, p. 473—476.
Nachtrag zum Sternstein. ib. 6 Band, p. 403—407.
Zwote fortsezung den neuen sternstein betreffend.
Beob. derselb. Gesellsch. 1 Band, p. 135—140.
Dritter beytrag. ib. p. 399—401.
Pierre LAPORTERIE.
Explication de la planche, qui represente plusieurs varietés de la pierre aux etoiles mouvantes, ainsi que sa cristallisation. Hambourg, Avril, 1786. 4.
Pagg. 14. tab. ænea color. 1.
Explication de la planche, qui represente le Herisson solaire, et la pierre qui le produit.
Fol. 1. tab. ænea color. 1. ib. Mai, 1786. 4.

Johann Christian Daniel SCHREBER.
Beytrag zur geschichte der schillernden steine.
Naturforscher, 24 Stück, p. 196—200.
25 Stück, p. 221.

16. *Refractio duplex Mineralium.*

Erasmi BARTHOLINI
Experimenta crystalli Islandici disdiaclastici, quibus mira et insolita refractio detegitur.
Pagg. 60. Hafniæ, 1670. 4.
Excerpta, anglice, in Philosoph. Transact. Vol. 5. n. 67. p. 2039—2048.

John BECCARIA,
An account of the double refraction in crystals. (latine.)
Philosophical Transactions, Vol. 52. p. 486—490.
———: Berigt aangaande de dubbele straalbreeking in krystallen.
Uitgezogte Verhandelingen, 10 Deel, p. 365—370.

Johann Esaias SILBERSCHLAG.
Von dem die bilder verdoppelnden sogenannten Isländischen crystall, oder Doppelspath. Beob. der Berlin. Ges. Naturf. Fr. 2 Band. 2 Stück, p. 1—16.

René Just HAÜY.
Memoire sur la double refraction du Spath d'Islande.
Mem. de l'Acad. des Sc. de Paris, 1788. p. 34—61.
Sur la double refraction du Spath calcaire transparent.
Journal d'Hist. nat. Tome 1. p. 63—80.
2. p. 157—175.
Sur la double refraction de plusieurs substances minerales.
Annales de Chimie, Tome 17. p. 140—156.

17. *Electricitas Mineralium.*

Henrico VON SANDEN
Præside, Dissertatio de *Succino* electricorum principe.
Resp. Chph. Frid. Reimann.
Pagg. 36. Regiomonti, 1714. 4.

François Ulric Theodor ÆPINUS.
Memoire concernant quelques nouvelles experiences electriques remarquables.
Hist. de l'Acad. de Berlin, 1756. p. 105—121.
——— dans son Recueil, (vide mox infra) p. 1—24.

Duc DE NOYA CARAFA.
Lettre sur la *Tourmaline.*
Pagg. 35. tab. ænea 1. Paris, 1759. 4.
——— dans le Recueil d'Æpinus, p. 77—127.

Benjamin WILSON.
Experiments on the Tourmalin.
Philosoph. Transact. Vol. 51. p. 308—339.
———: Experiences faites sur la Tourmaline.
dans le Recueil d'Æpinus, p. 145—183.
———: Elektrikaale proefneemingen omtrent den steen, die Tourmalin, of Asch-trekker genoemd wordt.
Uitgezogte Verhandelingen, 6 Deel, p. 121—148, et p. 200—219.
Observations upon some gems similar to the Tourmalin.
Philosph. Transact. Vol. 52. p. 443—447.
———: Beobachtungen über einige edelgesteine, welche gleiche eigenschaften mit dem Tourmalin besizen.
Neu. Hamburg. Magazin, 66 Stück, p. 565—571.

François Ulric Theodor ÆPINUS.
Recueil de differents memoires sur la Tourmaline.
St. Petersbourg, 1762. 8.
Pagg. 193. tabb. æneæ 5.

Torbern BERGMAN.
Om Tourmalinens electriska egenskaper.
Vetensk. Acad. Handling. 1766. p. 57—68.
———: De vi electrica Turmalini.
in ejus Opusculis, Vol. 5. p. 402—416.
———: De electrische eigenschappen van den Tourmaline.
Geneeskundige Jaarboeken, 4 Deel, p. 173—178.

Johan Carl WILCKE.
Historien om Tourmalin.
Vetensk. Acad. Handling. 1766. p. 89—108.
1768. p. 3—25, et p. 97—119.

Franciscus Ulricus Theodorus ÆPINUS.
Descriptio novi phænomeni electrici detecti in Chrysolitho sive Smaragdo Brasiliensi.
Nov. Comm. Acad. Petropol. Tom 12. p. 351—355.

Johann BECKMANN.
Turmalin. in sein. Beytr. zur geschichte der Erfindungen, 1 Band, p. 241—256.
———: Turmalin. in his History of inventions, Vol 1. p. 140—151.

Torbern BERGMAN.
Anmärkning om Islands krystalls electricitet.
Vetensk. Acad. Handling. 1762. p. 62—65.
———: De electricitate Crystalli Islandicæ.
in ejus Opusculis, Vol. 5. p. 366—369.
René Just HAÜY.
Sur les proprietés electriques de plusieurs mineraux.
Mem. de l'Acad. des Sc. de Paris, 1785. p. 206—209.
Observations sur les proprietés electriques du Borate magnesio calcaire.
Annales de Chimie, Tome 9. p. 59—64.
Il y en a une notice dans le Journal de Physique, Tome 38. p. 323, 324. sous ce titre: De l'electricité du Spath boracique.
Extrait des observations sur la vertu electrique que plusieurs mineraux acquierent à l'aide de la chaleur.
Journal d'Hist. nat. Tome 1. p. 449—461.
Observations sur l'electricité des mineraux.
Journal des Mines, an 4. Germinal, p 65—71.

18. *Vis Magnetica Mineralium.*

Guilielmi GILBERTI
De Magnete, magneticisque corporibus physiologia nova.
Pagg. 240. Londini, 1600. fol.
Samuel Theodorus QUELLMALTZ.
Dissertatio physica de Magnete. Resp. Joh. Fred. Crellius. Pagg. 15. Lipsiæ, 1723. 4.
Johan Carl WILCKE.
Tal om Magneten.
Pagg. 44. Stockholm, 1764. 8.
George Louis le Clerc Comte DE BUFFON.
Traité de l'Aimant et de ses usages.
Tome 5. de son Histoire naturelle des mineraux, vide supra pag. 12.
René Just HAÜY.
Observations sur les Aimans naturels.
Magasin encycloped. 3 Année, Tome 3. p. 7—10.
——— Nouv. Journal de Physique, Tome 2. p. 309—311.
Richard KIRWAN.
Thoughts on Magnetism.
Transact. of the Irish Acad. Vol. 6. p. 177—191.

Joseph MAYER.
Ueber die magnetische kraft des krystallisirten Eisensumpf-erztes.
Abhandl. der Böhm. Gesellsch. 1788. p. 238—241.

Johann Gottlob LEHMANN.
De Cupro et Orichalco magnetico.
Nov. Comm. Acad. Petropol. Tom. 12. p. 368—390.
———— : Von dem magnetischen Kupfer und Messing.
Neu. Hamburg. Magaz. 58 Stück, p. 346—377.

Tiberius CAVALLO.
Magnetical experiments and observations, to shew the properties of some metallic substances (principally brass) with respect to magnetism.
Philosophical Transactions, Vol. 76. p. 62—80.
77. p. 6—25.

Christian Friedrich HABEL.
Von der magnetischen eigenschaft des Basaltes.
Klipstein's Mineralog. briefwechs. 1 Band. 4 Stück, p. 66—68.

Friedrich Alexander VON HUMBOLDT.
Von einem reinen, äusserst magnetischen Serpentinstein.
Voigt's Magazin, 11 Band. 3 Stück, p. 28—31.
———— : Lettre sur une Serpentine verte, qui possede à un haut degré la polarité magnetique.
Annales de Chimie, Tome 22. p. 47—50.
A letter on the magnetic polarity of a mountain of Serpentine (translated from the french, with observations by Mr. Nicholsom)
Nicholson's Journal, Vol. 1. p. 97—101.
———— : Lettre sur les polarités magnetiques d'une montagne de Serpentine.
Nouv. Journal de Physique, Tome 2. p. 314—320.

Deodat DE DOLOMIEU.
Extrait d'une lettre de Berlin.
Magasin encycloped. 2 Année, Tome 6. p. 7—10.

19. *Crystallographi.*

De Crystallis in universum Scriptores.

Mauritius Antonius CAPPELLER.

Prodromus crystallographiæ, de crystallis improprie sic dictis commentarium. Lucernæ, 1723. 4.
Pagg. 43. tabb. æneæ 3. Adest etiam tabula ænea inedita, cum explicatione scripta manu Cel. Blumenbachii.

Jean Baptiste Louis DE ROME' DELISLE.

Essai de cristallographie.
Pagg. 427. tabb. æneæ 10. Paris, 1772. 8.
——— Seconde edition. ib 1783. 8.
Tome 1. pagg. 623. Tome 2. pagg. 659. Tome 3. pagg. 611. Tome 4. pagg. 80. tabb. æneæ 12; cum tabulis typis impressis pluribus.

Torbern BERGMAN.

Variæ crystallorum formæ, a Spatho ortæ.
Nov. Act. Soc. Upsal. Vol. 1. p. 150—155.
——— in ejus Opusculis, Vol. 2. p. 1—25.
———: De la forme des cristaux, et principalement de ceux qui viennent du Spath.
Journal de Physique, Tome 40. p. 258—270.

René Just HAÜY.

Essai d'une theorie sur la structure des crystaux, appliquée à plusieurs genres de substances crystallisées.
Pagg. 236. tabb. æneæ 8. Paris, 1784. 8.

Memoire où l'on expose une methode analytique, pour resoudre les problemes relatifs à la structure des cristaux.
Mem. de l'Acad des Sc. de Paris, 1788. p. 13—33.

Memoire sur la maniere de ramener à la theorie du parallelipipede celle de toutes les autres formes primitives des crystaux. ibid. 1789. p. 519—533.

Exposition abregée de la theorie de la structure des cristaux. Annales de Chimie, Tome 3. p. 1—29.

Exposition abregée de la theorie sur la structure des crystaux.
Journal d'Hist. nat. Tome 1. p. 158—186, et p. 201—222.
——— Annales de Chimie, Tome 17. p. 225—319.
Uberior est hæc editio, quam in Journ. d'Hist. nat.

——— Journal de Physique, Tome 43. p. 103—145.
Suite, redigée par M. Gillot. ibid. p. 146—161.
Exposé d'une methode simple et facile pour representer les differentes formes cristallines par des signes tres abreges, qui expriment les loix de decroissement auxquelles est soumise la structure.
Journal des Mines, an 4. Thermidor, p. 15—36.

Johann Friedrich Wilhelm WIDEMANN.
Ueber die art kristallisationen zu bestimmen.
Beob. der Berlin. Ges. Naturf. Fr. 4 Band, p. 201—242.

Carl Immanuel LÖSCHER.
Uibergangsordnung bei der kristallisation der fossilien, wie sie aus einander entspringen und in einander übergehen.
Pagg. 58. tabb. æneæ 6. Leipzig, 1796. 4.

Louis Bernard GUYTON.
Resumé des leçons sur la theorie de la cristallisation.
Journal de l'ecole polytechnique, Tome 1. p. 278—286.

20. *Crystallorum Generatio.*

René Antoine Ferchault DE REAUMUR.
De l'arrangement que prennent les parties des matieres metalliques et minerales, lorsqu' apres avoir eté mises en fusion, elles viennent à se figer.
Mem. de l'Acad. des Sc. de Paris, 1724. p. 307—316.

Louis BOURGUET.
Lettre sur la formation des sels et des crystaux.
dans ses Lettres philosophiques, ed. de 1729. p. 35—74.
1762. p. 43—92.

Maur. Ant. CAPPELLERI et *Ludov.* BOURGUET
Litteræ de crystallorum generatione.
Act. Acad. Nat. Cur. Vol. 4. App. p. 9—23.

Carolus LINNÆUS.
Specimen acad. de Crystallorum generatione. Resp. Mart. Kähler.
Pagg. 30. tab. ænea 1. Upsaliæ, 1747. 4.
——— Amoenit. Academ. Vol. 1.
Edit Holm. p. 454—482.
Edit. Lugd. Bat. p. 454—488.
Edit. Erlang. p. 454—482.
——— cum additamento editoris. Select. ex Amoenit. Academ. Dissertat. p. 1—49.

(DE ROBIEN.)
Dissertation sur la formation de trois differentes especes de

de pierres figurees, qui se trouvent dans la Bretagne. a la suite de ses Idées sur la formation des fossiles.
Pagg. 17. tab. ænea 1. Paris, 1751. 8.

Edward King.
An attempt to account for the formation of spars and crystals.
Philosoph. Transact. Vol. 57. p. 58—64.

Jean Claude de la Metherie.
Memoire sur la crystallisation.
Journal de Physique, Tome 17. p. 251—265.

de Launay.
Memoire sur quelques substances minerales, qui presentent le phenomene de la crystallisation par retrait.
Mem. de l'Acad. de Bruxelles, Vol. 5. p. 115—122.

Le Blanc.
Extrait d'un memoire qui a pour titre: Observations generales sur les phenomenes de la cristallisation.
Journal de Physique, Tome 33. p. 374—379.

21. *Crystalli variæ.*

Rudolphus Jacobus Camerarius.
De lapide figurato, ex cubo et octaedro composito.
Ephem. Ac. Nat. Cur. Cent. 3 & 4. p. 15—19.

Michael Fridericus Lochner.
De lapide quadra sinensi. ib. Cent. 7 et 8. p. 385—404.

William Borlase.
An enquiry into the original state and properties of spar, and sparry productions, particularly the spars, or crystals found in the Cornish mines, called Cornish Diamonds.
Philosoph. Transact. Vol. 46. n. 493. p. 250—277.

Joannes Antonius Scopoli.
Crystallographia Hungarica. Pars 1. exhibens crystallos indolis terreæ.
Pagg. 139. tabb. æneæ 19. Pragæ, 1776. 4.

Anon.
Entdeckung einer dem kreuz-steine wesentlichen entstehungs-art der kreuz-figur.
Pagg. 38. tab. ænea 1. Hamburg. 4.

Philippe Picot de la Peirouse.
Description de quelques crystallisations.
Mem. de l'Acad. de Toulouse, Tome 1. p. 303—313.

Adolph Beyer.
Beschreibung und kurze nachricht von einigen Jaspis-

Hornstein-Feuerstein-und Chalcedon-krystallen, welche auf gangen gebrochen haben.
Crell's Beytrage, 2 Band, p. 190—198.

Louis Bosc.
Memoire sur la Chabazie.
Journal d'Hist. nat. Tome 2. p. 181—184.

Hunger.
Von noch unbekannten krystallisationen einiger fossilien; mit einem nachtrag vom Prof. Klaproth.
Beob. der Berlin. Ges. Naturf. Fr. 5 Band, p. 190—201.
Zusaz. Neue Schr. derselb. Gesellsch. 1 Band, p. 183 —191.

22. *Crystalli Lapidum Siliceorum.*

René Just Haüy.
Memoire sur la structure du *Cristal de roche.*
Mem. de l'Acad. des Sc. de Paris, 1786. p. 78—94.

Jean Claude Delametherie.
De la cristallisation du Quartz ou cristal de roche.
Journal de Physique, Tome 42. p. 470, 471.

Adolph Beyer.
Schreiben über die *Hornsteinkristallen.*
Leipzig. Magazin, 1784. p. 49—57.

Urban Friederich Benedict Brückmann.
Quarz-und hornsteinartige seltene krystallisation.
Crell's chem. Annalen, 1786. 2 Band, p. 111—113.
Bemerkungen über die Hornsteinkrystallen. ibid. p. 483 —491.

Christen Fredric Schumacher.
Beschreibung eines kristallen tragenden *Haarzeoliths.*
Göttingisches Journal, 1 Band. 3 Heft, p. 150—154.

Rene Just Haüy.
Sur les crystaux appelles communement *Pierres de croix.*
Mem. de l'Acad. des Sc. de Paris, 1790. p. 27—44.
——— Annales de Chimie, Tome 6. p. 142—158.
Sur la structure des cristaux de *Leucite.*
Journal des Mines, an 5. p. 185—193.
Sur les rapports de figure qui existent entre l'alveole des abeilles et le *Grenat* dodecaedre.
Journal d'Hist. nat. Tome 2. p. 47—53.

23. *Crystalli Lapidum Argillaceorum.*

Jean Baptiste Louis DE ROME DE LISLE.
Note relativement à la figure primitive des *Rubis, Saphirs*, et *Topazes* d'Orient.
Journal de Physique, Tome 30. p. 368—370.

Jean Claude DELAMETHERIE.
Description de la cristallisation d'une *Emeraude*. ibid. Tome 42. p. 154.

René Just HAÜY.
Note sur la cristallisation de l'Emeraude.
Journal des Mines, an 4. Germinal, p. 72—74.

Memoire sur la structure des cristaux de *Schorl*.
Mem. de l Acad. des Sc. de Paris, 1787. p. 92—109.

Extrait des observations sur le *Spath adamantin*.
Journal de Physique, Tome 30. p. 193—195.

Count DE BOURNON.
An analytical description of the crystalline forms of Corundum, from the East Indies, and from China.
Philosoph. Transact. 1798. p. 428—444.

Hermenegilde PINI.
Sur des nouvelles cristallisations de *Feldspath*. vide supra pag 41.

René Just HAÜY.
Sur la structure des cristaux de Feld-spath.
Mem. de l'Acad. des Sc. de Paris, 1784. p. 273—286.

24. *Crystalli Lapidum Talcinorum.*

Jean Claude LAMETHERIE.
Du *Peridot*. (Chrysolithus Werneri.)
Nouv. Journal de Physique, Tome 1. p. 397—399.

25. *Crystalli Lapidum Calcareorum.*

Gio. Serafino VOLTA
Esame di alcune cristallizzazioni, che si ritrovano nei monti minerali dell' Ongheria inferiore.
Opuscoli scelti, Tomo 3. p. 17—23.

J. A. DODUN.
Lettre sur la decouverte d'un spath calcaire cristallise en cubes reguhers.
Journal de Physique, Tome 37. p. 309, 310.
Jean Claude DELAMETHERIE.
Spath calcaire presque cubique ou cuboide. ibid. Tome 42. p. 472, 473.
René Just HAÜY.
Sur un nouveau rhomboïde de spath calcaire.
Journal d'Hist. nat. Tome 1. p. 148—156.
Memoire sur une espece de loi particuliere a laquelle est soumise la structure de certains cristaux, appliquée à une nouvelle varieté de carbonate calcaire.
Journal des Mines, an 4. Brumaire, p. 11—22.
Wilhelm HISING.
Underrättelse om sammansattningen af Orstens-crystaller.
Götheb. Wet. Samh. Handl. Wetensk. Afdeln. 3 Styck. p. 3, 4.

Georg Siegmund Otto LASIUS.
Ueber die kristallisation des *Sedativspathes.*
Beob. der Berlin. Ges. Naturf. Fr. 3 Band, p. 177—186.
4 Band, p. 243.
Jean Claude DELAMETHERIE.
De la forme du spath boracique.
Journal de Physique, Tome 41. p. 157, 158.

26. *Crystalli Lapidum Baryticorum.*

Claude L'ERMINA.
Nouvelle cristallisation du sulfate de baryte natif, ou *Spath pesant.*
Journal de Fourcroy, Tome 2. p. 257, 258.
J. A. DODUN.
Lettre sur la cristallisation d'un Spath pesant (sulfate de baryte) en petits cubes obliques, inclines sous un angle de 105°.
Journal de Physique, Tome 39. p. 186, 187.
Lettre à J. C. Delametherie. ib. Tome 43. p. 245, 246.
René Just HAÜY.
Extrait d'un memoire sur quelques varietes de sulfate barytique ou Spath pesant.
Annales de Chimie, Tome 12. p. 3—14.

GILLOT.
Memoire sur la structure de l'*Hyacinthe* cruciforme.
Journal de Physique, Tome 43. p. 161—163.

27. *Crystalli Salium.*

Domenico GUGLIELMINI.
De Salibus dissertatio physico-medico-mechanica.
Pagg. 280. Venetiis, 1705. 8.
Riflessioni filosofiche dedotte dalle figure de' sali.
Pagg. 43. tab. ænea 1. Padova, 1706. 4.
Andrea Elia BÜCHNERO
Præside, Dissertatio de crystallisatione. Resp. Adam. Sam. Thebesius.
Pagg. 52. Halæ, 1758. 4.

Gustavus Casimir GAHRLIEP.
De crystallis Salis marini singularibus.
Ephem. Ac. Nat. Cur. Dec. 2. Ann. 10. p. 20, 21.
LE BLANC.
Extrait d'un essai sur quelques phenomenes relatifs a la cristallisation des Sels neutres.
Journal de Physique, Tome 31. p. 29—32, et p. 93—100.
Observations sur l'Alun cubique, et sur le Vitriol de Cobalt. ibid. p. 241—245.
René Just HAUY.
Extrait d'un memoire sur la structure des cristaux de Nitrate de potasse. Annales de Chimie, Tome 14. p. 85—96.

28. *Crystalli Adamantis.*

Jean Claude DELAMETHERIE.
Notice sur une nouvelle forme de cristallisation du Diamant.
Journal de Physique, Tome 40. p. 219—224.

29. *Crystalli Metallorum.*

Louis Bernard Guyton de MORVEAU.
Sur les crystallisations metalliques.
Journal de Physique, Tome 13. p. 90—92.
René Just HAÜY.
Sur la structure de divers crystaux metalliques.
Mem. de l'Acad. des Sc. de Paris, 1785. p. 213—228.

——— Journal de Physique, Tome 27. p. 458—462.

Jean Baptiste Louis DE ROME' DE L'ISLE.

Observations sur les rapports, qui paroissent exister entre la mine dite Cristaux d'Etain, et les cristaux de Fer octaëdres.

Act. Acad. Mogunt. 1786,87. Pagg. 11.

——— Journal de Physique, Tome 33. p. 39—44.

C. PAJOT.

Description de diverses cristallisations metalliques. ibid. Tome 38. p. 52—54.

René Just HAÜY.

Sur les crystaux d'*Argent* rouge.

Journal d'Hist. nat. Tome 2. p. 216—231.

Jean Claude DELAMETHERIE.

Cristallisation du *Cinabre*.

Nouv. Journal de Physique, Tome 2. p. 400.

Louis Bernard Guyton DE MORVEAU.

Observation de la cristallisation du *Fer*. Mem. etrangers de l'Acad. des Sc. de Paris, Tome 9 p. 513—520.

——— Journal de Physique, Tome 8. p. 348—353.

GRIGNON.

Observation sur la crystallisation du Fer. ibid. Tome 9. p. 224—226.

Louis Bernard Guyton DE MORVEAU.

Lettre pour servir de reponse à l'observation de Grignon. ibid. p. 303—305.

PASUMOT.

Sur la crystallisation du Fer. ib. Tome 14. p. 437—445.

Wilhelm HISING.

Octaedrisk Järnmalm. Götheb. Wet. Samh. Handl. Wetensk. Afdeln. 3 Styck. p. 4, 5.

POUGET.

Memoire sur la cristallisation des substances metalliques, et du *Bismuth* en particulier. ib. Tome 30. p. 355—358.

René Just HAÜY.

Note sur la cristallisation du *Titane*.

Journal des Mines, an 4. Frimaire, p. 28—30.

30. *Lapides figurati.*

Johannes Christianus Kundmann.
Gemmæ quædam figuratæ.
Act. Acad. Nat. Curios. Vol. 2. p. 244—251.
Caroli Nicolai Langii
Appendix ad historiam lapidum figuratorum Helvetiæ, de miro quodam Achate, qui coloribus suis imaginem Christi in cruce morientis repræsentat, cujus occasione quoque de aliis mirabilibus, tam Achatum, quam aliorum lapidum figuris agitur.
Typis monasterii Einsidlensis, 1735. 4.
Pagg. 10. tab. ænea 1.
Anon.
Beschreibung etlicher steine mit gemälden.
Berlin. Magazin, 1 Band, p. 473—484.
Jean Etienne Guettard.
Memoire sur les pierres figurées, pour servir à l'histoire des prejugés en mineralogie, et à l'intelligence de plusieurs endroits de l'histoire naturelle de Pline.
dans ses Memoires, Tome 4. p. 503—614.
Deodat de Dolomieu.
Memoire sur les pierres figurées de Florence.
Journal de Physique, Tome 43. p. 285—291.
Louis Jean Marie Daubenton.
Memoire sur les pierres figurées et principalement sur la pierre de Florence.
Magazin encyclopedique, Tome 1. p. 38—45.

31. *Dendritæ.*

Kilian Stobæus.
De Dendrite Scanico.
Act. Liter. et Scient. Sveciæ, 1730. p. 63—67.
Historia naturalis Dendritæ Lapidumque cognatorum.
Resp. Nic. Retzius. Londini Goth. 1734. 4.
Pagg. 36. tabb. æneæ 3, et ligno incisa 1.
——— in ejus Operibus, p. 73—112.
Abbé de Sauvages.
Essai sur la formation des Dendrites des environs d'Alais.
Mem. de l'Acad. des Sc. de Paris, 1745. p. 561—576.
Franciscus Ernestus Brückmann.
Dendrites Abachiensis.
Act. Acad. Nat. Curios. Vol. 8. p. 219, 220.

SALERNE.
Essai sur les Dendrites des environs d'Orleans.
Mem. etrangers de l'Acad. des Sc. de Paris, Tome 2. p. 1—12.

Friedrich August CARTHEUSER.
Von den Dendriten oder bäumchensteinen.
in sein. Mineralog. Abhandlung. 1 Theil, p. 153—171.

Karl Freyherr VON MEIDINGER.
Ueber den ursprung der Baumsteine oder Dendriten. Beschäft. der Berlin. Ges. Naturf. Fr. 3 Band, p. 433—436.

A. MONGEZ.
Sur les cailloux herborisés.
Journal de Physique, Tome 17. p. 387, 388.

Louis Jean Marie DAUBENTON.
Memoire sur les causes qui produisent trois sortes d'herborisations dans les pierres.
Mem. de l'Acad. des Sc. de Paris, 1782. p. 667—673.

32. *Lapides elastici.*

Charles Abraham GERHARD.
Sur une nouvellè espece de pierre flexible.
Mem. de l'Acad. de Berlin, 1783. p. 107—112.

Philippe Frederic Baron DE DIETRICH.
Description d'une pierre elastique.
Journal de Physique, Tome 25. p. 275, 276.
———: Beschreibung eines biegsamen und elastischen steins.
Lichtenberg's Magazin, 3 Band. 1 Stück, p. 53—55.

Martin Heinrich KLAPROTH.
Chemische untersuchung des neuentdeckten elastischen steins.
Schr. der Berlin. Ges. Naturf. Fr. 6 Band, p. 322—327.
——— in sein. Beitr. zur chem. kenntn. der Mineralkörper, 2 Band, p. 113—117.

Friedrich Wilhelm SIEGFRIED.
Nachtrag zur geschichte des elastisch biegsamen steins.
Schr. der Berlin. Ges. Naturf. Fr. 6 Band, p. 328—333.

James HUTTON.
Of the flexibility of the Brazilian stone. Transact. of the R. Soc. of Edinburgh, Vol. 3. p. 86—94.

FLEURIAU DE BELLEVUE.
Sur un marbre elastique du Saint-Gothard.
Journal de Physique, Tome 41. p. 86—91.

———: Sopra un marmo elastico di S. Gotardo.
Opuscoli scelti, Tomo 16. p. 402—406.
Sur la maniere de donner de la flexibilite à plusieurs mineraux, et sur quelques pierres qui sont naturellement flexibles et elastiques.
Journal de Physique, Tome 41. p. 91—107.
Ex utroque libello excerpta, germanice, in Voigt's Magazin, 8 Band. 4 Stück, p. 41—55.

33. *Congelatio Mercurii.*

Josephus Adamus BRAUN.
De admirando frigore artificiali quo Mercurius seu Hydrargyrus est congelatus, Dissertatio.
Nov. Comm. Acad. Petropol. Tom. 11. p. 268—301.
———: Verhandeling over het bevriezen en styf worden van't Kwikzilver.
Uitgezogte Verhandelingen, 6 Deel, p. 74—115.
——— Excerpta, anglice per W. Watson, in Philosoph. Transact. Vol. 52. p. 156—172.
Additamenta nova et supplementa ad dissertationem de congelatione Mercurii sive Hydrargyri.
Nov. Comm. Acad. Petropol. Tom. 11. p. 302—319.
Thomas HUTCHINS.
An account of the success of some attempts to freeze Quicksilver, at Albany fort, in Hudson's bay, in the year 1775.
Philosoph. Transact. Vol. 66. p. 174—178.
———: Experiences faites à Albany-fort, dans la Baie d'Hudson, pour geler le Mercure.
Journal de Physique, Tome 12. p. 315—317.
———: Versuch, das Quecksilber zu Fort Albany in der Hudson's bay gefrieren zu machen.
Crell's Journal, 1 Theil, p. 205, 206.
Johann Friedrich BLUMENBACH.
Vom gefrieren des Queksilbers.
Berlin. Sammlungen, 9 Band, p. 132—135.
——— anglice, in the Philosoph. Transact. Vol. 73. p. 336—338.
Thomas HUTCHINS.
Experiments for ascertaining the point of mercurial congelation.
Philosophical Transactions, Vol. 73. p. *303—*370.

Henry CAVENDISH.

Observations on Mr. Hutchins's experiments for determining the degree of cold at which Quicksilver freezes.

Philosophical Transactions, Vol. 73. p. 303—328.

Charles BLAGDEN.

History of the congelation of Quicksilver. ibid. p. 329—397.

————: Geschichte der versuche über das gefrieren des Quecksilbers.

Sammlungen zur Physik, 3 Band, p. 347—383, et p. 515—575.

Eric LAXMANN.

Ueber das gefrieren des Quecksilbers.

Crell's chem. Annalen, 1785. 1 Band, p. 244, 245.

ANON.

Sur la congelation du Mercure.

Nov. Act. Acad. Petropol. Tom. 3. Hist. p. 60—62.

Observations sur le froid et la congelation naturelle du Mercure, faites à Oustioug-velikoi par M. Fries. ibid. Tome 5. Hist. p. 31—34.

HASSENFRATZ, WELTER, BONJOUR et HACHETTE.

Experience de la congelation du Mercure, faite à l'ecole centrale des travaux publics.

Journal de l'ecole polytechnique, 1 Cahier, p. 123—128.

34. *Observationes Geologicæ miscellæ.*

Joannis Baptistæ SCARAMUCCI
Meditationes familiares ad A. Magliabechium, in epistolam ei conscriptam de Sceleto Elephantino a W. E. Tentzelio, ubi quoque Testaceorum petrifactiones defenduntur, et aliqua subterranea phænomena examini subjiciuntur. Plagg. $3\frac{1}{2}$. Urbini, 1697. 4.

Urban HJÄRNE.
Den korta anledningen til malm-och bergarters, mineraliers, &c. efterspörjande och angifvande (vide supra pag. 3.) besvarad.
1 Flock, om vatn. pagg. 132.
Stockholm, 1702. 4.
2 Flock, om jorden och landskap i gemeen. p. 133—416. 1706.
Cum figg. ligno incisis.

Daniel TILAS.
Tankar om malmletande, i anledning af löse gråstenar. Vetensk. Acad. Handling. 1740. p. 190—193.

Johann Gottlob LEHMANN.
Ohnmassgeblicher vorschlag, auf was art und weise man zu einer genauern entdeckung der unter der erde verborgenen dinge, oder kurz zu sagen, zu einer unterirdischen erdbeschreibung gelangen könne.
Physikal. Belustigung. 2 Band, p. 27—42.
———— : Discours sur les moyens de faire une description du monde souterrein.
dans ses Traités de Physique, Tome 1. p. 305—315.

Carl August SCHEIDTS
Versuch einer bergmännischen erdbeschreibung, worinnen der ganze erdboden als ein flözwerk, seine berge aber nur als abweichungen von ihrem ganzen betrachtet werden, nebst daraus hergeleiteten sichern regeln, wie auf selbigen gänge erze und mineralien aufzusuchen. Abhandl. der Churbajer. Akad. 2 Band. 2 Theil, p. 61—125.

Torbern BERGMAN.
Bref om eldens värkningar, så vid eldsprutande bergen som de heta källorna (i Island) samt om Basalten. tryckt med Troils bref om Island; p. 327—376.
———— in english, with the translation of Troil's letters; p. 338—400.

Jean François Clement MORAND.
Sur les montagnes ou mines de charbon de terre, embrasées spontanement.
Mem. de l'Acad. des Sc. de Paris, 1781. p. 169—227.
Pehr Adrian GADD.
Inledning, at efter Finska bergens art och läge samt stenarternes beskaffenhet, upsöka nyttiga mineralier. Förra delen. Resp. Lars Ge. Rabenius.
Pagg. 16. Åbo, 1788. 8.
Jean Henri HASSENFRATZ.
Memoire sur l'arrangement de plusieurs gros blocs de differentes pierres que l'on observe dans les pays montagneux.
Annales de Chimie, Tome II. p. 95—107.
Memoire sur l'espece de terrein propre aux mines de charbon de terre. ib. p. 261—278.
Joachim Graf VON STERNBERG.
Geologische bemerkungen auf einer reise nach Norden.
Mayer's Samml. physikal. Aufsäze, 4 Band, p. 1—16.
Deodat DOLOMIEU.
Discours sur l'etude de la Geologie.
Nouv. Journ de Physique, Tome 2. p. 256—272.

35. *Geogonia, et Historia Telluris.*

Thomas BURNET.
Telluris theoria sacra, orbis nostri originem et mutationes generales, quas aut jam subiit, aut olim subiturus est, complectens. Libri duo priores, de diluvio et paradiso.
Pagg. 306; cum tabb. æneis. Londini, 1681. 4.
———: The theory of the earth. The 2 first books, concerning the deluge, and paradise.
Pagg. 327; cum tabb. æneis. ib. 1684. fol.
Libri duo posteriores, de conflagratione mundi, et de futuro rerum statu. Pagg. 262. ib. 1689. 4.
Herbert CROFT *Lord Bishop of Hereford.*
Some animadversions upon a book intituled the theory of the earth. Pagg. 178. ib. 1685. 8.
John HARRIS.
Remarks on some late papers, relating to the universal deluge, and to the natural history of the earth.
Pagg. 270. ib. 1697. 8.
Thomas ROBINSON.
Observations on the natural history of this world of matter, and of this world of life; being a philosophical

discourse, grounded upon the Mosaick system of the creation, and the flood.
Pagg. 222. London, 1699. 8.

John WOODWARD.

An essay towards a natural history of the earth, and ter restrial bodies, especially minerals, with an account of the universal deluge, and of the effects that it had upon the earth.
Second edition. Pagg. 277. London, 1702. 8.

Naturalis historia telluris illustrata et aucta, una cum ejusdem defensione, præsertim contra nuperas objectiones El. Camerarii. ib. 1714. 8.
Pagg. 105; præter methodicam fossilium distributionem, de qua supra pag. 8.

——— ———: Geographie physique, ou essay sur l'histoire naturelle de la terre, traduit par M. Noguez; avec la reponse aux observations de M. Camerarius, et plusieurs lettres ecrites sur la meme matiere, traduites par le R. P. Niceron. Amsterdam, 1735. 8.
Pagg. 392; præter fossilium distributionem.

Robert HOOKE.

Lectures and discourses of earthquakes, and subterraneous eruptions, explicating the causes of the rugged and uneven face of the earth, and what reasons may be given for the frequent finding of shells and other sea and land petrified substances, scattered over the whole terrestrial superficies. in his Posthumous works, p. 277—450.
London, 1705. fol.

John RAY.

Three physico-theological discourses, concerning the primitive chaos, and creation of the world; the general deluge, its causes and effects; the dissolution of the world, and future conflagration. Third edition.
Pagg. 456. London, 1713. 8.

William WHISTON.

A new theory of the earth. Third edition.
Pagg. 460; cum tabb. æneis. ib. 1722. 8.

Louis BOURGUET.

Memoire sur la theorie de la terre. impr. avec ses Lettres philosophiques, edit. de 1729. p. 175—220.
1762. p. 217—270.

Daniel TILAS.

Stenrikets historia. Tal vid Præsidii afläggande i Vetenskaps Academien.
Pagg. 32. Stockholm, 1742. 8.

Henricus Fridericus DELIUS.
Rudera terræ mutationum particularium testes possibiles pro diluvii universalis testibus non habenda, occasione inversionis Limæ et Collo in America meridionali.
Pagg. xx. Lipsiæ et Wolfenb. 1747. 4.
——— Act. Ac. Nat. Cur. Vol. 9. App. p. 123—140.

Godefridi Guilielmi LEIBNITII
Protogæa, sive de prima facie telluris et antiquissimæ historiæ vestigiis in ipsis naturæ monumentis dissertatio, edita a Chr. Lud. Scheidio.
Pagg. 86. tabb. æneæ 12. Goettingæ, 1749. 4.

ANON.
Von den veränderungen, welchen die oberfläche unserer erde unterworfen.
Hamburg. Magazin, 3 Band, p. 331—363.

George Louis le Clerc Comte DE BUFFON.
Histoire et theorie de la terre. dans son Histoire naturelle, Tome 1. p. 65—612.
Des epoques de la nature. ibid. Supplem. Tome 5. p. 1—254.
Additions et corrections aux articles qui contiennent les preuves de la theorie de la terre. ib. p. 255—494.
Notes justificatives des faits rapportés dans les epoques de la nature. ib p. 495—599.

Johann Reinhold FORSTER.
Ueber Büffons epochen der natur.
Götting. Magazin, 1 Jahrg. 1 Stuck, p. 140—157.

Johannes Gotschalk WALLERIUS.
Disputatio de tellure olim per ignem non fluida. Resp. Joh. Murberg. (1761.)
in ejus Disputat. academ. Fascic. 2. p. 165—184.
Meditationes physico-chemicæ de origine mundi, in primis geocosmi, ejusdemque metamorphosi.
Pagg. 242. tab. ænea 1. Stockholm. et Upsal. 1779. 8.

ANON.
Schreiben an einen freund, in welchem Woodwards und Moro gedanken über die veränderungen der erde in betrachtung gezogen werden.
Dresdnisches Magazin, 2 Band, p. 159—186.

Jean George SULZER.
Conjecture physique sur quelques changemens arrivés dans la surface du globe terrestre.
Hist. de l'Acad. de Berlin, 1762. p. 90—98.

Rudolphus Ericus RASPE.

Specimen historiæ naturalis globi terraquei, præcipue de novis e mari natis insulis, et ex his exactius descriptis et observatis, ulterius confirmanda, Hookiana telluris hypothesi, de origine montium et corporum petrefactorum.

Pagg. 191. tabb. æneæ 3. Amstelod. et Lips. 1763. 8.

Elie BERTRAND.

Memoires sur la structure interieure de la terre. dans le Recueil de ses traités sur l'hist. nat. p. 1—103.

DE P*** (*Cornelius* DE PAUW.)

Sur les vicissitudes de notre globe. dans ses Recherches sur les Americains, Tome 2. p. 326—351.

John WHITEHURST.

An inquiry into the original state and formation of the earth. Pagg. 199. tabb. æneæ 5. London, 1778. 4.

——— Second edition.

Pagg. 283. tabb æneæ 7. ib. 1786. 4.

Jean André DE LUC.

Lettres physiques et morales, sur les montagnes, et sur l'histoire de la terre et de l'homme, adressées à la Reine de la Grande Bretagne.

Pagg. 226. la Haye, 1778. 8.

Lettres à M. de la Metherie. Journal de Physique,

Tome 36. p. 144—154, p. 193—207, p. 276—290, p. 363—379, et p. 450—469.

37. p. 202—219, p. 290—308, p. 332—351, et p. 441—459.

38. p. 90—109, p. 174—191, p. 271—288, et p. 378—394.

39. p. 215—230, p. 332—348, et p. 453—464.

40. p. 101—116, p. 180—197, p. 275—292, p. 352—369, et p. 450—467.

41. p. 32—50, p. 123—140, p. 221—239, p. 328—345, et p. 414—431.

42. p. 88—103, et p. 218—237.

43. p. 20—38.

Geologische briefe an Hrn Prof. Blumenbach; aus der französischen handschrift.

Voigt's Magazin, 8 Band. 4 Stück, p. 1—41.

9 Band. 1 Stück, p. 1—123.

4 Stück, p. 1—49.

10 Band. 3 Stück, p. 1—20.

4 Stück, p. 1—104.

11 Band. 1 Stück, p. 1—71.

DE LAUNAY.

Discours sur la theorie de la terre.

Mem. de l'Acad. de Bruxelles, Tome 2. p. 509—529.

Philipp Engel KLIPSTEIN.

Geschichte der erde. in sein. Mineralog. Briefwechsel, 2 Band, p. 431—477.

Wilh. Friedr. Freyh. VON GLEICHEN *genannt Russworm.*

Von entstehung, bildung, umbildung und bestimmung des erdkörpers.

Pagg. 150. Berlin, 1782. 8.

Franz STEINSKY.

Ueber eine in stein gefundene münze, nebst einigen dadurch veranlassten gedanken über die entstehung der gegenwärtigen oberfläche der erde. Abhandl. einer privatgesellsch. in Böhmen, 6 Band, p. 377—394.

James DOUGLAS.

A dissertation on the antiquity of the earth.

Pagg. 86; cum tabb. æneis. London, 1785. 4.

G. H. TOULMIN.

The eternity of the world.

Pagg. 133. ibid. 1785. 8.

Johann Heinrich VOIGT.

Zufallige gedanken über die veränderungen unsrer erdfläche.

Lichtenberg's Magazin, 3 Band. 4 Stück, p. 1—19.

Balthazar HACQUET.

Auszug aus einem schreiben, die zufällige gedanken über die veränderungen unserer erdfläche betreffend. ib. 6 Band. 1 Stück, p. 78—80.

James HUTTON.

Theory of the earth. Transact. of the Roy. Soc. of Edinburgh, Vol. 1. p. 209—304.

——— Seorsim etiam adest, pagg. 96. tabb. æn. 2. 4.

———: Theorie der erde.

Sammlungen zur Physik, 4 Band, p. 625—725.

Antoine Laurent LAVOISIER.

Observations sur les couches modernes horizontales, qui ont eté deposées par la mer, et sur les consequences qu'on peut tirer de leurs dispositions, relativement à l'ancienneté du globe terrestre.

Mem. de l'Acad. des Sc. de Paris, 1789. p. 351—371.

Ermenegildo PINI.

Saggio di una nuova teoria della terra.

Opuscoli scelti, Tomo 13. p. 361—389.

Addizioni al saggio di una nuova teoria della terra, in risposta all' esame fattone del Sig. De Luc.
Opuscoli scelti, Tomo 15. p. 3—52.

Sulle rivoluzioni del globo terrestre provenienti dall' azione dell' acque, memoria geologica.
Mem. della Società Italiana, Tomo 5. p. 163—257.

——— migliorata dall' autore. Opuscoli scelti, Tomo 16. p 17—60, et p. 38—129.

Parte seconda.
Mem. della Società Italiana, Tomo 6. p. 389—500.

Jean Claude DELAMETHERIE.

Lettres à M. de Luc sur la theorie de la terre.
Journal de Physique, Tome 39. p. 286—307, et p. 425—452.
41. p. 437—457.

De quelques phenomenes de la cristallisation geologique. ib. Tome 42. p. 132—154, p. 294—316, et p. 445—455.

Suite de l'explication des phenomenes geologiques. ib. Tome 43. p. 355—371.

Benjamin FRANKLIN.

Conjectures concerning the formation of the earth.
Transact. of the Amer. Society, Vol. 3. p. 1—5.

C. L. KAMMERER.

Geologische bemerkungen.
Naturforscher, 27 Stück, p. 158—176.

Moriz Balthasar BORKHAUSEN.

Epochen der schöpfung, oder über die ausbildung der erde, und besonders ihre gegenwärtige oberfläche, aus den urkunden der natur und den denkmälern der vorwelt geschopft.
Rheinisches Magazin, 1 Band, p. 1—134.

G. ROMME.

Vues geologiques.
Journal des Mines, an 3. Pluviose, p. 51—60.

Horace Benedict DE SAUSSURE.

Agenda, ou tableau general des observations et des recherches, dont les resultats doivent servir de base à la theorie de la terre. ib. an 4. Floreal, p. 1—70.

Richard KIRWAN.

On the primitive state of the globe, and its subsequent catastrophe.
Transact. of the Irish Acad. Vol. 6. p. 233—308.

Deodat DOLOMIEU.

Rapport fait à l'Institut National, sur ses voyages de l'an 5 et 6.

Nouv. Journal de Physique, Tome 3. p. 401—427.

——— Journal des Mines, an 6. p. 385—432.

Excerpta in Magasin encyclopedique, 3 Année, Tome 5. p. 148—156.

36. *Hypothesis Diminutionis Aquarum.*

Emanuelis SVEDENBORGII

Epistola ad Jacobum a Melle.

Act. Literar. Sveciæ, 1721. p. 192—196.

——— : Some indications of the deluge in Sweden.

Acta Germanica, p. 66—68.

Benoit DE MAILLET.

Telliamed, ou entretiens d'un philosophe Indien avec un missionaire François, sur la diminution de la mer, la formation de la terre, &c. mis en ordre sur les memoires de feu M. de Maillet, par J. A. G * * *

Amsterdam, 1748. 8.

Tome 1. pagg. cxix et 208. Tome 2. pagg. 231.

Johan BROWALLIUS.

Betänkande om vattuminskningen.

Pagg. 250. tab. ænea 1. Stockholm, 1755. 8.

Petro KALM

Præside, Dissertatio examen animadversionum pseudonymi cujusdam de hypothesi diminutionis aquarum sistens. Resp. Joh. Browallius J. F.

Pagg. 14. Aboæ, 1757. 4.

Bengt FERNER.

Tvisten om vattu-minskningen, föreställd uti et Tal vid Præsidii afläggande i Vetenskaps Academien.

Pagg. 56. Stockholm, 1765. 8.

——— : Dissertation sur la diminution de l'eau de la mer.

Journal de Physique, Introd. Tome 1. p. 5—29.

R * * *

Lettre sur le memoire de M. Ferner. ib. p. 96—102.

Elie BERTRAND.

Lettre sur la diminution des mers, et l'origine des montagnes. dans le Recueil de ses traités sur l'Hist. nat. p. 527—541.

37. *Diluvium universale*.

Jacobi GRANDII

De veritate diuuvii universalis, et Testaceorum, quæ procul a mari reperiuntur, generatione, epistola. impr. cum Quirino de Testaceis fossilibus musæi Septalliani; p. 19—76. Venetiis, 1676. 4.

Caroli Nicolai LANGII

Tractatus de origine lapidum figuratorum, in quo disseritur, utrum sint corpora marina a diluvio ad montes translata, vel an a seminio quodam e materia lapidescente intra terram generentur; quibus accedit accurata diluvii, ejusque in terra effectuum descriptio.
Pagg. 80. Lucernæ, 1709. 4.

David Sigismund BÜTTNERS

Rudera diluvii testes, i. e. zeichen und zeugen der sündfluth, in ansehung des izigen zustandes unserer erd-und wasser-kugel, insonderheit der darinnen vielfältig auch zeither in Querfurthischen revier unterschiedlich angetroffenen, ehemals verschwemten thiere und gewächse.
Pagg. 314 tabb. æneæ 30. Leipzig, 1710. 4.

Engelbertus KÆMPFER.

Rudera diluvii mosaici in Persia.
in ejus Amoenitat. exoticis, p. 427—435.

Joannes Georgius LIEBKNECHT.

Discursus de diluvio maximo, occasione inventi nuper in comitatu Laubacensi, et ex mira metamorphosi in mineram ferri mutati ligni.
Giessæ et Francof. 1714. 8.
Pagg. 352; præter Geilfusium de terra sigillata Laubacensi, de quo infra, Parte 3.

Josephus MONTI.

De monumento diluviano nuper in agro Bononiensi detecto, Dissertatio, in qua permultæ ipsius inundationis vindiciæ, a statu terræ antediluvianæ et postdiluvianæ desumptæ, exponuntur.
Pagg. 50 tab. ænea 1. Bononiæ, 1719. 4.

Carolus Gustavus HERÆUS.

De ossium petrificatorum ortu diluviano.
Ephem. Ac. Nat. Cur. Cent. 9 & 10. p. 231—246.

Johanne Guilielmo BAJERO

Præside, Dissertatio: Fossilia diluvii universalis monumenta. Resp. Ge. Chph. Eichler.
Pagg. 34. Altorfii, 1722. 4.

Antonio VALLISNERI.

De' corpi marini, che su' monti si trovano, della loro origine, e dello stato del mondo avanti il diluvio, nel diluvio, e dopo il diluvio. in ejus Opere, Tomo 2. p. 305—363.

Joannis Christophori HARENBERGI

Ad F. E. Brückmannum epistola lithologica.
Plag. 1. Wolffenbuttelæ, 1729. 4.

Kilian STOBÆUS.

Monumenta diluvii universalis ex historia naturali. Dissertatio. Resp. Joh. Henr. Burmester. (1741.) in ejus Operibus, p. 286—327.

Giuseppe Antonio COSTANTINI.

La verità del diluvio universale vindicata dai dubbii, e dimostrata nelle sue testimonianze.
Pagg. 493. Venezia, 1747. 4.

Johanne Gotschalk WALLERIO

Præside, Dissertatio de vestigiis diluvii universalis. Resp. Dan. Joh Lagerlöf.
Pagg 16. Upsaliæ, 1760. 4.

De collibus ad Uddevalliam conchaceis. Resp. Ol. Bruhn. (1764.)
in ejus Disputat. academ. Fascic. 2. p. 107—132.

A. CATCOTT.

A treatise on the deluge.
Pagg. 296. tab. ænea 1. London, 1761. 8.

Vincenzo ROSA.

Sul diluvio universale riflessioni.
Opuscoli scelti, Tomo 17. p. 246—252.

38. *Montes.*

Martino LIPENIO

Præside, Ορολογια i. e. Disputatio physica de montibus. Resp. Nath. Grünberg. (Stetini, 1675.)
Plagg. 3. recusa Hildesheimii, 1684. 4.

Johanne BILBERG

Præside, Disputatio de natura montium. Resp. Jon. Emzelius.
Plagg. 2¼. Holmiæ, 1681. 8.

Haraldo VALLERIO

Præside, Dissertatio exhibens montium differentiam. Resp. Widich. Harkman.
Pagg. 35. Upsaliæ, 1702. 8.

Elias HELTBERG.

Dissertatio physica prima de origine et natura montium et fontium. Resp. Petr. Heiberg.
Pagg. 11. Havniæ, 1713. 4.

Johann Georg SULZERS

Untersuchung von dem ursprung der berge.
Pagg. 44. tab. ænea 1. Zürich, 1746. 4.

Johannes Gotschalk WALLERIUS.

Dissertatio de origine montium. Resp. Laur. Ekstrand.
Pagg. 18. Upsaliæ, 1758. 4.
——— in ejus Disput. academ. Fascic. 2. p. 64—74.
De diversitate montium extrinseca. Resp. Thom. Gust. Bjurling. Pagg. 10. Upsaliæ, 1760. 4.
——— in ejus Disput. academ. Fascic. 2. p. 38—52.
De incrementis montium dubiis. Resp. Petr. Frisendahl.
Pagg. 12. Upsaliæ, 1761. 4.
——— in ejus Disput. academ. Fascic. 2. p. 75—85.
De natura et indole montium diversa. Resp. Ol. Omnberg. (1765.) ibid. p. 53—63.

Philippe BUACHE.

Essai de geographie physique, où l'on propose des vues generales sur l'espece de charpente du globe, composée des chaines de montagnes qui traversent les mers comme les terres.
Mem. de l'Acad. des Sc. de Paris, 1752. p. 399—416.

Johannes Gottlob LEHMANN.

Specimen orographiæ generalis tractus montium primarios globum nostrum terraqueum pervagantes sistens.
Pagg. 34. Petropoli, 1762. 4.

Elie BERTRAND.

Essai sur les usages des montagnes. dans le Recueil de ses traités sur l'Hist. nat. p. 105—222.

ANON.

Sur l'etude des montagnes.
Journal de Physique, Tome 2. p. 416—432.

Giovanni ARDUINO.

Saggio fisico-mineralogico di lythogonia e orognosia.
Atti dell' Accad. di Siena, Tomo 5. p. 228—300.
——— Seorsim etiam adest. Pagg. 76. 4.
——— corretto ed accresciuto di alcune note; in ejus Raccolta di memorie chim. miner. p. 95—237.

Pierre Simon PALLAS.

Observations sur la formation des montagnes, et les changemens arrivés au globe, particulierement à l'egard de l'empire Russe. Pagg. 49. St. Petersbourg, 1777. 4.

——— Act. Acad. Petropol. 1777. Hist. p. 21—64.

——— : Beobachtungen über die berge, und die veränderungen der erdkugel, besonders in beziehung auf das Russische reich.
Sammlungen zur Physik, 1 Band, p. 131—195.

ANON.
Reflexions sur quelques observations de M. Pallas, et relatives à la formation des montagnes.
Journal de Physique, Tome 13. p. 329—350.
——— : Bemerkungen über die beobachtungen des Herrn Pallas, die entstehung der berge betreffend.
Sammlungen zur Physik, 2 Band, p. 175—210.
Excerpta, italice, in Opuscoli scelti, Tomo 2. p. 342—348.

Jean Jacques FERBER.
Reflexions sur l'ancienneté relative des roches et des couches terreuses qui composent la croute du globe terrestre.
Act. Acad. Petropol. 1782. Pars post. p. 185—213.
Nov. Act. Ac. Petrop. Tom. 1. p. 297—322.
2. p. 163—180.
Enodatio quæstionis an indoles matricis metalliferæ et metalli quod continet, notam præbet certam, qua dignosci possunt montes primarii a secundariis. ibid. Tom. 4. p. 284—290.

Peter BUTINI.
Allgemeine beobachtungen über die gebürge, auf einer alpenreise gesammlet.
Schr. der Berlin. Ges. Naturf. Fr. 5 Band, p. 1—30.

Friedrich Wilhelm Heinrich VON TREBRA.
Erfahrungen vom innern der gebirge.
Dessau und Leipzig, 1785. fol.
Pagg. 244. tabb. æneæ color. 8.

Le C. DE N * * *
Essais sur les montagnes. Amsterdam, 1785. 8.
1 partie. pagg. 509. 2 partie. pagg. 632.

MONNET.
Dissertation sur les montagnes et les terreins à mines en general. Journal de Physique, Tome 28. p. 244—252, et p. 352—364.
——— : Dissertazione su le montagne, e i terreni minerali in generale.
Opuscoli scelti, Tomo 10. p. 117—136.

Johannes Henricus JUNG.
De originibus montium et venarum metallicarum.
Pagg. 16. Marburgi, 1793. 4.

Joannes Wilhelmus BAUMER.
De montibus argillaceo-calcareis et argillaceo-gypseis.
Act. Acad. Mogunt. Tom. 2. p. 21—36.
De tribus montium calcariorum speciebus.
Act. Societ. Hassiacæ, 1771. p. 29—42.
Giovanni Federico Guglielmo CHARPENTIER.
Due lettere orittologiche al Sig. Gio. Arduino.
Atti dell' Accad. di Siena, Tomo o. p. 325—329.
Giovanni ARDUINO.
Risposta alle precedenti lettere. ib. p. 353—359.
Cosmus COLLINI.
Considerations sur les montagnes volcaniques.
Pagg. 64. tab. ænea 1. Mannheim, 1781. 4.
Christian Friedrich HABEL.
Beyspiel, dass der thonschiefer nicht allezeit zu den ursprünglichen gebirgen gehöre.
Schr. der Berlin. Ges. Naturf. Fr. 4 Band, p. 309—312.
Abraham Gottlob WERNER.
Observations sur les roches volcaniques, et sur le Basalte.
Journal de Physique, Tome 38. p. 409—420.
Antoine Marie LEFEBRE.
Observations sur les differentes couches calcaires. ibid.
Tome 39. p. 352—363.

39. *Venæ Metallicæ.*

Johann Gottlob LEHMANN.
Versuch einer geschichte von flötz-gebürgen, betreffend deren entstehung, lage, darinne befindliche metallen, mineralien und fossilien.
Pagg. 240. tabb. æneæ 8. Berlin, 1756. 8.
————: Essai d'une histoire naturelle des couches de la terre.
dans ses Traités de Physique, Tome 3. p. 1—418.
Johann Carl Wilhelm VOIGT.
Etwas zur berichtigung des Lehmannischen versuchs einer geschichte von flözgebirgen.
Leipzig. Magazin, 1781. p. 169—187.
Johanne Gotschalk WALLERIO
Præside, Dissertationes: Om malmgångars natur och beskaffenhet. Resp. Jo. Hamberg.
Pagg. 17. Upsala, 1757. 4.
Om malmgångars upsökande. Resp. Jac. Leonh. Roman. Pagg. 19. ib. 1757. 4.

Om malmforande bergs egenskaper. Resp. Claes Fredr. Scheffel. Pagg. 19. Upsala, 1759. 4.

Christian Friedrich SCHULZE.

Von dem unterschiede der gebirge, flöze und gänge. Titius Gemeinnüzige Abhandl. 1 Theil, p. 194—227.

——— Neu. Hamburg. Magaz. 89 Stück, p. 387—422.

Zufällige gedanken über den ursprung der erz-und gangarten.

Titius Gemeinnüz. Ahhandl. 1 Theil, p. 336—368.

——— Neu. Hamburg. Magaz. 79 Stück, p. 40—71.

Muthmassliche gedanken über den ursprung der gebürge und flöze, und der in denselben befindlichen erden, steine und versteinerungen. ibid. 25 Stück, p. 3—80.

Bergmännische erfahrungen von denjenigen gängen, welche gold halten. ib. 34 Stück, p. 376—381.

Einige bergmännische erfahrungen von der beschaffenheit und abänderung derjenigen gänge, auf welchen silber und silberhaltige erze brechen. ib. 67 Stück, p. 3—14.

Betrachtung der erz-gang-und bergarten in ansehung des unterschiedes ihrer sichtlichen theile, und ihrer daher genommenen benennungen. ib. p. 25—61.

Christian Traugott DELIUS.

Abhandlung von dem ursprunge der gebürge und der darinne befindlichen erzadern, oder der sogenannten gänge und klüfte.

Pagg. 156. tab. ænea 1. Leipzig, 1770. 8.

DE LA CHABEAUSSIERE.

Coup-d'oeil sur les filons.

Journal de Physique, Tome 24. p. 421—427.

Abraham Gottlob WERNER.

Nouvelle theorie sur la formation des filons metalliques. ibid. Tome 40. p. 334—339, et p. 469—476.

P. BERTRAND.

Reflexions sur la theorie des filons, par Werner.

Journal des Mines, an 6. p. 361—372.

40. *Strata.*

Christian Gottlieb KRATZENSTEIN.

Afhandling om en besynderlig forandring i jord-lavene. Kiöbenh. Selsk. Skrifter, 8 Deel, p. 189—196.

Joannes Wilhelmus BAUMER.

Observationes quædam ad geographiam subterraneam pertinentes. Act. Acad. Mogunt. 1776. p. 117—139.

Ermenegildo PINI.

Della maniera di osservare nei monti la disposizione degli strati con uno stromento comodissimo a tal fine.

Opuscoli scelti, Tomo 3. p. 183—195.

Chevalier de FERRUSAC.

Observations sur les couches solides et terreuses de la terre.

Journal de Physique, Tome 15. p. 453—463.

PACCARD.

Sur les causes de l'arrangement en arc, en feston, en coin, &c. et de la direction oblique, perpendiculaire, horizontale des couches vraies et apparentes, &c. et sur la maniere d'imiter artificiellement les mines. ibid. Tome 18. p. 184—192.

Guillaume Joseph Hyacinthe Jean Baptiste LE GENTIL.

Observations sur les montagnes, et sur les couches ou lits de pierre, qu'on trouve dans la terre.

Mem. de l'Acad. des Sc. de Paris, 1781. p. 433—447.

Tobias GRUBER.

Ueber die rhomboidalschnitte in den geschichteten gebirgen. Neu. Abhandl. der Böhm. Gesellsch. 2 Band. p. 124—131.

41. *Montes ignivomi.*

The Vulcano's, or burning and fire-vomiting mountains, famous in the world, with their remarkables, collected for the most part out of Kircher's subterraneous world. Pagg. 68. tab. ænea 1. London, 1669. 4.

Thomæ ITTIGII

Lucubrationes academicæ de montium incendiis. Pagg. 341. Lipsiæ, 1671. 8.

Petro HAHN

Præside, Dissertatio de montibus ignivomis. Resp. Andr. Lundelius. Pagg. 30. Aboæ, 1693. 8.

Johann Gottlob LEHMANN.

Erweis, dass die unter der erde verborgene luft die ursache derer feuerspeyenden berge sey.
Physikal. Belustigung. 2 Band, p. 660—675.

———: Sur la cause des volcans. dans ses Traités de Physique, Tome 1. p. 316—330.

Johanne Gotschalk WALLERIO

Præside, Dissertatio de montibus ignivomis. Resp. Ge. Gerdin. Pagg. 14. Upsaliæ, 1760. 4.

———: in ejus Disput. Academ. Fasc. 2. p. 86—106.

Abraham Gottlieb WERNER.

Versuch einer erklärung der entstehung der Vulkanen durch die entzündung mächtiger Steinkohlenschichten.
Höpfner's Magaz. für die Naturk. Helvet. 4 Band, p. 239—254.

Giovanni SENEBIER.

Riflessioni generali sopra i Vulcani.
Opuscoli scelti, Tomo 18. p. 112—135.

DOLOMIEU.

Lettre sur la chaleur des laves. (Observationibus ultimæ eruptionis Vesuvianæ calorem probat minorem esse, quam vulgo creditur.)
Journal des Mines, an 4. Messidor, p. 53—55.

Balthazar George SAGE.

Reflexions sur une lettre de Dolomieu.
Nouv. Journal de Physique, Tome 2. p. 281, 282.

42. *Producta Ignis subterranei.*

Nicolas DESMARETS.

Extrait d'un memoire sur la determination de quelques

epoques de la nature par les produits des volcans, et sur l'usage de ces epoques dans l'etude des volcans.
Journal de Physique, Tome 13. p. 115—126.

Torbernus BERGMAN.
Producta ignis subterranei chemice considerata.
Nov. Act. Societ. Upsal. Vol. 3. p. 59—136.
——— in ejus Opusculis, Vol. 3. p. 184—290.
———: Produits des Volcans, considerés chymiquement. Journal de Physique, Tome 16. p. 199—228, et p. 266—289.
———: De' prodotti volcanici considerati chimicamente. 8.
Pagg. 157; præter Osservazioni di Dolomieu, de quibus mox infra.
(Pars versionis italicæ opusculorum Bergmanni, sed cujus plura non adsunt.)
——— Excerpta italice: Dell' origine, e degli effetti del calore, e del fuoco sotterraneo; della formazione del Basalte. Opuscoli scelti, Tomo 2. p. 86—97.

FAUJAS DE SAINT-FOND.
Mineralogie des Volcans, ou description de toutes les substances produites ou rejetées par les feux souterrains.
Pagg. 511. tabb. æneæ 3. Paris, 1784. 8.

Deodat DOLOMIEU.
Osservazioni, ed annotazioni relative a spiegare ed illustrar la classazione metodica di tutte le produzioni volcaniche.
impr. cum Bergman de' prodotti volcanici; p. 158—255.
———: Distribution methodique de toutes les matieres dont l'accumulation forme les montagnes volcaniques, ou tableau systematique dans lequel peuvent se placer toutes les substances qui ont des relations avec les feux souterrains.
Nouv. Journal de Physique, Tome 1. p. 102—125, et p. 406—428.
2. p. 81—105.
Hæc editio, uberior, nondum absoluta.

———

Carolus Henricus KOESTLIN.
Fasciculus animadversionum physiologici atque mineralogico-chemici argumenti, quarum huc faciunt: Examen mineralogico-chemicum materiei, quæ Herculaneum et Pompejos anno 79 æræ christ. sepelivit. De origine Pumicis officinalis. Pag. 16—44.
Stuttgardiæ, 1780. 4.

(Primus commentarius, de figura molecularum cruoris sanguinis, non hujus loci.)

Alberto FORTIS.

Sopra la probabilità de la trasmutazione locale dell' Argilla marina in Lava vulcanica.

Opuscoli scelti, Tomo 6. p. 331—346.

* * *

Ueber einige italienische mineralien, besonders über vulkanische produkte von *Johan* ARDUINO, aus der italienischen handschrift übersezt, und in einigen anmerkungen ausfürlicher beschrieben, auch mit denen in der Lausiz gefundnen Laven verglichen von *N. G.* LESKE.

Leipzig. Magaz. 1783. p. 338—350.

Quæ Arduini sunt in hoc commentario, italice adsunt in ejus Memoria epistolare, (vide supra p. 40.) ubi pag. 3. inveniuntur.

Johann Samuel SCHRÖTER.

Ueber Basalt und Laven, nebst einer beschreibung der hieher gehörigen beyspiele seiner sammlung. in sein. Neu. Litteratur, 4 Band, p. 54—124.

43. *Vestigia Ignis subterranei in Scotia.*

Thomas WEST.

An account of a volcanic hill near Inverness.

Philosoph. Transact. Vol. 67. p. 385—387.

———: Sur un rocher volcanique près d'Inverness en Ecosse.

Journal de Physique, Tome 14. p. 315, 316.

44. *Vestigia Ignis subterranei in Gallia.*

Jean Etienne GUETTARD.

Memoire sur quelques montagnes de la France qui ont eté des Volcans.

Mem. de l'Acad. des Sc. de Paris, 1752. p. 27—59

BARBAROUX.

Description des volcans eteints d'Ollioules en *Provence.*

Journal de Physique, Tome 33. p. 191—198.

35. p. 30—35.

BERTRAND.

Sur les volcans de Tourves en Provence. ib. Tome 15. p. 36—38.

GROSSON.
Sur les anciens volcans de Beaulieu en Provence.
Journal de Physique, Tome 8. p. 228—232.
DE JOINVILLE.
Volcan de la Trevaresse, plus connu sous le nom de volcan de Beaulieu.
Journal de Physique, Tome 33. p. 24—36.
MONTET.
Memoire sur un grand nombre de volcans eteints, qu'on trouve dans le *Bas-Languedoc.*
Mem. de l'Acad. des Sc. de Paris, 1760. p. 466—476.
DE JOUBERT.
Description du petit volcan eteint, dont le sommet est couvert par le village et le chateau de Montferrier, à une lieu de Montpellier. ibid. 1779. p. 575—583.
CHAUVIN.
Sur le volcan de Marez dans les *Cevennes.*
Journal de Physique, Tome 19. p. 285, 286.
CHAPTAL.
Description d'un volcan eteint, decouvert à Sauve-Terre en *Gevaudan.* ibid. Tome 18. p. 400—402.
FAUJAS DE SAINT-FOND.
Recherches sur les volcans eteints du *Vivarais* et du Velay.
Pagg. 460. tabb. æneæ 20. Grenoble, 1778. fol.
Dom PATOUILLOT.
Remarques sur les volcans du Vivarais, et sur l'histoire de ces volcans.
Journal de Physique, Tome 15. p. 61—66.
FAUJAS DE SAINT-FOND.
Reponse aux remarques de Dom Patouillot. ib. Tome 16. p. 229—234.
MONNET.
Sur les debris des volcans d'*Auvergne,* et sur les roches qui s'y trouvent. ib. Tome 4. p. 65—77.
PASUMOT.
Lettre sur la liaison des volcans d'Auvergne avec ceux du Gevaudan, du Velay, du Vivarais, du Forez, etc. ibid. Tome 20. p. 217—223.
SOULAVIE.
Description des couches superposées de laves du volcan de Boutaresse en Auvergne. ib. Tome 22. p. 289—294.
Observations sur un volcan trouvé en *Bourgogne* près de Couches et du hameau de Drevin. Mem. de l'Acad. de Dijon, 1783. 2 Semestre, p. 101—104.

DE BRESSEY et CHAMPY.
Nouvelles observations sur le volcan de Drevin. ibid. p. 105—113.

45. *Vestigia Ignis subterranei in Lusitania.*

Dominicus VANDELLI.
De Vulcano Olisiponensi, et montis Erminii.
Mem. da Acad. R. da Lisboa, Tomo 1. p. 80—84.

46. *Ignes subterranei Italiæ.*

Giovanni ARDUINO.
Effetti di antichissimi vulcani osservati nei monti della villa di Chiampo, e di altri luoghi vicini del territorio di Vicenza. in ejus Raccolta di memorie chim. miner. p. 43 bis—48.
Circa l'indizii d'antichissimi vulcani nelle montagne e alpi Vicentine, Veronesi e Trentine.
Mem. della Società Italiana, Tomo 6. p. 102—105.
Auguste Denis FOUGEROUX *de Bondaroy.*
Observations sur le lieu appelé Solfatare, situé proche la ville de Naples.
Mem. de l'Acad. des Sc. de Paris, 1705. p. 267—285.
Sur les Solfatares des environs de Rome. ib. 1770. p. 1—8.
Giangiacomo FERBER.
Osservazioni sopra la zolfatara di Pozzuolo nel regno di Napoli.
Raccolta di memorie del Sig. Gio. Arduini, p. 63—76.
SAVVALLE.
Relazione del Mongibello, e del Vesuvio.
Targioni Tozzetti, dei progressi delle scienze in Toscana, Tomo 2. Parte 1. p. 338—349.
Sir William HAMILTON, *K. B.*
Observations on Mount Vesuvius, Mount Etna, and other volcanos, in a series of letters addressed to the Royal Society.
Pagg. 179. tabb. æneæ 6. London, 1772. 8.
———: Campi Phlegræi. Observations on the volcanos of the two Sicilies as they have been communicated to the Royal Society of London. in english and french. Naples, 1776. fol.
Pagg. 90. tabb. æneæ color. 54, cum explicatione anglica et gallica, in totidem foliis.

Supplement to the Campi Phlegræi, being an account of the great eruption of mount Vesuvius in August 1779. in english and french.
Pagg. 29. tabb æneæ color. 5. Naples, 1779. fol.

Deodat DE DOLOMIEU.
Memoire sur les isles Ponces, et catalogue raisonné des produits de l'Etna, pour servir à l'histoire des volcans, suivis de la description de l'eruption de l'Etna, 1787.
Pagg. 525. mappæ geogr. 4. Paris, 1788. 8.

47. *Vesuvius.*

Pietro CASTELLI.
Incendio del monte Vesuvio.
Pagg. 92. Roma, 1632. 4.

Vincentius Alsarius CRUCIUS.
Vesuvius ardens, s. exercitatio medico-physica ad incendium Vesuvii 16 Decemb. 1631.
Pagg. 317. ib. 1632. 4.

Joannis Baptistæ MASCULI
De incendio Vesuvii xvij kal. Januar. 1631, libri 10.
Pagg. 312 et 37 Neapoli, 1633. 4.

Salvatoris VARONIS
Vesuviani incendii historiæ libri 3.
Pagg. 400. ib. 1634. 4.

Julius Cæsar RECUPITUS.
De Vesuviano incendio nuntius.
Editio 3tia. Pagg. 180. Lovanii, 1639. 8.

Antonio BULIFON.
Compendio istorico degl' incendii del monte Vesuvio, fino all' ultima eruzione accaduta nel mese di Giugno 1698.
Pagg. 152. tab ænea 1. Napoli, 1701. 12.

Gaspare PARAGALLO.
Istoria naturale del monte Vesuvio.
Pagg. 429. ib. 1705. 4.

Histoire du mont Vesuve, traduite de l'italien de l'Academie des Sciences de Naples, par M. Duperron de Castera.
Pagg. 361. tabb. æneæ 2. Paris, 1741. 12.

Giovanni Maria DELLA TORRE.
Storia e fenomeni del Vesuvio esposti.
Pagg. 120. tabb. æneæ 8. Napoli, 1755. 4.
Supplemento alla storia del Vesuvio.
Pagg. 15. tab. 1. (1761.) 4.

D'ARTHENAY.
Journal d'observations, dans les differens voyages qui ont

eté faits pour voir l'eruption du Vesuve. Mem. etrangers de l'Acad. des Sc. de Paris, Tome 4. p. 247—280.

Auguste Denis FOUGEROUX *de Bondaroy*.
Sur le Vesuve.
Mem. de l'Acad. des Sc. de Paris, 1766. p. 70—99.

Ludovicus Claudius CADET.
Materiæ e voragine ignivoma montis Vesuvii ejectæ analysis.
Nov. Act. Acad. Nat. Cur. Tom. 3. p. 268—270.
———: Chymische untersuchung der aus dem feuerschlunde des Vesuvs ausgeworfenen materie.
Neu. Hamburg. Magaz. 22 Stück, p. 396—399.

William HAMILTON.
An account of the last eruption of mount Vesuvius.
Philosoph. Transact. Vol. 57. p. 192—200.
——— in his Observations on Volcanos, p. 1—18.
——— Campi Phlegræi, p. 14—21.
An account of the eruption of mount Vesuvius in 1767.
Philosoph. Transact. Vol. 58. p. 1—14.
——— Observations on Volcanos, p. 19—44.
——— Campi Phlegræi, p. 22—32.
A letter containing some farther particulars on mount Vesuvius, and other volcanos in the neighbourhood.
Philosoph. Transact. Vol. 59. p. 18—22.
——— Observations on Volcanos, p. 45—53.
——— Campi Phlegræi, p. 33—36.
Remarks upon the nature of the soil of Naples, and its neighbourhood.
Philosoph. Transact. Vol. 61. p. 1—50.
——— Observations on Volcanos, p. 90—179.
——— Campi Phlegræi, p. 53—89.

ANON.
Catalogo delle materie appartenenti al Vesuvio, contenute nel Museo, con alcune brevi osservazioni; opera del celebre autore de' dialoghi sul commercio de' granī (GALIANI, sec. Cobres, p. 143.)
Pagg. 184. Londra, 1772. 12.

Domenico BARTALONI.
Ossèrvazioni sopra il Vesuvio.
Atti dell' Accad. di Siena, Tomo 5. p. 301—400.

Gaetano DE BOTTIS.
Ragionamento istorico intorno all' eruzione del Vesuvio, che cominciò il dì 29. Luglio 1779, e continuò fino al giorno 15 di Agosto.
Pagg. cxvii. tabb. æneæ 4. Napoli, 1779. 4.
Excerpta in Opuscoli scelti, Tomo 4. p. 282—288.

Andrea PIGONATI.
Relazione della eruzione del monte Vesuvio nel Agosto 1779. Opuscoli scelti, Tomo 2. p. 310—312.
Sir William HAMILTON, *K. B.*
An account of an eruption of mount Vesuvius, which happened in August, 1779.
Philosoph. Transact. Vol. 70. p. 42—84.
———: Supplement to the Campi Phlegræi, vide supra pag. 292.
Excerpta gallice, in Journal de Physique, Tome 17. p. 3—11; quæ germanice versa in Lichtenberg's Magazin, 1 Band. 1 Stück, p. 114—126.
Don Antoine de Gennaro Duc de BELFORTE.
Sur l'eruption du Vesuve de l'année derniere.
Journal de Physique, Tome 15. p. 357—363.
DUCHANOY *l'aine.*
Detail de la derniere eruption du Vesuve. ibid. Tome 16. p. 3—16.
———: Umständliche beschreibung des leztern ausbruchs des Vesuvs im jahr 1779.
Sammlungen zur Physik, 2 Band, p. 541—564.
Albrecht Ludewig Friedrich MEISTER.
Beobachtungen über den Vesuv.
Götting. Magaz. 2 Jahrg. 1 Stück, p. 1—25.
Sir William HAMILTON, *K. B.*
Some particulars of the present state of mount Vesuvius.
Philosoph. Transact. Vol. 76. p. 365—367.
Scipione BREISLAK, *e Antonio* WINSPEARE.
Memoria sull' eruzione del Vesuvio accaduta la sera de' 15 Giugno 1794. Pagg. 87. Napoli, 1794. 8.
Domenico TATA.
Relazione dell' ultima eruzione del Vesuvio della sera de' 15 Giugno. Pagg. 42. ib. 1794. 8.
Lettera al Sig. D. Bernardo Barbieri.
Pagg. 26. ib. 1794. 8.
Sir William HAMILTON, *K. B.*
An account of the late eruption of mount Vesuvius.
Philosoph. Transact. 1795. p. 73—116.

48. *Insulæ Æoliæ.*

Deodat DE DOLOMIEU.
Voyage aux isles de Lipari, fait en 1781, ou notices sur les isles Æoliennes, pour servir à l'histoire des Volcans. Pagg. 208. Paris, 1783. 8.

49. *Ætna.*

A true and exact relation of the late prodigious earthquake and eruption of mount Ætna, or Monte-Gibello, as it came in a letter written to his Majesty from Naples by the Earle of WINCHILSEA, together with a more particular narrative of the same, as it is collected out of severall relations sent from Catania.
London, 1669. 4.
Pagg. 36. tab. ænea 1; sed deest ad calcem: a list of the towns ruin'd.
——— Plagg. $1\frac{1}{2}$. Edinburgh, 1669. 4.
An answer to some inquiries concerning the eruptions of mount Ætna a. 1669.
Philosoph. Transact. Vol. 4. n. 51. p. 1028—1034.
A particular accompt of divers minerals, cast up and burned by the late fire of mount Ætna. ib. n. 52. p. 1041, 1042.

Don Tomaso TEDESCHI *e Paterno.*
Breve raguaglio degl' incendi di Mongibello avvenuti in quest' anno 1669. Pagg. 70. Napoli, 1669. 4.

Joannis Alphonsi BORELLI
Historia et meteorologia incendii Ætnei anni 1669.
Pagg. 162. tab. ænea 1. Regio Julio, 1670. 4.

William HAMILTON.
An account of a journey to mount Etna.
Philosoph. Transact. Vol. 60. p. 1—19.
——— in his observations on Volcanos, p. 54—89.
——— Campi Phlegræi, p. 37—52.

Giuseppe GIOENI.
Relazione della eruzione dell' Etna nel mese di Luglio, 1787. Pagg. 40. Catania, 1787. 4.

Michele TORCIA.
Relazione dell' eruzione fatta dall' Etna il giorno 18 Luglio 1787.
Opuscoli scelti, Tomo 10. p. 429—432.

Giuseppe MIRONE.
Beschreibung des leztern feuerauswurfs des Etna, und einiger ihm zugehöriger vulkanischer produkte. (ex italico, in Novelle litterarie de Firenza.)
Voigt's Magaz. 5 Band. 4 Stück, p. 9—20.

ANON.
Nachricht von einem neuen ausbruch des Etna. ib. 8 Band. 4 Stück, p. 71—75.

50. *Vestigia Ignis subterranei in Sicilia.*

DE DOLOMIEU.

Memoire sur les volcans eteints du Val di Noto en Sicile.

Journal de Physique, Tome 25. p. 191—205.

51. *Vestigia Ignis subterranei in Germania.*

Ueber die ausgebrannten vulcanen besonders in Deutschland.

Götting. Magaz. 4 Jahrg. 1 Stück, p. 139—155.

Prince Dimitri DE GALLITZIN.

Memoire sur quelques volcans eteints de l'Allemagne.

Mem. de l'Acad. de Bruxelles, Vol. 5. p. 95—114.

Philippe Frederic Baron DE DIETRICH.

Description des volcans, decouverts en 1774, dans le *Brisgaw*. Mem. etrangers de l'Acad. des Sc. de Paris, Tome 10. p. 435—466.

———: Description d'un volcan decouvert en 1774, pres le vieux Brisach.

Journal de Physique, Tome 23. p. 161—184.

Horace Benoit DE SAUSSURE.

Observations sur les collines volcaniques du Brisgaw.

Nouv. Journ. de Physique, Tome 1. p 325—362.

Sir William HAMILTON, *K. B.*

Account of certain traces of volcanos on the banks of the *Rhine*.

Philosoph Transact. Vol. 68. p. 1—6.

———: Ueber einige spuren von vulkanen an den ufern des Rheins.

Sammlungen zur Physik, 2 Band, p. 453—457.

Carl Wilhelm NOSE.

Bemerkungen über verschiedene gegenstände einiger vulkanischen gegenden des Rheins.

Crell's Beyträge, 2 Band, p. 451—459.

Rudolph Erich RASPE.

Beytrag zur allerältesten und natürlichen historie von *Hessen*, oder beschreibung des Habichwaldes, und verschiedner andern Niederhessischen alten vulcane in der nachbarschaft von Cassel.

Pagg. 76. tab. ænea 1. Cassel, 1774. 8.

———: An account of some German vulcanos, and their productions.

Pagg. 136. tabb. æneæ color. 2. London, 1776. 8.

Bericht wegen de uitgebluschte vuurspuwende bergen. Verhandel. van de Maatsch. te Haarlem, 16 Deels 2 Stuk, p. 378—380.

P. E. Klipstein.

Nachricht von einer braunen glasartigen lava bey Langgöns zwischen Giesen und Butzbach. in sein. Mineralog. brief. 2 Band, p. 133—146.

Vulkanisches gebürg in der gegend Butzbach. Hessische Beyträge, 1 Band, p. 251—256.

Ignaz von Born.

Schreiben über einen ausgebrannten vulkan bey der stadt Eger in *Böhmen.* Pagg. 16. Prag, 1773. 4.

Johann Thaddæus Lindacker.

Mineralogische bemerkungen über die vulkanität des Wolfsberges im Pilsner kreise. Mayer's Samml. physikal. Aufsäze, 1 Band, p. 13—28.

Johann Jacob Ferber.

Nachricht von den überbleibseln eines bisher unbemerkten ausgebrannten vulkans.
in seine Neu Beytr zur mineralgesch. p. 25—50.

52. *Montes ignivomi Islandiæ.*

(*Haltorus* Jacobæus. Brünnich p. 170.)

Fuldstændige esterretninger om de udi Island ildsprudende bierge.
Pagg. 88. Kiöbenhavn, 1757. 8.

Thorlacus Thorlacius *Theodori F.*

Dissertatio de ultimo incendio montis Heclæ. Pr. Joh. Been. Plagg. 2. ib. 1694. 4.

——— Sectio prior historica, germanice versa, in Hamburg. Magaz. 6 Band, p. 97—102.

Hans Finnsen.

Efterretning om tildragelserne ved bierget Hekla udi Island, i April og fölgende maaneder 1766.
Pagg. 46. ib. 1767. 8.

S. M. Holm.

Om jordbranden paa Island i aaret 1783.
Pagg. 76. mappæ geogr. 2. ib. 1784. 8.

Magnus Stephensen.

Kort beskrivelse over den nye vulcans ildsprudning i Vester Skaptefields-Syssel paa Island i aaret 1783.
Pagg. 148. tabb. æneæ color. 2. ib. 1785. 8.

53. *Vestigia Ignis subterranei in Hungaria.*

Johann Ehrenreich VON FICHTEL.
Nachricht von einem in Ungarn neu entdeckten ausgebrannten vulkan. Beobacht. der Berlin. Ges. Naturf. Fr. 5 Band, p. 1—19.

54. *Ignes subterranei insularum Africæ adjacentium.*

Detail d'un voyage fait au Pic de Teyde, connu plus generalement sous le nom de Pic de *Teneriffe*, en 1754.
Journal de Physique, Tome 13. p. 129—135.
———: Reise auf den Pik von Teneriffa.
Sammlungen zur Physik, 2 Band, p. 86—97.
A relation of the vulcanos which broke out in the island the *Palma*, Nov. 13. 1677. printed with R. Hooke's lectures of Spring; p. 52—56. London, 1678. 4.
HUBERT.
Lettre sur les matieres volcaniques de l'ile *Bourbon*.
Journal de Physique, Tome 42. p. 364—370.
———: Ueber die vulkanischen stoffe auf der insel Bourbon.
Voigt's Magazin, 9 Band. 3 Stück, p. 40—50.

55. *Ignes subterranei Asiæ.*

Domenico SESTINI.
Lettera intorno alla natura vulcanica del suolo, e delle montagne che si osservano da *Diarbekir* fino ad Aleppo pel cammino di Ursa.
Opuscoli scelti, Tomo 5. p. 369—374.
Robert COLEBROOKE.
On *Barren island* and its volcano.
Transact. of the Soc. of Bengal, Vol. 4. p. 397—400.
ANON.
An account of the upper part of the burning mountain in the isle of *Ternata*.
Philosoph. Transact. Vol. 19. n. 216. p. 42—48.
An account of the sad mischief befallen the inhabitants of the isle of *Sorea*, near unto the Moluccos. ib. 49—51.
A farther relation of the burning of some mountains of the Molucco islands. ib. n. 228. p. 529—532.

56. *Ignes subterranei Americæ.*

Daniel JONES.

An account of *West-river mountain*, and the appearances of there having been a volcano in it.

Mem. of the Amer. Academy, Vol. 1. p. 312—315.

Caleb ALEXANDER.

An account of eruptions, and the present appearances, in West-river mountain. ib. p. 316, 317.

ANON.

An account of a hill on the borders of N. Carolina, supposed to have been a volcano.

Transact. of the Amer. Society, Vol. 3. p. 231—233.

CASSAN.

Beskrifning om vulcanen på *Sainte Lucie.*

Vetensk. Acad. Handling. 1790. p. 161—178.

James (*Alexander*) ANDERSON.

An account of Morne Garou, a mountain in the island of *St. Vincent*, with a description of the volcano on its summit.

Philosoph. Transact. Vol. 75. p. 16—31.

57. *Ortus Petrificatorum.*

Confer Diluvium universale, pag. 280.

Fabius COLUMNA.
De varia lapidum concretione, et rebus in lapidem versis eorum effigie remanente. in ejus minus cognitarum stirpium εκφρασι, append. p. xliii—liv. Romæ, 1616. 4.
Thomas LAWRENCE.
Mercurius centralis, or a discourse of subterraneal cockle, muscle, and oyster-shels, found in the digging of a well in Norfolk.
Pagg 94. London, 1664 12.
Agostino SCILLA.
La vana speculazione disingannata dal senso, lettera risponsiva circa i corpi marini, che petrificati si trovano in varij luoghi terrestri.
Pagg. 168. tabb. æneæ 28 Napoli, 1670. 4.
———: De corporibus marinis lapidescentibus quæ defossa reperiuntur. Romæ, 1752. 4.
Pagg. 73. tabb æneæ 28; præter Columnæ de glossopetris dissertationem, de qua infra.
——— ——— Editio altera. ib. 1759. 4.
Pagg. 72. tabb. 28; præter Columnam.
Joannis QUIRINI
De testaceis fossilibus musæi Septalliani epistola. Venetiis, 1676. 4.
Pagg. 18; præter epistolam Grandii, de qua supra pag. 280.
Johannes Jacobus SCHEUCHZER.
De generatione conchitarum.
Ephem. Ac. Nat. Cur. Dec. 3 Ann. 4. app. p. 151—166.
Joannis Baptistæ SCARAMUCCI
Meditationes familiares ad A. Magliabechium, in epistolam ei conscriptam de sceleto elephantino a W. E. Tentzelio, ubi quoque testaceorum petrifactiones defenduntur, et aliqua subterranea phænomena examini subjiciuntur.
Plagg. $3\frac{1}{2}$. Urbini, 1697. 4.
ANON.
An account of the origin and formation of fossil-shells.
Pagg. 88. tab. ænea 1. London, 1705. 8.
———: Eine untersuchung des ursprungs und der for-

mirung der fossilien, oder fisch-schalen, und anderer dergleichen cörper, so aus der erden gegraben werden; übersezt von Theod. Arnold.
Pagg 95. tab. ænea 1. Leipzig, 1733. 8.

Jean ASTRUC.
Memoire sur les petrifications de Boutonnet. (1707.)
Mem. de la Soc. de Montpellier, Tome 1. p. 48—74.

Joannis Christophori HARENBERGI
Observationes quædam physicæ de generatione lapidum figuratorum.
Act. Eruditor. Lips. 1727. p. 136—144.

Gio. Giacomo SPADA.
Dissertazione ove si prova, che li petrificati corpi marini, che nei monti adiacenti a Verona si trovano, non sono scherzi di natura, nè diluviani, ma antediluviani.
Pagg. 23. Verona, 1737. 4.
Giunta alla dissertazione de' corpi marini petrificati.
Pagg. 18. ib. 1737. 4.

Anton Lazzaro MORO.
De' crostacei e degli altri marini corpi che si truovano su' monti.
Pagg. 452. tabb. æneæ 8. Venezia, 1740. 4.

Balthasar EHRHART.
Physicalische nachricht, von einer gegründeten neuen meinung, welche den ursprung derer aus der erden kommenden versteinten sachen, die bishero der allgemeinen sündfluth zugeschrieben worden, betrifft: wie solche in dem bishero rar gesehenen buche enthalten ist, das den titul hat De' crostacei - - - di A. L. Moro, nebst vielen anmerckungen.
Pagg. 36. Memmingen, 1745. 4.

Louis BOURGUET.
Lettre sur l'origine des petrifications qui ressemblent aux corps marins. dans son Traité des Petrifications, p. 53—94.

Diego REVILLAS.
Ragionamento filosofico pastorale.
Mem. di diversi valentuomini, Tomo 1. p. 89—121.
————: Von dem ursprunge der steine und versteinerungen aus dem wasser.
Hamburg. Magazin, 1 Band, p. 11—29.

Pierre BARRERE.
Observations sur l'origine et la formation des pierres figurées.
Pagg. 67. tabb. æneæ 2. Paris, 1746. 8.

Scipione MAFFEI.

Come siano andate su le montagne i marini testacei, e i pesci di mare, che impietriti si scuoprono ne' macigni. impr. cum ejus Trattato della formazione de' fulmini; p. 114—127. Verona, 1747. 4.

———: Von versteinerten muscheln und fischen, die in den bergen gefunden werden.
Nordische Beyträge, 1 Bandes 2 Theil, p. 1—13.

ANON.

Von eben dem vorwurf. ib. p. 13—22.

Ernestus Ludovicus BRÜCKMANNUS.

De petrificationis fiendi modo.
Pagg. xii. Jenæ, 1750. 4.

Johannes GESNERUS.

Dissertatio de petrificatorum differentiis et varia origine.
Pagg. 50. Tiguri, 1752. 4.

Dissertatio de petrificatorum variis originibus præcipuarum telluris mutationum testibus.
Pagg. 39. ib. 1756. 4.

——— ——— Junctæ prodierunt sub titulo:
Tractatus physicus de petrificatis.
Pagg. 136. Lugduni Bat. 1758. 8.

———: Traité des petrifications. Journal de Physique, Introd. Tome 2. p. 517—552, et p. 586—612.

Samuel Christianus HOLLMANN.

De corporum marinorum, aliorumque peregrinorum in terra continente origine.
Commentarii Soc. Gotting. Tom. 3. p. 285—374.

——— in Sylloge altera commentationum ejus in R. Scient. Soc. Goett. recensitarum, p. 1—94.

———: Sur l'origine des corps marins, et des autres corps etrangers qui se trouvent dans le sein de la terre.
Journal de Physique, Introd. Tome 2. p. 118—133.

———: Von dem ursprunge der see-und anderer fremden körper, die sich nun auf dem festen lande finden.
Hamburg. Magazin, 14 Band, p. 227—290.

Ad commentationem de corporum marinorum, - - - origine, quædam supplementa. in Sylloge (prima) Commentationum ejus, p. 170—200.

Petro KALM

Præside, Dissertatio de ortu petrificatorum. Resp. Jer. Wallenius. Pagg. 22. Aboæ, 1754. 4.

ANON.

Philosophische ergözungen, oder untersuchung wie die wahrhaften seemuscheln auf die höchsten berge und in die festesten steine gekommen; ausgestellet von *E*inem *F*leissigen *E*rforscher philosophischer lauterkeit. Pagg. 564. tabb. æneæ 3. Bremen, 1765. 8.

DE LAUNAY.

Memoire sur l'origine des fossiles accidentels des provinces Belgiques. Mem. de l'Acad. de Bruxelles, Tome 2. p. 531—581.

Lorents SPENGLERS

Anmærkninger over de forskiellige meeninger, om hvorledes de mangfoldige söe-legemer ere komne i jorden, samt beskrivelse over en metalliseret Lituit, som en nye og hidindtil aldeles ubekiendt sielden art. Danske Vidensk. Selsk. Skrift. nye Saml. 2 Deel, p. 581—592.

58. *Protypa Petrificatorum.*

Johannes BECKMANN.

De reductione rerum fossilium ad genera naturalia protyporum. Nov. Comm. Soc. Gotting. Tom. 2. p. 68—103.
3. p. 95—121.

Johann Christoph MEINEKE.

Von dem mangel der würklichen originale zu den meisten versteinerungen. Naturforscher, 1 Stück, p. 221—228.

Ueber die vermuthung, dass viele petrefacte überbleibsel einer präadamitischen vorwelt sind. ibid. 18 Stück, p. 252—268.

Johann Hieronymus CHEMNITZ.

Om nogle forsteninger, hvis originaler man hidindtil ikke har opdaget, hvoraf man kun kiender ectypa i steenriget, men ikke archetypa eller protypa i naturriget. Danske Vidensk. Selsk. Skrift. nye Saml. 3 Deel, p. 243—249.

Louis BOURGUET.

Lettres ou l'on prouve, que les Belemnites et les Pierres Lenticulaires ont eté, les unes des dents de quelque animal marin, et les autres des couvercles d'une espece de coquillage de mer, et ou l'on explique leur formation. dans ses Lettres philosophiques, edit. de 1729. p. 1—74.
1762. p. 1—92.

Mauritius Antonius CAPPELLER.

Epistola de Entrochis et Belemnitis. impr. cum Scheuchzeri Sciagraphia lithologica; p. 1—13.
Gedani, 1740. 4.

Johann Friedrich ESPER.
Von dem original der kugelformigen körper in den vitriolhaltigen Schiefern.
Naturforscher, 6 Stück, p. 190—204.

Urban Friedrich Benedikt BRÜCKMANN.
Ueber den sogenannten Stahrenstein.
Schr. der Berlin. Ges. Naturf. Fr. 6 Band, p. 416—420.

59. *Petrificatorum examen chemicum.*

Joannes Samuel CARL.
Lapis lydius philosophico-pyrotechnicus ad Ossium fossilium docimasiam analytice demonstrandam adhibitus.
Pagg. 168. Francofurti ad Moen. 1704. 8.

BERNIARD.
L'analyse chymique de l'os trouvé a Paris, dans une cave rue Dauphine, comparée avec l'analyse des os de baleine, d'elephant, d'elan, de marsouin et de l'homme: auxquelles on a joint l'analyse comparée d'une dent de vache marine, d'une dent macheliere d'elephant, et d'une dent inconnue, trouvée sur les bords de la riviere Ohio.
Journal de Physique, Tome 18. p. 278—299.

Jean Antoine GIOBERT.
Experiences chimiques sur differens corps marins fossiles.
Mem. de l'Acad. de Turin, Vol. 4. p. 38—62.

60. *Systemata Petrificatorum.*

Johann Ernst Immanuel WALCH.
Das steinreich systematisch entworfen. Neue auflage.
Pagg. 204. tabb. æneæ 24. Halle, 1769. 8.
2 Theil. pagg. 172. 1764.

Johannes Daniel TITIUS.
De rebus petrefactis earumque divisione observationes variæ. Dissertatio. Resp. Dan. Gotthilf Bertholdus.
Pagg. 22. Wittebergæ, 1766. 4.
Von den versteinerungen. in ejus Gemeinnüzige Abhandlungen, 1 Theil, p. 248—270.
——— Neu. Hamburg. Magaz. 91 Stück, p. 24—46.

Joannes SCHWAB.
Petrefacta in ordinem systematicum digesta.
Pagg. 92. Heidelbergæ, 1778. 8.

Johann Georg LENZ.
Tabellen über die versteinerungen.
Tabb. 15. Jena, 1780. 4.

81. *Descriptiones Petrificatorum, et Observationes miscellæ de Petrificatis.*

Sebastiano KIRCHMAJER
Præside, Dissertatio de corporibus petrificatis. Resp. Joh. Ge. Seybothius.
Plagg. 2. Wittebergæ, 1664. 4.

Philippus Jacobus SACHS A LEWENHEIMB.
De miranda lapidum natura. impr. cum Majore de Cancris petrefactis; p. 50—110. Jenæ, 1664. 8.

Edvardus LUIDIUS.
Epistolæ ad clarissimos viros. impr. cum ejus Lithophylacio Britannico; edit. 1699. p. 93—139.
1760. p. 93—142.

J. A. SCHMIDIUS.
Lapis Ilmenaviensis cancri figuram in sinu gerens (et alia petrificata.)
Miscellan. Berolinens. (Tom. 1.) p. 99.

Samuel Fridericus BUCHER.
Dissertatio de variis corporibus petrefactis. Resp. Mart. Gottlob Bucher.
Pagg. 14. Vitembergæ, 1715. 4.

(*Louis* BOURGUET.)
Traité des petrifications. Paris, 1742. 4.
Pagg. 163 et 91. tabb. æneæ 60.
Epistolæ duæ, (p. 113—151 in gallico,) germanice, in Schröters Neue Litteratur, 1 Band, p. 355—395.

Franciscus Ernestus BRÜCKMANN.
Lapides quidam figurati.
Epistola itiner. 37. Cent. 2. p. 388—391.

F. MUSARD.
Schreiben an Herrn Jallabert, von den versteinerungen; aus dem Mercure de France, 1753.
Naturforscher, 6 Stück, p. 252—258.

BOULANGER.
Schreiben betreffend den brief des Hrn. Musard an Hrn. Jallabert. ibid. p. 243—251.

Joannes Sebastianus ALBRECHT.
Dubitationes et conjecturæ circa duo petrefacta ex scriniis ignorantiæ repetita.
Act. Acad. Nat. Curios. Vol. 10. p. 211—215.

Georg Wolffgang KNORR.
Lapides diluvii universalis testes. Sammlung von merck

würdigkeiten der natur und alterthümern des erdbodens, welche petrificirte cörper enthält.

Nürnberg, 1755. fol.

(1 Theil.) pagg. 36. tabb. æneæ color. 57.
Tomi 2. adsunt tabb. 71. reliqua desiderantur.

Johann Gottlob LEHMANN.

Untersuchung derer sogenannten versteinerten kornahren und stangengraupen von Franckenberg in Hessen.
Pagg. 16. Berlin, 1760. 4.

Johann Gottlieb WALDIN.

Die Frankenberger versteinerungen, nebst ihren ursprunge
Pagg. 32. tabb. æneæ 2. Marburg, 1778. 4.

ANON.

Kurze nachricht von einer annoch unbekannten versteinerung.
Dresdnisches Magazin, 2 Band, p. 195—198.

Jacob Christian SCHÄFERS

Abbildung und beschreibung zweyer wahren und falschen versteinerungen. Abhandl. der Churbajer. Akad. 1 Band. 2 Theil, p. 211—232.

Johannes Gottlob LEHMANN.

Problema de petrefacto incognito noviter invento.
Nov. Comm. Petropol. Tom. 10. p. 429, 430.

Christian Friedrich WILCKENS.

Sendschreiben, worin von einigen seltenen gegrabenen conchylien und anderen versteinerungen des thierreichs einige nachrichten zur nähern prüfung gesammelt sind.
Stralsund. Magazin, 1 Band, p. 331—348.
——— in libro sequenti, p. 65—82.

Nachricht von seltenen versteinerungen.

Berlin u. Stralsund, 1769. 8.

Pagg. 82. tabb. æneæ 8.

Johann Samuel SCHRÖTER.

Von dem werthe und der seltenheit der vorzüglichsten versteinerungen.
Berlin. Sammlungen, 2 Band, p. 117—143.
——— in sein. Abhandlung. über die naturgesch. 2 Theil, p. 254—309.

Ueber einige merkwürdige versteinerungen.
in ejus Neue Litteratur, 1 Band, p. 410—422.

ANON.

Von einigen unbekannten versteinerungen.
Berlin. Sammlung. 3 Band, p. 291—293.

Johann Burchard GENZMER.

Von einer seltenen versteinerung. ibid. p. 294—296.

Abraham GAGNEBIN *l'aine.*
Description de quelques petrifications.
Act. Helvet. Vol. 7. p. 30—35.
Johann Ernst Immanuel WALCHS
Lithologische beobachtungen.
Naturforscher, 1 Stück, p. 194—206.
2 Stück, p. 149—168.
3 Stück, p. 209—217.
4 Stück, p. 202—216.
6 Stück, p. 165—189.
7 Stück, p. 211—216.
8 Stück, p. 259—279.
9 Stück, p. 262—294.
13 Stück, p. 100—112.
14 Stück, p. 9—36.
Adamus POTKONICZKY.
De metallis petrificatis recitatio.
Pagg. 18. Jenæ, 1775. 4.
Louis Bernard Guyton DE MORVEAU.
Sur une petrification singuliere.
Journal de Physique, Tome 15. p. 89—91.
Balthazar HACQUET.
Nachricht von versteinerungen von schalthieren, die sich in ausgebrannten feuerspeyenden bergen finden.
Pagg. 61. tabb. æneæ 2. Weimar, 1780. 8.
——— Schroters Journal, 6 Band, p. 245—303.
Johann Wilhelm Karl Adolph Freyherr VON HUPSCH.
Naturgeschichte des Niederdeutschlandes und anderer gegenden. 1 Theil. Nürnberg, 1781. 4.
Pagg. 44. tabb. æneæ color. 7.
DICQUEMARE.
Fossiles. Journal de Physique, Tome 19. p. 309, 310.
Christian Friedrich HABEL.
Etwas über versteinerungen in Gyps.
Schr. der Berlin. Ges. Naturf. Fr. 4 Band, p. 306—308.
Friedrich Wilhelm VON LEYSSER.
Ueber die versteinerungen. Abhandl. der Hallischen Naturf. Ges. 1 Band, p. 333—346.
Comte Gregoire DE RAZOUMOWSKI.
Lettre sur des petrifications.
Journal de Physique, Tome 28. p. 149—151.
Ernst VON SCHLOTHEIM.
Von einer versteinerung in Gyps.
Leipzig. Magazin, 1787. p. 361—365.

Basilius ZUYEW.
Petrefacta ignota.
Nov. Act. Acad. Petropol. Tom. 3. p. 274—276.

62. *Musea Petrificatorum.*

Joachim Friderich SPATHS
Entwurf einer geschichte der steinsamlungen bis auf unsere zeiten. Pagg. 36. Berlin, 1751. 8.
(Satyra in petrificatorum collectores.)
Gottlob Wilhelm KRONENBURGS
Anatomische zergliederung von dem entwurf einer geschichte der steinsamlung biss auf unsere zeiten.
Frankf. u. Leipzig, 1753. 8.
Pagg. 47; cum figg. æri incisis, et tab. ænea 1.

---

* * *

Museum diluvianum quod possidet *Johannes Jacobus* SCHEUCHZER.
Pagg. 107. Tiguri, 1716. 8.
Ex naturæ gazophylacio penes *Joannem Hieronymum* ZANNICHELLI, Venetiis, index primus, quo fossilia figurata recensentur.
Pagg. 71. Venetiis, 1726. 4.
Francisci Ernesti BRUCKMANNI
Epistola itineraria 64. (Cent. 1.) de lapidibus figuratis quibusdam rarioribus, nondum descriptis et delineatis, musei autoris.
Pagg. 15. tabb. æneæ 5. Wolffenb. 1737. 4.
Joannes Conradus GMELIN.
Nucleus lithologiæ figuratæ, qui figuratos selectioresque musei Gmeliniani lapides sistit in sua genesi.
Commerc. litterar. Norimb. 1745. p. 297—311.
Johann Samuel SCHRÖTER.
Von einigen vorzüglichen körpern des Herzoglichen naturalienkabinets zu Weimar.
in ejus Journal, 3 Band, p. 287—309.

63. *De Petrificatis Scriptores Topographici.*

Angliæ.

Edward LHWYD.
A letter concerning several regularly figured stones lately found by him.
Philosoph. Transact. Vol. 20. n. 243. p. 279, 280.

Lithophylacii Britannici ichnographia, s. Lapidum aliorumque fossilium Britannicorum singulari figura insignium, quotquot hactenus vel ipse invenit, vel ab amicis accepit, distributio classica. Londini, 1699. 8.
Pagg. 91. tabb. æneæ 23; præter epistolas, de quibus supra pag. 305.

——— Editio altera. Oxonii, 1760. 8.
Pagg. 91. tabb. æneæ 25; præter epistolas, et prælectionem de stellis marinis, de qua Tomo 2. p. 311.

Letters concerning fossils.
Philosoph. Transact. Vol. 24. n. 291. p. 1566, 1567.

Henry BAKER.

An account of some uncommon fossil bodies. ibid. Vol. 48. p. 117—123.

———: Bericht wegens eenige ongewoone uit de aarde gegraavene lighaamen.
Uitgezogte Verhandelingen, 1 Deel, p. 209—218.

John BEAUMONT.

Two letters concerning rock-plants and their growth. ibid. Vol. 11. n. 129. p. 724—742.

A further account of some rock-plants growing in the lead-mines of *Mendip hills.* ib. Vol. 13. n. 150. p. 276—280.

John WALCOTT.

Descriptions and figures of petrifactions, found in the quarries, gravel-pits, &c. near *Bath.*
Pagg. 51. tabb. æneæ 16. Bath, (1779.) 8.

(*Daniel* SOLANDER.)

Fossilia *Hantoniensia* collecta, et in musæo Britannico deposita, a *Gustavo* BRANDER.
Pagg. 43. tabb. æneæ 9. Londini, 1766. 4.

Daines BARRINGTON.

Account of a fossil lately found near Christ-Church in Hampshire.
Philosoph. Transact. Vol. 63. p. 171, 172.

Stephen GRAY.

Observations on the fossils of *Reculver* cliffe. ibid. Vol. 22. n. 268. p. 762, 763.

James PARSONS.

An account of some fossil fruits, and other bodies, found in the island of *Shepey.* ib. Vol. 50. p. 396—407.

Edward JACOB.

Fossilia Shepeiana. A short view of the fossil bodies of

the island of Shepey in the county of Kent. printed with his Plantæ Favershamienses; p. 129—146. London, 1777. 12.

Edvardi LVIDII

Epistola, in qua agit de lapidibus aliquot perpetua figura donatis, quos nuperis annis in *Oxoniensi* et vicinis agris, adinvenit.

Philosoph. Transact. Vol. 17. n. 200. p. 746—754.

John MORTON.

A relation of river and other shells digged up, together with various vegetable bodies, in a bituminous marshy earth, near Mears-Ashby in *Northamptonshire.* ibid. Vol. 25. n. 305. p. 2210—2214.

64. *Galliæ.*

Antoine de JUSSIEU.

Recherches physiques sur les petrifications qui se trouvent en France de diverses parties de plantes et d'animaux etrangers. Mem. de l'Acad. des Sc. de Paris, 1721. p. 69—75, et p. 322—324.

Johannis Danielis GEJERI

Schediasma de montibus conchiferis ac glossopetris *Alzeiensibus.* Francof. et Lipsiæ, 1687. 4.

Pagg. 22. tab. ænea 1.

J. W. C. A. Freyherr VON HÜPSCH.

Beschreibung einiger neuentdeckten versteinten theile grosser seethiere. (prope *Antverpiam.*)

Naturforscher, 3 Stück, p. 178—183.

Robert de Paul DE LAMANON.

Description de divers fossiles trouvés dans les carrieres de *Montmartre* près Paris.

Journal de Physique, Tome 19. p. 173—185.

Sectio 1. Oiseau petrifié, germanice, in Lichtenberg's Magazin, 1 Band. 4 Stück, p. 21—26.

Lettre relative à l'Ornitholithe de Montmartre.

Journal de Physique, Tome 22. p. 309—313.

Jean Etienne GUETTARD.

Sur les Ardoisieres d'*Angers,* vide supra pag. 111.

Abbé DE SAUVAGES.

Memoire sur differentes petrifications tirées des animaux et des vegetaux, (prope *Alais.*)

Mem. de l'Acad. des Sc. de Paris, 1743. p. 407—418.

AMOREUX *fils.*
Observations sur des fossiles marins des environs d'*Aubaï* en Languedoc.
Journal de Physique, Tome 23. p. 350—355.
———: Beobachtungen über einige seefossilien aus der gegend von Aubai in Languedoc.
Lichtenberg's Magazin, 2 Band. 3 Stück, p. 83—86.

65. *Hispania*

Joseph TORRUBIA.
Aparato para la historia natural Española.
Tomo 1. pagg. 204. tabb. æneæ 14.
Madriu, 1754. fol.

66. *Italiæ.*

Carolus ALLIONI.
Oryctographiæ *Pedemontanæ* specimen, exhibens corpora fossilia terræ adventitia.
Pagg. 82. Parisiis, 1757. 8.
Gregorio PICCOLI.
Ragguaglio di una grotta, ove sono molte ossa di belve diluviane nei monti *Veronesi*, e dei luoghi in quei contorni; e strati di pietra, tra i quali stanno i Corni Ammoni; e ove si ritrovano altre produzioni maritime impietrite; con riflessioni sopra queste materie.
Pagg. 42. tab. ænea 1. Verona, 1739. 4.
Joannes Jacobus SPADA.
Corporum lapidefactorum agri Veronensis catalogus, quæ apud J. J. Spadam asservantur.
Editio altera multo auctior. ibid. 1744. 4.
Pagg. 80. tabb. æneæ 10.
Friedrich Christian LESSERS
Beschreibung einiger versteinerten conchylien.
Physikal. Belustigungen, 3 Band, p. 1055—1058.
Jacopo ODOARDI.
De' corpi marini che nel *Feltrese* distretto si trovano.
Nuova raccolta d'opuscoli scientifici, Tomo 8. p. 101—196.
Ambrogio SOLDANI.
Saggio orittografico ovvero osservazioni sopra le terre nautilitiche ed ammonitiche della *Toscana*.
Descriptio testaceorum minutorum, aliorumque marino-

fossilium ad oryctografici speciminis illustrationem præcipue spectantium.
Pagg. 146. tabb. æneæ 25. Siena, 1780. 4.

Adolphus MODEER.
Illustrationes quædam in A Soldani opus egregium Saggio orittografico dictum.
Nov. Act Ac. Nat. Cur Tom. 8. Append p. 85—94.
——— impr. cum Soldani Testaceographiæ microscopicæ Tomo 1; p. i—v.

Ambrosii SOLDANI
Ad allatas Cl. Modeeri animadversiones responsio. ib. p v—xiii.

67. *Helvetia.*

Johannes de MURALTO.
De quibusdam lapidibus figuratis Helvetiæ.
Ephem. Ac. Nat. Cur. Dec. 3. Ann. 5 & 6. p. 40—45.

Johannes Jacobus SCHEUCHZER.
Specimen lithographiæ Helveticæ curiosæ, quo lapides ex figuratis Helveticis selectissimi æri incisi sistuntur et describuntur.
Pagg. 67. tabb. æneæ 7. Tiguri, 1702. 8.

Caroli Nicolai LANGII
Historia lapidum figuratorum Helvetiæ ejusque viciniæ.
Pagg. 165. tabb. æneæ 52. Venetiis, 1708. 4.

Joannes Jacobus D'ANNONE.
De petrificatis quibusdam minus cognitis.
Acta Helvetica, Vol. 4. p. 275—287.

Johann Friedrich BLUMENBACH.
Einige naturhistorische bemerkungen bey gelegenheit einer Schweizer-reise. Von versteinerungen.
Voigt's Magazin, 5 Band. 1 Stück, p. 13—24.

68. *Germaniæ.*

Circuli Suevici.

Joannes Balthasar EHRHART.
Observatio qua asseritur potiora fossilium genera, per certas majores minoresve regiones suis limitibus cinctas, disposita jacere.
Act. Acad. Nat. Curios. Vol. 8. p. 411—424.

Johann Friedrich GMELIN.
Beyträge zu der *Würtembergischen* naturgeschichte der ächten thierischen versteinerungen.
Naturforscher, 1 Stück, p. 87—131.
4 Stück, p. 145—178.

Johann Samuel SCHRÖTER.
Ueber einige versteinerungen aus der herrschaft *Heydenheim* im Würtenbergischen. ibid. 18 Stück, p. 123—166.

Georgius Fridericus MOHR.
Specimen historiæ naturalis subterraneæ agri *Giengensis* ejusque viciniæ.
Act. Acad. Nat. Curios. Vol. 9. p. 120—128.

69. *Circuli Franconici.*

Johann Friederich BAUDER.
Nachricht von einem im *Nürnbergischen* gebiethe entdeckten muschelsande.
Hamburg. Magazin, 12 Band, p. 639—642.
Beschreibung des Altdorfischen Ammoniten-und Belemniten-marmors, wie solche zum erstenmal im jahr 1754 gemacht, und in dem drucke vorgelegt worden ist; mit einem anhang, der die neuesten entdeckungen des 1770 und 71sten jahres von Encriniten, Astroiten und Nautiliten, auch andern versteinerungen beschreibet, wieder herausgegeben. Plag. 1½. Altdorf, 1771. 4.
Description du marbre d'Altdorf, de la dependance de Nuremberg. Plag. dimidia. 4.
(Excerpta e priori libello.)
Nachricht von denen seit einigen jahren zu Altorf von ihm entdeckten versteinten cörpern.
Pagg. 16. Jena, 1772. 8.
————: Relation des fossiles decouvertes par lui depuis quelques années dans les environs d'Altdorf
Pagg. 8. Altdorf, 1772. 8.

Joannes Ambrosius BEURER.
De rarioribus quibusdam fossilibus (montis Mauritiani.)
Act. Acad Nat. Curios. Vol. 10. p. 372—375.

Johann Samuel SCHRÖTER.
Von einigen versteinerungen die bey Bergen im *Anspachischen* gefunden werden. in ejus Litteratur, 2 Band, p. 129—169.
Von den *Illmenauischen* schiefernieren. in ejus Journal, 3 Band, p. 263—286.

70. *Circuli Rhenani Superioris.*

Joannes Georgius LIEBKNECHT.

Hassiæ subterraneæ specimen, clarissima testimonia diluvii universalis heic et in locis vicinioribus occurrentia, exhibens. Giessæ et Francof 1730. 4.
Pagg. 426. tabb. æneæ 15; præter Geilfusium de terra sigillata Laubacensi, de quo infra, Parte 3. et Liebknecht de numis serratis, non hujus loci.

De lapidibus figuratis in monte Wetteraviæ *Hausberg* dicto nuper collectis.
Act. Acad. Nat. Curios. Vol. 2. p. 78—83.

Petrus WOLFART.

Vale Hanoviæ et salve Cassellæ dictum, cujus occasione inventa quædam *Hanoica* communicare voluit.
Francof. ad Moenum, 1707 8.
Pagg. 45. tabb. æneæ 3.

71. *Circuli Saxonici Inferioris.*

Francisci Ernesti BRUCKMANNI

Epistola itineraria 56. (Cent. 1.) sistens catalogum fossilium figuratorum *Guelpherbytensium*.
Pagg. 12. tab. ænea 1. Wolffenb. 1737. 4.

Jacobi A MELLE

De lapidibus figuratis agri litorisque *Lubecensis* commentatio epistolica. Lubecæ, 1720. 4.
Pagg. 44. tabb. æneæ 4, quarum 4ta eadem ac in ejus epistola de Echinitis Wagricis, vide infra.

VON ARENSWALD.

Geschichte der Pommerischen und *Meklenburgischen* versteinerungen.
Naturforscher, 5 Stück, p. 145—168.
8 Stück, p. 224—244.

72. *Circuli Saxonici Superioris.*

G. F. M. (*Gottlieb Friedrich* MYLIUS.)

Memorabilium Saxoniæ subterraneæ Pars 1. i. e. des unterirdischen Sachsens seltsamer wunder der natur 1 Theil. Pagg. 80; cum tabb. æneis.
Leipzig, 1709. 4.
2 Theil. Pagg. 89; cum figg. æri incisis. 1718.

Joannes Sebastianus ALBRECHT.
Ducatus *Coburgensis* agri, cum vicinis, corporum petrefactorum, ex utroque regno, copia et varietate nullis secundi in Germania.
Act. Acad. Nat. Curios. Vol. 9. p. 401—405.

Alberti RITTER
Commentatio de Zoolitho-dendroidis in genere, et in specie de Schwarzburgico-*Sondersbusanis*.
Pagg. 34. tabb. æneæ 2. Sondershusæ, 1736. 4.
Supplementa. in Supplementis scriptorum suorum, p. 52—64.

Valentinus ALBERTI.
Dissertatio physica de figuris variarum rerum in lapidibus, et speciatim fossilibus comitatus *Mansfeldici*. Resp. Jo. Amand. Brunnerus. (Lips. 1675.)
Brückmanni Epist. itiner. Cent. 2. p. 943—979.

Johann Samuel SCHRÖTER.
Lithographische beschreibung der gegenden um *Thangelstedt* und Rettewiz, in dem Weimarischen.
Pagg. 116. Jena, 1768. 8.

Johannes Ernestus HEBENSTREIT.
De lapidibus figuratis agri *Lipsiensis*.
Act. Acad. Nat. Curios. Vol. 4. p. 553—557.

J. C. HELK.
Von den versteinerungen um *Dresden* und Pirna.
Hamburg. Magazin, 4 Band, p. 530—537.

(*Christian Friedrich* SCHULZE.)
Kurze nachricht von dem so genannten petrefactenberge ohnweit Dresden.
Dresdnisches Magazin, 1 Band, p. 73—78.

C. M. L. VERDION.
Von etlichen versteinerungen um Jüterbogk im Sächsischen Churkreise. Titius Gemeinnüzige abhandl. 1 Theil, p. 374—381.
———— Neu. Hamburg. Magaz. 78 Stück, p. 474—481.

73. *Bohemiæ.*

Von seeversteinerungen und fossilien, welche bey Prag zu finden sind. ibid. 106 Stück, p. 333—370.

74. *Norvegiæ.*

Hans STRÖM.
Om Norske petrefacter, eller forstenede ting.
Naturhist. Selsk. Skrivt. 3 Bind, 1 Heft. p. 110—115.

75. *Sveciæ.*

Magni BROMELL

Lithographiæ Svecanæ Specimen 1. exhibens calculos humanos, variaque animalium concreta lapidea, juxta seriem, qua in musæo metallico Bromeliano servantur.
Act. Liter. Sveciæ, 1725. p. 63—77, et p. 90—102.
1726. p. 120—136, p. 152—158, et p. 182—186.

Specimen 2. telluris Svecanæ petrificata lapidesque figuratos varios exhibens, juxta seriem etc.
ibid. 1727. p. 306—312, et p. 331—337.
1728. p. 363—470, p. 408—415, p. 442—448, et p. 461—469.
1729. p. 493—497, p. 524—534, et p. 554—562.
1730. p. 28—38.

Adolph MODEER.

Anmerkungen über einige *Nerkische* versteinerungen.
Schr der Berlin. Ges. Naturf. Fr. 6 Band, p. 247—255.

76. *Borussiæ.*

Jacobi Theodori KLEIN

Specimen descriptionis petrefactorum *Gedanensium.* latine et germanice. Nürnberg, 1770. fol.
Plagg. 12. tabb. æneæ color. 24.

77. *Americæ.*

Don Antonio PARRA.

De las petrificaciones (Insulæ *Cubæ.*) in ejus Descripcion de diferentes piezas de historia natural, p. 181—191.
Havana, 1787. 4

78. *Ossa fossilia.*

Johannes Laurentius BAUSCH.

De Unicornu fossili schediasma. impr. cum Fehr de Scorzonera; p. 169—204. Jenæ, 1666. 8.

Johannes Lucas RHIEM.

Disputatio inaug. de Ebore fossili.
Plagg. $3\frac{1}{2}$. Altdorfii, 1682. 4.

Georgii Wolfgangi WEDELII

Programma de Unicornu et Ebore fossili.
Pagg. 16. Jenæ, 1699. 4.

Laurentio ROBERG
Præside, Dissertatio de Monocerotis cornu fossili. Resp. Jac. Neuchter.
Pagg. 15. Upsaliæ, 1729. 4.
——: De Unicornu fossili et congeneribus Disputatio. impr. cum Epistola Tatischowii de Mamontowa kost; p. 13—27.

Louis Jean Marie DAUBENTON.
Memoire sur des os et des dents remarquables par leur grandeur.
Mem de l'Acad des Sc. de Paris, 1762. p. 206—229.

Rudolphus Ericus RASPE.
Dissertatio de ossibus et dentibus elephantum, aliarumque belluarum in America Septentrionali, aliisque borealibus regionibus obviis, qua indigenarum belluarum esse ostenditur.
Philosoph. Transact. Vol. 59. p. 126—137.

Robert de Paul DE LAMANON.
Sur un os d'une grosseur enorme, qu'on a trouvé dans une couche de glaise au milieu de Paris; et en general sur les ossemens fossiles, qui ont appartenu à de grands animaux.
Journal de Physique, Tome 17. p. 393—405.
Lettre relative aux ossemens fossiles, qui ont appartenu à de grands animaux. ibid. Tome 22. p. 35, 36.

Petrus CAMPER.
Complementa varia Acad. Imp. Sc. Petropolitanæ communicanda, ad Cl. ac Cel. Pallas.
Nov. Act. Acad. Petropol. Tom. 2. p. 250—264.

George CUVIER.
Extrait d'un memoire sur les ossemens fossiles de quadrupedes.
Bulletin de la Societé Philomathique, p. 137—139.
——: An abstract of a memoir upon the fossil bones of animals.
Nicholson's Journal, Vol. 2. p. 512—514.

79. *Magnæ Britanniæ.*

William SOMNER.
Chartham news, or a brief relation of some strange bones there lately digged up.
Pagg. 10. tab. ænea 1. London, 1669. 4.
—— Philosoph. Transact. Vol. 22. n. 272. p. 882—893.

——— in his Antiquities of Canterbury, Part 1. p. 186 —192. London, 1703. fol.

John Wallis.

A letter relating to Mr. Somner's treatise of Chartham news. Philosoph. Transact. Vol. 22. n. 276. p. 1030—1035.

John Luffkin.

Letter concerning some large bones lately found in a gra vel-pit near *Colchester.* ib. n. 274. p. 924—926.

Joshua Platt.

An account of the fossil thigh-bone of a large animal, dug up at Stonesfield, near Woodstock, in Oxfordshire. ib. Vol. 50. p. 524—527.

Roger Gale.

Letters concerning a fossil skeleton (and horns, found in *Derbyshire.*) ib. Vol. 43. n. 475. p. 265—267.

William Stukely.

An account of the impression of the almost entire sceleton of a large animal, in a very hard stone (in *Nottingham-shire.*) ib. Vol. 30. n. 360. p. 963—968.

William Chapman.

An account of the fossil bones of an Allegator, found on the sea-shore, near Whitby in Yorkshire. ib. Vol. 50. p. 688—691.

Wooller.

A description of the fossil skeleton of an animal found in the alum rock near Whitby. ib. p. 786—790.

George Clerk.

Drawings of some very large bones (found near *Dum-fries.*)

Essays by a Society in Edinburgh, Vol. 2. p. 11.

80. *Galliæ.*

Jean Etienne Guettard.

Sur les os fossiles.

dans ses Memoires, Tome 1. p. 1—18, et p. 29—79.
5. p. 297—313.

Petrus Camper.

Conjectures relative to the petrifactions found in St. Peter's mountain, near *Maestricht.*

Philosoph. Transact. Vol. 76. p. 443—456.

———: Muthmassungen über einige in St. Petersberge bey Mastricht gefundene versteinerungen. in sein. klein. Schriften, 3 Band. 1 Stück, p. 1—19.

Johann Gottlob SCHNEIDER.

Ueber die versteinerten knochen im St. Petersberge bey Mastricht, von einer unbekannten Wallfischart, welche man für krokotillknochen ausgab.

Leipzig. Magazin, 1787. p. 447—463.

Aubin Louis MILLIN.

Lettre sur une tete petrifié (trouvée à Maestricht) conservée au museum d'histoire naturelle de la republique.

Magasin encyclopedique, Tome 6. p. 34—38.

TRAULLÉ.

Lettre sur quelques petrifications, trouvées dans les sables qui bordent les vallées dé la *Somme*. ibid. 2 Année, Tome 1. p. 182—184.

DICQUEMARE.

Osteolithes. (voisins de l'embouchure de la *Seine*.)

Journal de Physique, Tome 7. p. 406—414.

PASUMOT.

Lettre au sujet de quelques ossemens trouvés dans les carrieres de *Montmartre*. ib. Tome 20. p. 98, 99.

George CUVIER.

Sur les ossemens qui se trouvent dans le gypse de Montmartre.

Magazin encycloped. 4 Année, Tome 4. p. 289—291.

Louis Jean Marie DAUBENTON.

Observations sur un grand os qui a eté trouvé en terre dans *Paris*.

Mem. de l'Acad. des Sc. de Paris, 1782. p. 211—218.

Barthelemy FAUJAS-ST-FOND.

Sur des dents d'elephans, d'hippopotames, et autres quadrupedes, trouvés à 18 pouces de profondeur, dans une carriere, à une lieue à l'ouest de la ville d'*Orleans*.

Nouv. Journal de Physique, Tome 2. p. 445—448.

Marc Antoine Louis Claret DE LA TOURETTE.

Observations sur des os fossiles trouvés en *Dauphiné*.

Mem. etrangers de l'Acad. des Sc. de Paris, Tome 9. p. 747—767.

Jean Etienne GUETTARD.

Memoire sur des os fossiles, decouverts dans l'interieur d'un rocher auprès de la ville d'Aix en *Provence*.

Mem. de l'Acad. des Sc. de Paris, 1760. p. 209—220.

Robert de Paul DE LAMANON.

Sur la nature et la position des ossemens trouvés à Aix en Provence, dans le coeur d'un rocher.

Journal de Physique, Tome 16. p. 468—475.

DE JOUBERT.
Memoire sur des portions de machoire trouvées dans le Cominges en 1783.
Mem. de l'Acad. de Toulouse, Tome 3. p. 110—113.

81. *Hispaniæ.*

John BODDINGTON.
Account of some bones found in the rock of *Gibraltar*, with remarks by *William* HUNTER.
Philosoph. Transact. Vol. 60. p. 414—416.

82. *Italiæ.*

Alberto FORTIS.
Delle ossa d'elefanti e d'altre curiosità naturali de' monti di Romagnano nel *Veronese.*
Pagg. 85. tab. ænea 1. Vicenza, 1786. 8.

Jacobus BLANCANUS.
De quibusdam animalium exuviis lapidefactis (in agro *Bononiensi.*)
Comment Instit. Bonon. Tom. 4. p. 133—138.

Giuseppe BALDASSARRI.
Descrizione di una mascella fossile straordinaria trovata nel territorio *Sanese.*
Atti dell' Accad. di Siena, Tomo 3. p. 243—254.

83. *Germaniæ.*

Jean Henri MERCK.
Lettre sur les os fossiles d'Elephans et de Rhinoceros, qui se trouvent dans le pays de Hesse-Darmstadt.
Pagg. 24. tabb. æneæ 2. Darmstadt, 1782. 4.
Seconde lettre sur les os fossiles d'Elephans et de Rhinoceros qui se trouvent en Allemagne, et particulierement dans le pays de Hesse-Darmstadt.
Pagg. 25. tabb. 4. 1784.
Troisieme lettre. pagg. 29. tabb. 3. 1786.

David SPLEISSIUS.
Oedipus osteolithologicus, seu Dissertatio de cornibus et ossibus fossilibus *Canstadiensibus.*
Pagg. 23. Scaphusiæ, 1701. 4.

Johann Friederich ESPER.
Ausführliche nachricht von neuentdeckten zoolithen un-

bekannter vierfüsiger thiere, und denen sie enthaltenden, so wie verschiedenen andern denkwürdigen grüften der obergebürgischen lande des marggrafthums *Bayreuth.* Nürnberg, 1774. fol.
Pagg. 148. tabb. æneæ color. 14.

ANON.
Account of some remarkable caves in the principality of Bayreuth, and of the fossil bones found therein.
Philosoph. Transact. 1794. p. 402—406.

John HUNTER.
Observations on the fossil bones presented to the Royal Society by the Margrave of Anspach. ibid. p. 407—417.

C. M. D.
Relatio de ossibus *Jossensibus.*
Miscellan. Berolinens. Tom. 4. p. 388—391.

Samuel Christianus HOLLMANN.
Ossium fossilium, insolitæ magnitudinis, in præfectura vicina *Herzbergensi* a. 1751. e marga erutorum, descriptio.
Comment. Societ. Gotting. Tom. 2. p. 215—280.

Friedrich Christian LESSER.
Von einem ausgegrabenen knochen (prope *Nordhausen.*)
Hamburg. Magazin, 3 Band, p. 108—110.

Johann Samuel SCHRÖTER.
Ueber einen versteinten röhrenknochen (prope *Thangelstedt.*) in sein. Abhandl. über die Naturgesch. 2 Theil, p. 405—421.

SCHULZE.
Nachricht von grossen knochen und hörnern, die hin und wieder, insonderheit aber in *Sachsen,* in der erde gefunden worden.
Dresdnisches Magazin, 2 Band, p. 219—227.
Von einem bey *Schieritz,* ohnweit Meissen, gefundenen grossen knochen.
Hamburg. Magazin, 14 Band, p. 300—302.

Johann MAYER.
Nachricht von verschiedenen knochen nicht einheimischer thiere, so in *Böhmen* gefunden werden. Abhandl. einer privatgesellsch. in Böhmen, 6 Band, p. 260—267.

84. *Daniæ.*

Thomas Broderus BIRCHEROD.
Historia naturalis quatuor costarum bubularum, quibus

quæ superinducta caro fuerat, in os est conversa: edita a filio Jac. Bircherod.
Pagg. 40. tab. ænea 1. Havniæ, 1723. 4.

85. *Sveciæ.*

Joannes Jacobus VON DÖBELN.
De ossibus giganteis, in aggeribus laterariæ, prope *Falkenbergum* in Hallandia repertis.
Act. Acad. Nat. Curios. Vol. 5. p. 314—317.

86. *Imperii Russici.*

Petrus Simon PALLAS.
De ossibus Sibiriæ fossilibus, craniis præsertim Rhinocerotum atque Buffalorum, observationes.
Nov. Comm. Acad. Petropol. Tom. 13. p. 436—477.
De reliquiis animalium exoticorum per Asiam borealem repertis complementum. ib. Tom. 17. p. 576—606.
Observatio de dentibus molaribus fossilibus ignoti animalis, Canadensibus analogis, etiam ad Uralense jugum repertis.
Act. Acad. Petropol. 1777. Pars post. p. 213—222.
Von gebeinen grosser ausländischer thiere, welche im jahr 1776 im Kasanschen gefunden worden. in seih. Neu. Nord. Beytr. 1 Band, p. 173—177.

Basilius TATISCHOW.
Epistola de Mamontowa kost, i. e. de ossibus bestiæ Russis Mamont dictæ.
Act. Liter. Sveciæ, 1725. p. 36—43.
———— : Mamontova kost, h. e. ossa subterranea, fossilia, ingentia, ignoti animalis, e Siberia adferri coepta. (forte Upsaliæ, 1729.) 4.
Pagg. 8; præter epistolam Sparvenfeltii de voce Behemoth; et Dissertationem de Unicornu fossili, de qua supra pag. 317.
———— : Of the bones of the animal, which the Russians call Mamont.
Acta germanica, p. 269—273.

John Philip BREYNE.
Observations on the Mammoth's bones and teeth found in Siberia.
Philosoph. Transact. Vol. 40. n. 446. p. 124—138.

Georgius Bernbardus BILFINGER.

De ossibus Mamontæis. in ejus Variis in fasciculos collectis, Fasc. 2. p. 198—206.

ANON.

Nachrichten von dem Siberischen Elfenbein.
Berlin. Sammlung. 2 Band, p. 50—56.

87. *Americæ.*

Peter COLLINSON.

An account of some very large fossil teeth, found in North America.
Philosoph. Transact. Vol. 57. p. 464—469.

Auszugsschreiben an einen freund, von den neuerlich in Nord Amerika entdeckten elephantenähnlichen gerippen. Stralsund. Magazin, 1 Band, p. 179—189.

William HUNTER.

Observations on the bones, commonly supposed to be elephants bones, which have been found near the river Ohio in America.
Philosophical Transactions, Vol. 58. p. 34—45.

———: Conghietture sopra l'esistenza ne' tempi andati d'un animale più grande di tutti i moderni animali terrestri, del quale s'è perduta la specie.
Scelta di Opusc. interess. Vol. 3. p. 96—110.

——— Excerpta, germanice, in Naturforscher, 3 Stück, p. 237—239.

DE LA COUDRENIERE.

Sur le Mammouth, animal du Groenland, dont on trouve des ossemens et des dents enormes en Europe, en Asie, et en Amerique.
Journal de Physique, Tome 19. p. 363—366.

Christian Friedrich MICHAËLIS.

Ueber das grosse unbekannte thier in Nordamerika.
Götting. Magaz. 3 Jahrg. 6 Stück, p. 871—874.

Ueber ein thiergeschlecht der urwelt. ibid. 4 Jahrg. 2 Stück, p. 25—48.

George CUVIER.

Notice sur le squelette d'une très grande espece de quadrupede inconnue jusqu'à present, trouvé au Paraguay, et deposé au cabinet d'histoire naturelle de Madrid.
Magazin encycl. 2 Année, Tome 1. p. 303—310.

88. *Dentes fossiles.*

Francis NEVILE.
An account of some large teeth lately dug up in the north of Ireland.
Philosoph. Transact. Vol. 29. n. 346. p. 367—370.
——— print. with Boate's Natural history of Ireland, quarto edition; p. 128—130.

Thomas MOLYNEUX.
Remarks on the aforesaid letter and teeth.
Philosoph. Transact. Vol. 29. n. 346. p. 370—384.
——— with Boate; p. 130—137.

Francisci Ernesti BRÜCKMANNI
Epistola itineraria 12. (Cent. 1.) de gigantum dentibus. Plag. 1. tab. ænea 1. Wolffenbuttelæ, 1729. 4.

ANON.
Description d'une dent fossile.
Journal de Physique, Tome 1. p. 135, 136.

Louis Bernard Guyton DE MORVEAU.
Sur la dent d'un animal inconnu. ib. Tome 7. p. 414, 415.
Observations sur une dent fossile trouvée à Trevoux.
Mem. de l'Acad. de Dijon, 1785. 1 Sem. p. 102—112. conf. p. ix.

Baron DE SERVIERES.
Observations sur la dent fossile d'un animal inconnu.
Journal de Physique, Tome 14. p. 325, 326.

D. H. GALLANDAT.
Beschryving van een zonderling stuk Yvoor. (de dentibus fossilibus etiam agit.) Verhand. van het Gen. te Vlissingen, 9 Deel, p. 351—391.

René Antoine Ferchault DE REAUMUR.
Observations sur les mines de *Turquoises* du royaume.
Mem. de l'Acad. des Sc. de Paris, 1715. p. 174—202.
———: Anmerckungen über die Türckisgruben in Frankreich.
Hamburg. Magaz. 1 Band. 5 Stück, p. 3—41.

Cromwell MORTIMER.
Remarks on the precious stone called the Turquoise.
Philosoph. Transact. Vol. 44. n. 482. p. 429—432.
———: Anmerkungen über den Turkis.
Hamburg. Magazin, 2 Band, p. 616—619.

Christian Hieronymus LOMMER.
Beschreibung der versteinerten thierzähne, welche bey

Lessa in Böhmen gefunden werden. Abhandl. einer privatges. in Böhmen, 2 Band, p. 112—118.

————: Descrizione dei denti d'animali lapidefatti, che trovansi presso il villaggio di Lessa in Boemia, e che rassomigliano a quelli, che vengono di Persia e di Francia sotto il nome di Turchesi.
Scelta di opusc. interess. Vol. 31. p. 80—86.

89. *Ossa humana fossilia.*

Jean Etienne GUETTARD.
Sur les os humains fossiles.
dans ses Memoires, Tome 5. p. 314—330.

90. *Ossa Rhinocerotum.*

Johann Friedrich ZÜCKERT.
Beschreibung und abbildung einiger in dem kabinette des Herrn Gottfried Adrian Müller befindlichen, und ehedem bey Quedlimburg ausgegrabenen knochen eines ausländischen thieres. Beschäft. der Berlin. Ges. Naturf. Fr. 2 Band, p. 340—346.

91. *Ossa et Dentes Elephantini.*

Hieronymus Ambrosius LANGENMANTEL.
De ossibus Elephantum.
Ephem. Acad. Nat. Cur. Dec. 2. Ann. 7. p. 446, 447.

Sir Hans SLOANE, *Bart.*
An account of Elephants teeth and bones found under ground.
Philosoph. Transact. Vol. 35. n. 403. p. 457—471.
404. p. 497—514.

————: Memoire sur les dents et autres ossemens de l'Elephant, trouvés dans terre.
Mem. de l'Acad. des Sc. de Paris, 1727. p. 305—334.

Jacobus Theodorus KLEIN.
De dentibus Elephantinis. impr. cum ejus Missu 2. Historiæ Piscium naturalis; p. 29—32.

Edward JACOB.
An account of several bones of an Elephant found at Leysdown in the isle of *Sheppey*.
Philosoph. Transact. Vol. 48. p. 626, 627.

Henry BAKER.
A letter concerning an extraordinary large fossil tooth of an Elephant (found in *Norfolk.*)
Philosoph. Transact. Vol. 43. n. 475. p. 331—335.
———— : Von einem in der erde gelegenen ausserordentlich grossen Elephantenzahne.
Hamburg. Magaz. 1 Band, p. 453—459.

J. C. PALIER.
Over twee ongemeene groote beenderen, welke in den *Bommeler-waard* gevonden zyn. Verhand. van de Maatsch. te Haarlem, 12 Deel, p. 373—390.

F. VERSTER.
Bericht wegens twee Elephants-beenderen, naaby 's *Bosch* gevonden, met eenige aanmerkingen over dezelve. ibid. 23 Deel, Berichten, p. 55—84.

Barth. MESNY.
Observations sur les dents fossiles d'Elephants, qui se trouvent en *Toscane.*
Pagg. 47. tab. ænea 1. Florence. 8.

Friderico HOFFMANNO
Præside, Dissertatio de ebore fossili Svevico *Halensi.* Resp. Jo. Frid. Beyschlag. Pagg. 29. Halæ, 1734. 4.

Carolus Gottlob STEDING.
De ebore fossili *Spirensi.*
Nov. Act. Acad. Nat. Curios. Vol. 6. p. 367, 368.

Wilhelmi Ernesti TENTZELII
Epistola de sceleto Elephantino *Tonnæ* nuper effosso. Editio 2da. Plagg. 2. Jenæ, (1696.) 8.
———— Philosoph. Transact. Vol. 19. n. 234. p. 757—776.

ANON.
Epistel eines Medici über den zu Burg-Tonna ausgegrabenen vermeinten Elephanten.
Plag. 1½. 1606. 4.
Vertheidigung des zu Tonna ausgegrabenen einhorns, wider ein lateinisches schreiben von dem daselbst ausgegrabenen Elephanten-cörper &c. welche das Collegium Medicum in Gotha zum druck befördert.
Pagg. 28. 1697. 4.

Johannes Georgius HOYER.
De ebore fossili, seu de sceleto Elephantis in colle sabuloso (Tonnæ) reperto.
Ephem. Ac. Nat. Cur. Dec. 3. Ann. 7 & 8. p. 294, 295.

Johann Christopher SCHNETTERS
Antwort an einen freund, wegen der censur über sein im

monat Julio verwichenen jahrs herausgekommene sendschreiben von dem zu *Altenburg* gefundenen unicornu oder ebore fossili, so von Hrn. W. E. Tenzeln in seiner curieusen bibliotheque vorgenommen worden.
Pagg. 24; præter sequentem. Jena, 1704. 8.

Jacob Jodoc RAABS
Antwort auf das sendschreiben Hrn. J. C. Schnetters über das ausgegrabene unicornu. cum priori; p. 25—32.

Joannes Henricus SCHULZE.
De dente Elephanti ex lapicidina *Esperstadiensi* eruto. Commerc. litterar. Norimberg. 1732. p. 405, 406.

Johann Christoph MEINEKE.
Von einem an dem ufer der Elbe bey *Dessau* gegrabenen Elephantenzahn. Beschäft. der Berlin. Ges. Naturf. Fr. 3 Band, p. 479—481.

Johann Christoph FUCHS.
Von einem bey *Potsdam* gegrabenen Elephantenzahn. ib. p. 474—479.

92. *Ossa Ursini generis.*

Joannes Christianus ROSENMÜLLER.
Quædam de ossibus fossilibus animalis cujusdam, historiam ejus et cognitionem accuratiorem illustrantia. Resp Jo. Chr. Aug. Heinroth.
Pagg. 34. tab. ænea 1. Lipsiæ, 1794. 4.
———: Beitrage zur geschichte und nähern kenntniss fossiler knochen. 1 Stück.
Pagg. 91. tab. ænea 1. ib. 1795. 8.
Uberior est hæc editio.

93. *Ossa et Cornua Cervini generis.*

Robert BARKER.
An account of a Stag's head and horns, found at Alport, in the parish of Youlgreave, in the county of *Derby*. Philosoph. Transact. Vol. 75. p. 353—355.

Thomas KNOWLTON.
An account of two extraordinary Deers horns, found under ground in different parts of *Yorkshire*. ibid. Vol. 44. n. 479. p. 124—127.

Thomas MOLYNEUX.
A discourse concerning the large horns frequently found under ground in *Ireland*. ib. Vol. 19. n. 227. p. 489—512.

——— printed with Boate's Natural history of Ireland, quarto edition; p. 137—149.

James KELLY.

An account of horns found under ground in Ireland. Philosoph. Transact. Vol. 34. n. 394. p. 123.

Thomas WRIGHT.

An account of fossil Moose deers horns found in Ireland. in his Louthiana, or introduction to the antiquities of Ireland, Book 3. p. 20, with figures in tab. 22. London, 1758. 4.

Barthelemy FAUJAS *de Saint-Fond.*

Memoire sur des bois de Cerf fossiles, trouvés en creusant un puits, dans les environs de Montelimar en *Dauphine.* Pagg. 24. tab. ænea color. 1. Grenoble, 1776. 4.

Friedrich Eberhard VON ROCHOW.

Nachricht von einem ungewöhnlich grossen mit steinrinde dünne übergezogenen geweih, eines zu dem Hirschgeschlecht gehörigen, vermuthlich nicht mehr bekannten thieres. (in *Rheno.*)
Schr. der Berlin. Ges. Naturf. Fr. 2 Band, p. 388—401.

Leonhard David HERMANN.

Historischer bericht von einem Elends-thier-cörper oder knochen, welcher bey dem neuen wasser-oder wehrbau, in dem *Masslischen* Pfarr-garten-graben, zufälliger weise gefunden worden.
Pagg. 30. tab. ænea 1. Budissin, 1731. 4.

94. *Ossa Bovini generis.*

Jacob Theodor KLEIN.

Letter concerning a very extraordinary fossile skull of an Ox, with the cores of the horns.
Philosoph. Transact. Vol. 37. n. 426. p. 427, 428.

BOUCHER.

Observations sur un squelette d'Aurochs, trouvé à Picquigny.
Magasin encycloped. 4 Année, Tome 4. p. 24—28.

95. *Amphibiolithi.*

Christiani Maximiliani SPENERI

Disquisitio de Crocodilo in lapide scissili expresso, aliisque lithozois, cum Godofr. Guil. Leibnitii epistola ad auctorem.
Miscellan. Berolinens. (Tom. 1.) p. 99—120.

Johannes Henricus LINCK.
Epistola ad Jo. Woodward (de Crocodili effigie in Schisto.)
Plag. dimidia. tab. ænea 1. (Lipsiæ, 1718.) 4.
——— Pars hujus epistolæ, cum tabula ænea eadem, in Act. Eruditor. Lips. 1718. p. 188, 189.

SCHULZE.
Beantwortung der frage: ob die Schildkröten, oder einige theile derselben versteinert gefunden werden?
Titius Gemeinnüz. Abhandl. 1 Theil, p. 294—308.

96. *Ichthyolithi.*

Georgius Wolffgang WEDEL.
De Trutta saxatili.
Ephem. Ac. Nat. Cur. Dec. 1. Ann. 4 & 5. p. 74—76.

Simon Aloys. TUDECIUS et *Godofr.* SCHULTZ.
De Oculis serpentum et linguis melitensibus. ibid. Ann. 9 & 10. p. 287—292.

RIVIERE.
Sur les dents petrifiées de divers poissons, comparées avec les dents des mêmes poissons nouvellement pechés. (1708.)
Mem. de l'Acad. de Montpellier, Tome 1. p. 75—84.

Johannes Jacobus SCHEUCHZER.
Piscium querelæ et vindiciæ.
Pagg. 36. tabb. æneæ 5. Tiguri, 1708. 4.
Homo diluvii testis et Θεοσκοπος.
Pagg. 24. tab. ligno incisa 1. ib. 1726. 4.

Franciscus Ernestus BRÜCKMANN.
Petrefactum singulare, dentem seu palatum piscis Ostracionis referens.
Act. Acad. Nat. Curios. Vol. 9. p. 116—120.

Francis BYAM et *Arthur* POND.
An account of the impression on a stone dug up in the island of Antigua.
Philosoph. Transact. Vol. 49. p. 295—298.

Johann Julius WALLBAUM.
Beschreibung eines stücks von einem versteinerten horn eines Sägefisches.
Schr. der Berlin. Ges. Naturf. Fr. 5 Band, p. 477, 478.

Alberto FORTIS.
Extrait d'une lettre sur differentes petrifications.
Journal de Physique, Tome 28. p. 161—168.

Lettera al Sig. Abate Testa sopra i pesci ischeletriti de' monti di Bolca.
Opuscoli scelti, Tomo 16. p. 196—216.

TESTA.
Lettera su i pesci fossili del monte Bolca, in risposta alla precedente del Sig. Abate Fortis su lo stesso argumento. ib. p. 217—239.

Alberto FORTIS.
Transunto della replica al Sig. Abate Testa sugli izzioliti de' monti Veronesi. ib. p. 356—360.

TESTA.
Breve transunto della lettera terza sui pesci fossili del monte Bolca. ib. p. 416, 417.

George GRAYDON.
On the fish enclosed in stone of monte Bolca.
Transact. of the Irish Academy, Vol. 5. p. 281—317.

ANON.
Ittiolitologia Veronese del Museo Bozziano ora anneso sa quello del Conte Giovambattista Gazola, e di altri gabinetti di fossili Veronesi, con la versione latina.
Verona, 1796. fol.
Pagg. lii, v, et i—lii. tab. æn. 1—11.

97. *Bufonites.*

Antoine DE JUSSIEU.
De l'origine des pierres appellées Yeux de serpents et Crapaudines.
Mem. de l'Acad. des Sc. de Paris, 1723. p. 205—210.

Jean Etienne GUETTARD.
Memoire sur les Bufonites ou Crapaudines.
dans ses Memoires, Tome 5. p. 188—214.

98. *Glossopetræ.*

Fabii COLUMNÆ
De Glossopetris Dissertatio. impr. cum ejus Purpura; p. 31—39. Romæ, 1616. 4.
——— impr. cum Scilla de corporibus marinis lapidescentibus; edit. 1752. p. 75—84.
1759. p. 73—82.

Martin LISTER.
Glossopetra tricuspis non serrata.
Philosoph. Transact. Vol. 9. n. 110. p. 223.

Johannis REISKII
De Glossopetris Lüneburgensibus epistolica commentatio.
Pagg. 56. tabb. æneæ 2. Lipsiæ, 1684. 4.
——— Pagg. 84. tabb. æneæ 2. Norimbergæ, 1687. 8.

Olai WORM *Wilh. F. Ol. Nep.*
De Glossopetris Dissertatio.
Pagg. 27. Hafniæ, 1686. 4.

Emanuel KÖNIG.
De Glossopetris in Helvetia repertis.
Ephem. Ac. Nat. Curios. Dec. 2. Ann. 8. p. 303.

Hans SLOANE.
An account of the tongue of a Pastinaca marina, frequent in the seas about Jamaica, and lately dug up in Maryland, and England.
Philosoph. Transact. Vol. 19. n. 232. p. 674—676.

Caspari BARTHOLINI *Thom. f.*
De Glossopetris Disputatio.
Pagg. 10. Havniæ, 1704. 4.

Francisci Ernesti BRÜCKMANNI
Epistola itineraria 29. (Cent. 1.) de Glossopetris et Chelidoniis. Pagg. 8. tab. ænea 1.
Wolffenbuttelæ, 1734. 4.

Jean Etienne GUETTARD.
Memoire sur les Glossopetres ou dents de Requin fossiles. dans ses Memoires, Tome 5. p. 146—187.

99. *Entomolithus Cancri.*

Johannis Danielis MAJORIS
Dissertatio epistolica de Cancris et serpentibus petrefactis.
Jenæ, 1664. 8.
Pagg. 49; præter Sachs de miranda lapidum natura, de quo supra pag. 237.

Joannes Jacobus D'ANNONE.
De Cancris lapidefactis musei sui.
Act. Helvet. Vol. 3. p. 265—275.

100. *Entomolithus paradoxus.*

Charles LYTTELTON.
A letter concerning a nondescript petrified insect.
Philosoph. Transact. Vol. 46. n. 496. p. 598—600.

Cromwell MORTIMER.
Some further account of the before mentioned Dudley fossil. ibid. p. 600—602.

Emanuel Mendez DA COSTA.
A letter concerning the fossil found at Dudley.
Philosoph. Transact. Vol. 48. p. 286, 287.
Carl LINNÆUS.
Petrificatet Entomolithus paradoxus.
Vetensk. Acad. Handling. 1759. p. 19—24.
Christian Friedrich WILCKENS.
Sendschreiben, worinn wahrscheinlich dargethan wird, dass die conchiliologisten eben keine ursach mehr haben, das petrefact, welches bisher unter der benennung eines conchitæ trilobi rugosi bekannt geworden ist, als einen theil ihrer wissenschaft anzusehen.
Stralsund. Magazin, 1 Band, p. 267—330.
——— in ejus Nachricht von seltenen versteinerungen, p. 1—64.
ANON.
Von der sogenannten Käfermuschel.
Berlin. Sammlung. 3 Band, p. 117—127.
Morten Thrane BRÜNNICH.
Beskrivelse over Trilobiten, en dyreslægt, og dens arter.
Danske Vidensk. Selsk. Skrift. Nye Samling, 1 Deel, p. 384—395.
Johann Thaddæus LINDACKER.
Beschreibung einer noch nicht bekannten Käfermuschel.
Mayer's Samml. physikal. Aufsäze, 1 Band, p. 37—42.
Johannes Carolus GEHLER.
Programma de quibusdam rarioribus agri Lipsiensis petrificatis. Spec. 1. Trilobites s. Entomolithus paradoxus Linn.
Pagg. 12. tab. ænea 1. Lipsiæ, 1793. 4.

101. *Testacea petrificata.*

Georgius Wolffgangus WEDEL.
De conchis saxatilibus seu lapideis.
Ephem. Ac. Nat. Cur. Dec. 1. Ann. 3. p. 101—103.
Georgius Sigismundus POGATSCHNICK.
De lapidibus conchylii figura signatis. ibid. Dec. 3. Ann. 9 & 10. p. 372—375.
Elias CAMERARIUS.
Conchiformia arenæ granula. ib. Cent. 1 & 2. p. 376—380.
Epitome fossilium conchyliorum in uno lapidis frusto. ib. Cent. 3 & 4. p. 122—126.
De arena conchifera. ib. Cent. 5 & 6. p. 267—270.

Jacobus Theodorus KLEIN.
Descriptiones Tubulorum marinorum, in quorum censum relati lapides caudæ cancri Gesneri, et his similes; Belemnitæ, eorumque alveoli. Gedani, 1731. 4. Pagg. x et 18. tabb. æneæ 9; præter epistolam de Pilis marinis, de qua Tomo 3. pag. 317.

Joannis Philippi BREYNII
Dissertatio de Polythalamiis, vide Tom. 2. pag. 334.
De quibusdam conchis minus notis epistolæ binæ, quarum altera a J. P. Breynio, altera vero a Jano Planco conscripta.
Mem. di diversi valentuomini, Tomo 1. p. 175—204.
(Additiones ad librum præcedentem.)

Herman Diedrich SPÖRING.
Ægg och ungar af snäckor och musslor fundne i petrificerade mussel-skal.
Vetensk. Acad. Handling. 1745. p. 234, 235.

Jean Etienne GUETTARD.
Sur les accidens des coquilles fossiles, comparés à ceux qui arrivent aux coquilles qu'on trouve maintenant dans la mer.
Mem. de l'Acad. des Sc. de Paris, 1759. p. 189—226, p. 329—357, et p. 399—419.

Philippus Jacobus SCHLOTTERBECCIUS.
De cochlea quadam petrefacta.
Act. Helvet. Vol. 5. p. 286—288.

ANON.
Beschreibung einer seltenen versteinten muschel.
Berlin. Magazin, 4 Band, p. 58—61.

Johann Ernst Immanuel WALCH.
Von den concentrischen zirkeln auf versteinten conchylien.
Naturforscher, 2 Stück, p. 126—148.

PASUMOT.
Observation sur un noveau fossile.
Journal de Physique, Tome 5. p. 434.

Ignaz VON BORN.
Zufällige gedanken über die anwendung der konchylien, und petrefaktenkunde auf die physikalische erdbeschreibung. Abhandl. einer privatges. in Böhmen, 4 Band, p. 305—312.

Johann HERMANN.
Brief über einige petrefacten.
Naturforscher, 15 Stück, p. 115—134.

Johann Samuel SCHRÖTER.
Abhandlung von den gegrabenen calcinirten conchylien seiner naturaliensammlung.
in ejus Neue Litteratur, 2 Band, p. 1—224.

102. *Angliæ.*

James BREWER.
Letters concerning beds of Oyster-shells found near Reading in *Berkshire.*
Philosoph. Transact. Vol. 22. n. 261. p. 484—486.
Griff. HATLEY.
A letter concerning some formed stones found at Hunton in *Kent.* ib. Vol. 14. n. 155. p. 463—465.
———: De conchis fossilibus, seu lapide conchite.
Act. Eruditor. Lips. 1685. p. 371, 372.
Samuel DALE.
Letter concerning *Harwich* cliff, and the fossil shells there.
Phlosoph. Transact. Vol. 24. n. 291. p. 1568—1578.
Abraham DE LA PRYME.
A letter concerning Broughton in *Lincolnshire,* with observations on the shell-fish observed in the quarries about that place. ib. Vol. 22. n. 266. p. 677—687.

103. *Galliæ.*

René Antoine Ferchault DE REAUMUR.
Remarques sur les coquilles fossiles de quelques cantons de la *Touraine.*
Mem. de l'Acad. des. Sc. de Paris, 1720. p. 400—416.
———: Anmerkungen über die ausgegrabenen muschelschalen einiger gegenden von Touraine.
Hamburg. Magazin, 2 Band, p. 130—153.
ODANEL.
Sur les falunieres de la Touraine.
Journal d'Hist. nat. Tome 2. p. 34—40.
Philippi Picot DE LAPEIROUSE
De novis quibusdam Orthoceratitum et Ostracitum speciebus (e *Pyrenæis*) dissertatiuncula. latine et gallice.
Erlangæ, 1781. fol.
Pagg. 45. tabb. æneæ color. 13.

104. *Italiæ.*

Josephus MONTI.
De testaceis quibusdam fossilibus achate plenis (in agro *Bononiensi.*)
Comm. Instit. Bonon. Tom. 2. Pars 2. p. 285—295.

Francesco CALURI.
Conghietture ed osservazioni sopra una cochiglia marina fossile non alterata, creduta di un nuovo genere, ritrovata dentro un altra cochiglia fossile non alterata della campagna *Sanese.*
Atti dell' Accad di Siena, Tomo 3. p. 262—277.

105. *Germaniæ.*

Joh. Wilh. Carl Adam Freyherr VON HÜPSCH.
Neue in der naturgeschichte des Nieder-Deutschlandes gemachte entdeckungen einiger seltenen und wenig bekanten versteinerten schaalthiere.
Frankfurt und Leipzig, 1768. 8.
Pagg. 159. tabb. æneæ 4.
———— Excerpta, gallice, in Journal de Physique, Tome 3. p. 148—153.

Johannes Melchior VERDRIES.
De arena conchifera *Moguntina.*
Ephem. Acad. Nat Curios. Cent. 7 et 8. p. 426—429.

Johann Samuel SCHRÖTER.
Von den Nautiliten der *Weimarischen* gegend.
Naturforscher, 1 Stück, p. 132—158.
Von den Ammoniten der Weimarischen gegend. ib. 2 Stück, p. 169—193.
Von den übrigen schnecken der Weimarischen gegend. ib. 4 Stück, p. 179—201.
Von den muscheln der Weimarischen gegend.
ib. 9 Stück, p. 295—318.
11 Stück, p. 170—182.

David Sigismund BÜTTNER.
Als Christian Herzog zu Sachsen, a. 1712 in dero hauptstadt Querfurth, die erbhuldigung eingenommen hatte, wurde eine bey dero Querf. amtsdorffe *Kuckenburg* gewältigte, und mit unterschiedlichen Nautilitis, Conchitis und andern petrifactis angefüllte marmel-ärtige blatte unterthänigst überreicht, auch deren beschaffenheit in nachgesezten carmine, unter der rubric, die huldigende

Kuckenburg umständlicher vorgestellt. Zum andern mahl zum druck befördert.
Plag. 1. tab. ænea 1. Querfurth. 4.
——— Brückmann Epist. itiner. Cent. 2. p. 1077—1088.

Johann Ernst Immanuel WALCH.
Von den *Sternbergischen* versteinerungen.
Naturforscher, 11 Stück, p. 142—160.

106. *Imperii Danici.*

Lorenz SPENGLER.
Beschreibung einer sehr merkwürdigen *Isländischen* versteinerung.
Schr. der Berlin. Ges. Naturf. Fr. 5 Band, p. 400—407.

107. *Sveciæ.*

Kilian STOBÆUS.
De nummulo Brattensburgensi.
Act. Liter. et Scient. Sveciæ, 1731. p. 19—21.
Dissertatio epistolaris ad Th. W. Grothaus de nummulo Brattensburgensi, nec non de nonnullis aliis ad hanc historiæ naturalis patriæ partem pertinentibus, inprimis frondosis Cornu ammonis majoris fragmentis.
Pagg. 22. tab. ænea 1. Londini Goth. 1732. 4.
——— accessionibus nonnullis per autorem illustrata, additis literis Grothausii.
in ejus Operibus, p. 1—34.
———: Von dem Brattenburgischen pfennige, wie auch von einigen fragmenten eines mit laubwerk versehenen grössern Ammonshorn.
Schröter's Journal, 1 Band. 2 Stück, p. 97—115.
3 Stück, p. 207—215.
4 Stück, p. 284—290.

108. *Hungariæ.*

Francisci Ernesti BRÜCKMANNI
Epistola itineraria 11. (Cent. 1.) de quibusdam figuratis Hungariæ lapidibus.
Plag. 1. tab. ænea 1. Wolffenbuttelæ, 1729. 4.

109. *Monographiæ Testaceorum Petrificatorum.*

Balanites.

Josephus MONTI.
De quadam Balanorum congerie.
Comm. Instit. Bonon. Tom. 3. p. 323—330.
Joannes Jacobus D'ANNONE.
De Balanis fossilibus, præsertim agri Basil.
Acta Helvetica, Vol. 2. p. 242—250.
————: Sur les Glands de mer fossiles, et principalement sur ceux du territoire de Basle.
Journal de Physique, Introd. Tome 1. p. 209—213.
Jean Etienne GUETTARD.
Sur les Balanites.
dans ses Memoires, Tome 4. p. 304—323.

110. *Pholadites.*

Josephus MONTI.
De Balanis fossilibus.
Comm. Instit. Bonon. Tom. 2. Pars 2. p. 52—56.
Johann Ernst Immanuel WALCHS
Geschichte der Pholaden im steinreiche.
Naturforscher, 3 Stück, p. 184—208.

111. *Ostracites.*

Jacobus Theodorus KLEIN.
De Ostreis petrefactis relatio Cornelii le Bruyn illustrata.
Philosoph. Transact. Vol. 41. n. 459. p. 568—572.
Josephus MONTI.
De Ostreo fossili magnitudine et figura insigni.
Comm. Instit. Bonon. Tom. 2. Pars 2. p. 339—346.

112. *Anomites.*

Von einigen seltenen Anomiten.
Berlin. Magaz. 4 Band, p. 36—57.
William MARTIN.
Account of some species of fossil Anomiæ found in Derbyshire.
Transact. of the Linnean Soc. Vol. 4. p. 44—50.

113. *Gryphites.*

Tobias Conrad HOPPE. vide supra pag. 59.
Johann Samuel SCHRÖTER.
Von dem innern bau der Gryphiten.
in ejus Journal, 2 Band, p. 323—336.

114. *Terebratulites.*

Johann Samuel SCHRÖTER.
Von den versteinerten Terebratuln im Bergischen und in der Eiffel.
Berlin. Sammlungen, 3 Band, p. 480—514.
——— in sein. Abhandl. über die Naturgeschichte, 2 Theil, p. 335—404.
Jean Guillaume BRUGUIERE.
Sur deux nouvelles especes de Terebratules fossiles.
Journal d'Hist. nat. Tome 1. p. 419—427.

115. *Hysterolithus.*

Johannes Melchior VERDRIES.
Hysterolithus.
Ephem. Ac. Nat. Cur. Cent. 3 et 4. p. 221—224.
5 et 6. p. 204, 205.
Christian Friedrich HABEL.
Beytrag zur geschichte der Hysterolithen.
Schr. der Berlin. Ges. Naturf. Fr. 4 Band, p. 309—312.

116. *Nautilites.*

Charles LYTTLETON.
A beautiful Nautilites.
Philosoph. Transact. Vol. 45. n. 487. p. 320, 321.

117. *Ammonites.*

Johannes REISKIUS.
De cornu hammonis agri Brunshusani et Gandersheimensis lapide, quem vulgo Drakenstein nominant.
Ephem. Ac. Nat. Cur. Dec. 2. Ann. 7. App. p. 163—227.
Johannes Jacobus SCHEUCHZER.
Ex lexico diluviano specimen.
Ephem. Ac. Nat. Cur. Cent. 5 & 6. App. p. 15—43.

Antoine DE JUSSIEU.
De l'origine et de la formation d'une sorte de pierre figurée que l'on nomme Corne d'Ammon.
Mem. de l'Acad. des Sc. de Paris, 1722. p. 235—243.
Henry BAKER.
A letter concerning some vertebræ of Ammonitæ, or Cornua Ammonis.
Philosoph. Transact. Vol. 46. n. 491. p. 37—39.
DICQUEMARE.
Observations sur les coquilles fossiles, et particulierement sur les Cornes d'Ammon.
Journal de Physique, Tome 5. p. 435—439.
7. p. 38—41.
Joachim Friedrich BOLTEN.
Etwas von den Ammonshörnern. Beschaft. der Berlin. Ges. Naturf. Fr. 4 Band, p. 510—517.

118. *Lituites.*

Johann Ernst Immanuel WALCHS
Abhandlung von den Lituiten.
Naturforscher, 1 Stück, p. 159—193.

119. *Orthoceratites.*

Joannes Georgius GMELIN.
De radiis articulatis lapideis.
Comment. Acad. Petropol. Tom. 3. p. 246—264.
Georgius Wolffgangus KRAFFT.
De duobus lapidibus figuratis. ib. Tom. 7. p. 271—278.
Edward WRIGHT.
An account of the Orthoceratites.
Philosoph. Transact. Vol. 49. p. 670—682.
———— : Bedenkingen over den oorsprong van de versteende schulpen en dergelyke delfstoffen.
Uitgezogte Verhandelingen, 7 Deel, p. 101—115.
Friderici Adolphi REINHARDI
Commentatio de Orthoceratitibus Megapolitanis.
Act. Acad. Mogunt. Tom. 1. p. 118—130.
Nicholaus DE HIMSEL.
De rariori quadam Orthoceratitis specie, in Svecia reperta, tractatus.
Philosoph. Transact. Vol. 50. p. 692—694.
Friedrich Wilhelm Heinrich MARTINI.
Von einigen Churmärkischen Orthoceratiten.
Berlin. Magazin, 2 Band, p. 17—31.

Johann Hieronymus CHEMNITZ.
Nachricht von einigen Orthoceratiten.
Naturforscher, 9 Stück, p. 241—247.

120. *Belemnites.*

Johannes Sigismundus ELSHOLTIUS.
De lapide Belemnite.
Ephem. Ac. Nat. Cur. Dec. 1. Ann. 9 & 10. p. 225.
Balthasar EHRHART.
Dissertatio inaug. de Belemnitis Svevicis.
Pagg. 21. Lugd. Bat. 1724. 4.
——— Editio altera, multum auctior.
Pag. 57. tab. ænea 1. Ang. Vindel. 1727. 4.
Michaël Reinhold ROSINUS.
De Belemnitis et hisce plerumque insidentibus alveolis animadversiones.
Pagg. 11. Francohusæ, 1728. 4.
——— impr. cum F. E. Brückmanni epistola itineraria 65. Cent. 1. p. 16—24.
———: Von den Belemniten, und den darin befindlichen schüsselsteinchen; übersezt von Kästner.
Hamburg. Magazin, 8 Band, p. 97—111.
——— ——— Schröter's Journal, 1 Band. 1 Stück, p. 85—104.
Joannes Philippus BREINIUS.
De Belemnitis Prussicis commentatiuncula. impr. cum ejus de Polythalamiis; p. 41—48; cum tab. ænea 1.
Johannes Sebastianus ALBRECHT.
De ornatissimo, figuris hieroglyphicis quasi, Belemnite Fechheimensi prope Coburgum.
Act. Acad. Nat. Curios. Vol. 4. p. 72—74.
Francisci Ernesti BRÜCKMANNI
Epistola itineraria 65. (Cent. 1.) exhibens Belemnitas musei autoris.
Pagg. 24. tabb. æneæ 5. Wolffenb. 1738. 4.
Emanuel Mendez DA COSTA.
A dissertation on those fossil figured stones called Belemnites.
Philosoph. Transact. Vol. 44. n. 482. p. 397—407.
David Erskin BAKER.
Considerations on two extraordinary Belemnitæ. ibid. Vol. 45. n. 490. p. 598—601.

Gustavus BRANDER.
A dissertation on the Belemnites.
Philosoph. Transact. Vol. 48. p. 803—810.
Elie BERTRAND.
Sur les Belemnites. dans son Dictionnaire des fossiles, p. 65—71.
————: Verhandeling over de Belemniten.
Uitgezogte Verhandelingen, 7 Deel, p. 373—392.
Marc Antoine Louis Claret DE LA TOURRETTE.
Lettre sur les Belemnites. dans le Dictionnaire des fossiles de Bertrand, p. 71—89.
————: Brief an den Herrn Bertrand, worinne er beweiset, das der Belemnit keine versteinerung von Holothurier seyn könne.
Schröters Journal, 2 Band, p. 265—322.
Joshua PLATT.
An attempt to account for the origin and formation of the extraneous fossil commonly called the Belemnites.
Philosoph. Transact. Vol. 54. p. 38—52.
Philipp FERMIN.
Vom ursprung der Belemniten. (Schröters) Beytr. zur naturgeschichte des Mineralreichs, 2 Theil, p. 5—12.
Peter Simon PALLAS.
Nachricht von der vermeinten entdeckung (Fermins) desjenigen seethieres, woraus die sogenannten Belemniten entstanden.
Stralsund. Magazin, 1 Band, p. 192—198.
———— (Schröters) Beytr. zur naturgesch. des Mineralreichs, 2 Theil, p. 22—26.
Jean Etienne GUETTARD.
Sur les Belemnites.
dans ses Memoires, Tome 5. p. 215—296.
Comte Gregoire DE RAZOUMOWSKI.
Considerations sur le fossile appellé Belemnite.
Mem de la Soc. de Lausanne, 1783. p. 54—61.
C. L. KÄMMERER.
Beytrag zur naturgeschichte der Belemniten.
Naturforscher, 26 Stück, p. 55—67.

121. *Patellites.*

Joannes Jacobus RITTER, *jun.*
De Patellite minimo et cucullato, cucullo brevissimo.
Act. Acad. Nat. Curios. Vol. 6. p. 48—50.

Johann Samuel SCHRÖTER.
Geschichte der Patellen im steinreiche.
Naturforscher, 5 Stück, p. 102—144.
8 Stück, p. 215—223.
Nachricht von den Patelliten, oder den versteinten Patellen seiner naturaliensammlung.
in ejus Neue Litteratur, 3 Band, p. 175—189.

122. *Echinites.*

Christianus MENTZELIUS.
De generatione lapidum vulgo Bufonum in Echinometris.
Ephem. Ac. Nat. Cur. Dec. 2. Ann. 9. p. 118—120.
Jacobi A MELLE
De Echinitis Wagricis epistola.
Pagg. 20. tab. ænea 1. Lubecæ, 1718. 4.
Henry BAKER.
A description of a curious Echinites.
Philosoph. Transact. Vol. 44. n. 482. p. 432—434.
Emanuel DA COSTA.
Letter concerning two Echinites. ibid. Vol. 46. n. 492. p. 143—148.
Jacob Theodor KLEIN.
Echinites Tesdorpfii. Abhandl. der Naturforsch. Gesellsch. in Danzig, 2 Theil, p. 292—294.
James PARSONS.
Remarks upon a petrified Echinus of a singular kind.
Philosoph. Transact. Vol. 49. p. 155, 156.
Mrs. DE LUC.
Memoire sur un echinite singulier. Mem. etrangers de l'Acad. des Sc. de Paris, Tome 4. p. 467—469.
———: Von einem sonderbaren Echiniten.
Naturforscher, 8 Stück, p. 286—288.
———: De oorsprong der Jooden-steenen opgehelderd.
Uitgezogte Verhandelingen, 10 Deel, p. 136—140.
Johan Abraham GYLLENHAHL.
Beskrifning på de så kallade crystall-äplen och kalk-bollar, såsom petreficerade djur af Echini genus, eller dess narmasre slägtingar.
Vetensk. Acad. Handling. 1772. p. 239—261.
Johann Samuel SCHROETER.
De ossibus ac dentibus Echinorum petrefactis.
Act. Acad. Mogunt. 1776. p. 159—162.

———: Von den versteinerten knochen und zähnen der Seeigel. in sein. Abhandl. über die Naturgesch. 2 Theil, p. 438—444.

Balthazar HACQUET.
Von einem neu entdeckten Echiniten.
Naturforscher, 11 Stück, p. 105—121.

Martin LISTER.
Of certain Dactili idæi, or the true lapides judaici, for kind found with us in England.
Philosoph. Transact. Vol. 9. n. 110. p. 224.

Georgio Daniel COSCHWITZ
Præside, Dissertatio de Lapidibus judaicis. Resp. Petr. Christ. Wagner.
Pagg. 48. tab. ænea 1. Halæ, 1724. 4.

123. *Asterias.*

Abraham GAGNEBIN *l'ainé.*
Description de l'Etoile de mer, ou poisson à etoile a queues de lezard petrifié, qui se trouve dans le cabinet des freres Gagnebin.
Acta Helvetica, Vol. 7. p. 25—29.

Johann Samuel SCHRÖTERS
Abhandlung von den Koburger versteinerten Seesternen.
Beschäft. der Berlin. Ges. Naturf. Fr. 3 Band, p. 253—272.

124. *Encrinites, et affinia Petrificata.*

Michaël Reinholdus ROSINUS.
Tentaminis de lithozois ac lithophytis, olim marinis, jam vero subterraneis, prodromus; sive, de Stellis marinis quondam, nunc fossilibus, disquisitio.
Pagg. 88. tabb. æneæ 10. Hamburgi, 1719. 4.

Edwardus LUID.
In prælectione de Stellis marinis (vide Tom. 2. pag. 311.) de origine Asteriæ, Entrochi et Encrini agit.

Jean Etienne GUETTARD.
Memoire sur les Encrinites, et les pierres etoilées, dans lequel on traitera aussi des Entroques &c. Mem. de l'Acad. des Sc. de Paris, 1755. p. 224—263, et p. 318—354.

Christian Friedrich Schulze.
Betrachtung der versteinerten Seesterne, und ihrer theile. Warschau u. Dresden, 1760. 4.
Pagg. 58. tabb. æneæ 3.

Cosmus Colini.
Description de quelques Encrinites du cabinet d'histoire naturelle de l'Electeur Palatin.
Comment. Acad. Palat. Vol. 3. phys. p. 69—105.

Joannes Christophorus Harenberg.
Encrinus seu lilium lapideum.
Pagg. 24. tabb. æneæ 3. 1729. 4.

Johann Christoph Meineke.
Von den Braunschweigischen Enkriniten.
Naturforscher, 11 Stück, p. 161—169.

Kühn.
Beschreibung einer bey Eisenach gefundenen Encrinitenplatte. ibid. 19 Stück, p. 96—115.

Urban Friedrich Benedict Brückmann.
Beschreibung eines besondern Encriniten.
Schr. der Berlin. Ges. Naturf. Fr. 6 Band, p. 410, 411.

Johann Friedrich Blumenbach.
Beyträge zur naturgeschichte der vorwelt.
Voigt's Magazin, 6 Band. 4 Stück, p. 1—17.

125. *Trochites.*

Martin Lister.
A description of certain stones figured like plants, and by some observing men esteemed to be plants petrified.
Philosoph. Transact. Vol. 8. n. 100. p. 6181—6191.

Anon.
Nachricht von den an verschiedenen orten in England befindlichen Räder-und Walzensteinen.
Dresdnisches Magazin, 1 Band, p. 195—206.

Genzmer.
Isis entrocha Linn. beschrieben.
Berlin. Sammlungen, 5 Band, p. 156—163.

126. *Epitonium.*

F. L. Lieberoth.
Gedanken von Schraubensteinen.
Hamburg. Magazin, 9 Band, p. 73—78.

(*Johann Gottlob* LEHMANN.)
Gedanken von Schraubensteinen. (Lieberothio oppositæ.) Physikal. Belustigungen, 2 Band, p. 145—149.

F. L. LIEBEROTH.
Fortgesezte gedanken von Schraubensteinen. (Lehmanno respondet.) Hamburg. Magaz. 14 Band, p. 94—111.

Christian Friedrich SCHULZE.
Anmerkungen über die so genannten Schraubensteine. ibid. 16 Band, p. 551—556.

Johannes Gottlob LEHMANN.
De Entrochis et Asteriis columnaribus trochleatis, vulgo von Schraubensteinen.
Nov. Comm. Acad. Petropol. Tom. 10 p. 413—429.

ANON.
Kurze betrachtung einiger besonderer arten von Schraubensteinen.
Neu. Hamburg. Magazin, 115 Stück, p. 35—42.

Adolph MODEER.
Uptäckt angående Blankenburger Schraubenstein, med platta skifvor och runda pipor, varande Tubipora Epitonium eller Harp-Pipmask.
Vetensk. Acad. Handling. 1797. p. 50—56.

127. *Pentacrinites.*

Christian Friedrich HABEL.
Ueber die versteinerten Seepalmen, oder Medusenhaupt im thonschiefer bey dem freyflecken Wallrabenstein.
Schr. der Berlin. Ges. Naturf. Fr. 5 Band, p. 471—473.

Antoine DELUC.
Description d'un nouveau Palmier marin fossile.
Journal de Physique, Tome 26. p. 113, 114.
———— : Beschreibung eines neuen Enkriniten.
Voigt's Magazin, 4 Band. 1 Stück, p. 54—56.

128. *Astroites.*

Martin LISTER.
Observations of the Astroites or Star-stones; with notes by J. Ray.
Philosoph. Transact. Vol. 10. n. 112. p. 274—279.

Edward LLWID.
Letter concerning a figured stone found in Wales, with a note on it by Hans Sloane. ibid. Vol. 21. n. 252. p. 187, 188.

ANON.
Kurze nachricht von dem bey Chemniz befindlichen Sternsteinen.
Dresdnisches Magazin, 1 Band, p. 179—186.
Johann Ernst Immanuel WALCHS
Abhandlung von den Astroiten.
Naturforscher, 5 Stück, p. 23—61.
ANON.
Vom Sternsteine.
Neu. Hamburg. Magazin, 118 Stück, p. 380—384.
119 Stück, p. 387—391.

129. *Corallia Petrificata.*

Jean Etienne GUETTARD.
Memoire sur quelques corps fossiles peu connus.
Mem. de l'Acad. des Sc. de Paris, 1751. p. 239—267.
Des Polypites ou des Polypiers fossiles, et des tuyaux marins fossiles. Tome 2 et 3. de ses Memoires sur differentes parties des sciences et arts. (vide Tom. 1. pag. 66.)
Supplement, ib. Tome 4. p. 1—75, et p. 457—469.
Thomas PENNANT.
An account of some Fungitæ and other coralloid fossil bodies.
Philosoph. Transact. Vol. 49. p. 513—516.
Joannis HOFERI *filii*
Tentaminis lithologici de Polyporitis vel Zoophytis petræfactis missus 1.
Acta Helvetica, Vol. 4. p. 169—211.
Nicolaus PODA.
Corallia fossilia Musei Græcensis. in Selectis ex Amoenit. Acad. Linnæi Dissertation. p. 195—202.
Balthasar HACQUET.
Nachricht von einer sonderbaren versteinerung.
Naturforscher, 13 Stück, p. 91—93.
Johann Ernst Immanuël WALCHS
Anmerkungen über eben dieselbe versteinerung. ib. p. 94—99.

130. *Germaniæ.*

David-Sigismundi BÜTTNERS
Coralliographia subterranea, seu dissertatio de coralliis fossilibus.
Pagg. 68. tabb. æneæ 4. Lipsiæ, 1714. 4.

Franciscus Ernestus BRÜCKMANN.
Petrifacta *Havelbergensia.*
Commerc. Litterar. Norimberg. 1743. p. 391.
ANON.
Nachricht von einigen *Churmärkischen* versteinerungen.
Berlin. Magazin, 1 Band, p. 261—270.

131. *Sveciæ.*

Carolus LINNÆUS.
Dissertationis de Corallis Balticis, Resp. Henr. Fougt, Caput posterius, p. 15—40; cum tab. ænea.
Upsaliæ, 1745. 4.
——— Amoenitat. Acad. Vol. 1.
Edit. Holm. p. 87—106.
Edit. Lugd. Bat. p. 190—212.
Edit. Erlang. p. 87—106.
——— Select. ex Am. Ac. Dissert. p. 169—194.
Caput prius vide Tom. 2. pag. 492.

132. *Madreporites.*

Francisci Ernesti BRÜCKMANNI
De fabulosissimæ originis lapide, Arachneolitho dicto, epistola.
Pagg. 16. tab. ænea 1. Wolffenbüttelæ, 1722. 4.
Ferdinandus BASSI.
De quibusdam exiguis Madreporis agri Bononiensis.
Comment Instit. Bonon. Tom. 4. p. 49—60.
Guillaume Antoine DELUC.
Memoire sur des Geodes quarzeuses et siliceuses du Jura.
Nouv. Journal de Physique, Tome 4. p. 472—475.

133. *Spongiæ.*

Eugenius Joannes Christophorus ESPER.
Oryctographiæ Erlangensis specimina quædam, imprimis Spongiarum petrefactarum.
Nov. Ac. Acad. Nat. Curios. Tom. 8. p. 194—204.

134. *Corallina.*

Johann Christoph MEINEKE.
Von den Corallinen im reiche der versteinerung.
Naturforscher, 11 Stück, p. 128—141.

135. *Phytolithi.*

Philippe DE LA HIRE.
Description d'un tronc de Palmier petrifié.
Mem. de l'Acad. des Sc. de Paris, 1692. p. 122—125.
——— ——— 1666—1699. Tome 10. p. 140—143.
Johannes Jacobus SCHEUCHZER.
De Dendritis aliisque lapidibus, qui in superficie sua plantarum, foliorum, florum figuras exprimunt.
Ephem. Ac. Nat. Cur. Dec. 3. Ann. 5 & 6. App. p. 57—80.
Herbarium Diluvianum.
Pagg. 44. tabb. æneæ 10. Tiguri, 1709. fol.
——— Lugduni Bat. 1723. fol.
Pagg. 119. tabb. æneæ 14.
Antoine DE JUSSIEU.
Examen des causes des impressions des plantes marquées sur certaines pierres des environs de Saint-Chaumont dans le Lyonnois.
Mem. de l'Acad. des Sc. de Paris, 1718. p. 287—297.
Samuel Theophilus LANGIUS.
Descriptio duorum vegetabilium in Schisto repertorum, vide supra pag. 111.
Paulus Gerardus MOEHRING.
Phytolithus Zeæ Linnæi in schisto nigro duriusculo.
Act. Acad. Nat. Curios Vol. 8. p. 448—450.
Christophorus Carolus REICHEL.
Diatribe de vegetabilibus petrifactis.
Pagg. xxvi. Vitembergæ, 1750. 4.
Christian Friedrich SCHULZE.
Betrachtung derer kräuterabdrücke im steinreiche.
Dresden und Leipzig, 1755. 4.
Pagg. 76. tabb. æneæ 6.
Jean Gottlob LEHMANN.
Sur des fleurs de l'Aster montanus, ou pyrenaïque, precoce, à fleurs bleues, et à feuilles de saule, empreintes sur l'ardoise.
Hist. de l'Acad. de Berlin, 1756. p. 127—144.
Emanuel Mendes DA COSTA.
An account of the impressions of plants on the slates of coals. Philosoph. Transact. Vol. 50. p. 228—235.
Ferdinandus BASSI.
De Bononiensi Phytotypolito.
Comm. Instit. Bonon. Tom. 5. Pars 1. p. 141—149.

GEOFFROY.
Memoire sur quelques empreintes fossiles.
Journal de Physique, Tome 28. p. 269—271.
TINGRY.
Observations on some extraneous fossils of Switzerland. (in french.)
Transact. of the Linnean Soc. Vol. 1. p. 57—66.
Jean Guillaume BRUGUIERE.
Sur les mines de charbon des montagnes des Cevennes, et sur la double empreinte des Fougeres qu'on trouve dans leur schistes.
Journal d'Hist. nat. Tome 1. p. 109—131.

136. *Ligna petrificata.*

Christian Friedrich SCHULZE.
Kurze betrachtung der versteinerten hölzer, worinnen diese natürlichen körper sowohl nach ihrem ursprunge, als auch nach ihrem eigenthümlichen unterschiede und übrigen eigenschaften in erwegung gezogen werden.
Pagg. 32. tab. ænea 1. Dresden, 1754. 4.
Auguste Denis FOUGEROUX DE BONDAROY.
Memoire sur les bois petrifiés.
Mem. de l'Acad. des Sc. de Paris, 1759. p. 430—452.
MONGEZ *le jeune.*
Sur la petrification des bois.
Journal de Physique, Tome 18. p. 255—262.
———: Von der versteinerung des holzes.
Lichtenberg's Magazin, 1 Band. 3 Stück, p. 43—53.
DE FAY.
Memoire sur du bois petrifié dans differens etats.
Journal de Physique, Tome 19. p. 483, 484.
Comte Gregoire DE RAZOUMOUSKY.
Bois petrifié quartzeux.
Mem. de la Soc. de Lausanne, 1783. p. 61—63.

Arnout VOSMAER.
Aus einem holländischen schreiben an Prof. Kästner, eine *Holländische* versteinerung betreffend.
Physikal. Belustigungen, 3 Band, p. 1068—1070.
François Xavier BURTIN.
Vertoog over het versteende wormgatige hout, dat tusschen Brugge en Gend, in *Vlaanderen*, gevonden wordt.
Verhand. van de Maatsch. te Haarlem, 21 Deel, p. 225—256.

N ERET *fils.*
Sur des bois petrifiés, trouvés a Sery dans le *Valois.*
Journal de Physique, Tome 17. p. 303—305.
———— : Su i legni impietriti trovati a Sery nel Vallese.
Opuscoli scelti, Tomo 5. p. 69—71.
CLOZIER.
Sur la decouverte d'une souche d'arbre petrifiée, trouvee dans une montagne aux environs d'*Étampes.* Mem. etrangers de l'Acad. des Sc. de Paris, Tome 2. p. 598 —604.
———— : Verhaal der ontdekkinge van een versteende boomstam, die in het gebergte, omtrent Estampes, in Vrankryk, is gevonden.
Uitgezogte Verhandelingen, 4 Deel, p. 36—48.
Tobias Conrad HOPPE.
Einige physikalische betrachtungen und nachrichten, besonders von dem versteinerten holze zu *Coburg.*
Physikal. Belustigungen, 1 Band, p. 702—712.
ANON.
De arbore petrefacta prope *Chemnitium* detecta.
Comment. Medic. Lips. Vol. 1. p. 522—524.
Zuverlässige nachricht von einem zu steine gewordenen baume (ohnweit Chemniz.)
Dresdnisches Magazin, 1 Band, p. 39—47.
Joannes Philippus BREYNIUS.
De ligno olim a teredinibus marinis exeso, dein petrefacto, et non ita pridem in monte prope *Gedanum* reperto.
Commerc. Litterar. Norimberg. 1734. p. 387—389.

137. *Petrificata Fabulosa.*

Joannes Philippus BREYNIUS.
De Melonibus petrefactis montis Carmel vulgo creditis, vide supra pag. 95.
Joannis Bartholomæi Adami BERINGER
Lithographia Wirceburgensis, 200 lapidum figuratorum, a potiori, insectiformium, prodigiosis imaginibus exornata. Editio secunda.
Pagg. 96. tabb. æneæ 21. Francof. et Lips. 1767. fol.
Novus titulus libro, anno 1726 impresso, præfixus.
Francisci Ernesti BRÜCKMANNI
Specimen physicum sistens historiam naturalem lapidis nummalis Transylvaniæ.
Wolffenbuttelæ, 1727. 4.
Pagg. 15; cum figg æri incisis.

Additamentum. Epist. itiner. 8. Cent. 2. p. 51—62.
Epistola itineraria 66. (Cent. 1.) de Pane dæmonum.
Pagg. 16. tab. ænea 1. Wolffenb. 1738. 4.
Epist. itiner. 5. Cent. 2. de nidis avium petrifactis, p. 25—28.

Johannes SCHEUCHZERUS.
Dissertatio de Tesseris Badensibus.
Pagg. 32. tab ænea 1. Tiguri, 1735. 4.

Joannes Sebastianus ALBRECHT.
De Lumbricite elegantissimo.
Act. Acad. Nat. Curios. Vol. 6. p. 116, 117.

Jean Etienne GUETTARD.
Memoire sur les pierres lenticulaires ou numismales, dans lequel on donne l'histoire des opinions qu'on a eues sur la nature de cette pierre, et des erreurs où l'on est tombe à son sujet.
dans ses Memoires, Tome 2. p. 185—225.

PARS III.

MEDICA.

1. *Materia Medica e Regno Minerali.*

PSELLUS.

De lapidum virtutibus, græce ac latine, cum notis Phil. Jac. Maussaci et Joan. Steph. Bernard.
Lugduni Bat. 1745. 8.
Pagg. 39; præter fragmentum de colore sanguinis, non hujus loci.

Sigfrid Aron FORSIUS.

Minerographia, thet är, mineralers, åthskillighe jordeslags, metallers eller malmars och edle steenars beskrifvelse.
Pagg. 190. Stockholm, 1643. 8.

CHAMBON.

Traité des metaux, et des mineraux, et des remedes qu'on en peut tirer.
Pagg. 547. Paris, 1714. 12.

Joanne Casparo KUCHLERO

Præside, Dissertatio de viribus minerarum et mineralium medicamentosis. Resp. Jo. Ern. Hebenstreit.
Pagg. 47. Lipsiæ, 1730. 4.

Carolus LINNÆUS.

Dissertatio de materia medica in regno lapideo. Resp. Joh. Lindhult.
Pagg. 28. Upsaliæ, 1752. 4.
——— Amoenitat. Academ. Vol. 3. p. 132—157.
——— impr. cum Materia Medica regni Animalis;
Pagg. 19. Holmiæ (falso), 1763. 8.
——— impr. cum Mat. Med. regni Vegetabilis; p. 237—266. Vindobonæ, 1773. 8.
——— cum eadem; p. 273—304.
Lipsiæ et Erlangæ, 1782. 8.

Joannes Wilhelmus BAUMER.

Historia naturalis lapidum pretiosorum omnium, nec non terrarum et lapidum hactenus in usum medicum vocatorum. Pagg. 153. Francofurti, 1771. 8.

Franciscus Xaverius HOEZER.
Pharmaca simplicia mineralia, juxta Pharmacopoeam Austriaco-provincialem, Bohemiæ regno indigena.
Pagg. 69. Pragæ, 1778. 8.

Rudolpho Jacobo CAMERARIO
Præside, Dissertatio de lapidum figuratorum usu medico.
Resp. Joh. Jac. Straskircher.
Pagg. 32. Tubingæ, 1718. 4.

2. *Terræ.*

Johan-Theodoro SCHENCKIO
Præside, Disputatio de Terra sigillata. Resp. Godofr. Gigas. Plagg. 5. Jenæ, 1664. 4.
Johannes Augustus RIVINUS.
Tentamina quædam physico-medica circa Terras medicinales, in Disputatione pro loco. Resp. Gottfr. Mieckisch. Pagg. 28. Lipsiæ, 1723. 4.
Christiano Gottlieb LUDWIG
Præside, Dissertatio de Terris medicis. Resp. Leberecht Gottlob Rothe. Pagg. 30. Lipsiæ, 1752. 4.

Samuel HENTSCHEL.
Dissertatio de Terra Lemnia. Resp. El. Cüchlerus.
Plagg. 2. Wittebergæ, 1658. 4.
Particula altera. Resp. Joh. Velthem.
Plagg. 2. 1659.
Gustavus Casimir GAHRLIEP.
De terra quadam Freyenwaldensi.
Ephem. Ac. Nat. Cur. Dec. 3. Ann. 5 & 6. p. 567—571.
Ludovico Friderico JACOBI
Præside, Disputatio exhibens Terras medicatas Silesiacas.
Resp. Casp. Heinrici. Plagg. 2. Erfordiæ, 1706. 4.
Johannis Gothofredi GEILFUSII
De terræ sigillatæ Laubacensis proprietatibus et virtutibus bezoardicis, tractatio latinitate donata.
impr. cum Liebknecht de diluvio; p. 353—388.
Giessæ et Francof. 1714. 8.
——— impr. cum Liebknecht Hassia subterranea; p. 427—452. ib. 1730. 4.
——— Valentini Historia simplicium, p. 367—373.
Rosinus LENTILIUS.
De terra Sicula Panormitana.
Ephem. Ac. Nat. Cur. Cent. 3 et 4. p. 407—412.

Daniel FISCHER.
De terra medicinali Tokayensi, a chimicis quibusdam pro solari habita, tractatus medico-physicus.
Pagg. 144. Wratislaviæ, 1732. 4.
Johann Lorens ODHELIUS.
Berättelse om en jord-art, som botar skabb och sår hos människor och boskap.
Vetensk. Acad. Handling. 1762. p. 160—163.

3. *Magnesia alba.*

Joanne Hadriano SLEVOGT
Præside, Dissertatio: Magnesia alba, novum et innoxium purgans, polychrestumque medicamentum. Resp. Burch. Joh. Lembcken. Pagg. 28. Jenæ, 1709. 4.
Christiano Friderico JÆGER
Præside, Dissertatio de Magnesia cruda atque calcinata. Resp. Jos. Frid. Bilhuber.
Pagg. 44. Tubingæ, 1779. 4.

4. *Salia.*

Johanne Gotschalk WALLERIO
Præside, Dissertatio de salibus alcalinis, eorumque usu medico. Resp. Jac. Hideen.
Pagg. 16. Upsaliæ, 1751. 4.
——— in ejus Disputat. Academ. Fasc. 1. p. 21—56.
Aug. J. N. NEUVIRTH.
Dissertatio inaug. sistens salium acidorum originem, naturam, ac combinationem in sales medios, vel præparata.
Pagg. 45. Viennæ, 1782. 8.

5. *Sal Ammoniacum.*

Georgio Wolffgango WEDELIO
Præside, Dissertatio de Sale Ammoniaco. Resp. Ern. Henr. Wedelius. Pagg. 32. Jenæ, 1695. 4.
Wyer Guilielmus MUYS.
De Salis Ammoniaci præclaro ad febres intermittentes usu. (1716.)
Schlegel Thes. Mat. Med. Tom. 1. p. 123—190.
Christophorus Daniel MELTZER.
Dissertatio inaug. de Salis Ammoniaci natura ac usu in medicina.
Pagg. 16. Regiomonti, 1720. 4.

Gerh. Andr. Rud. SCHMID.
Dissertatio inaug. de Sale Ammoniaco.
Pagg. 70. Goettingæ, 1788. 8.

6. *Alumen.*

Joannes Franciscus Michael KHUON.
Dissertatio inaug. de Alumine.
Pagg. 28. Altorfii, 1715. 4.

Gottgetreu Carolus Ludovicus SEYDLER.
De Alumine, ejusque usu medico. (Dissertatio inaug.)
Pagg. 40. Lipsiæ, 1772. 4.

Joannes Ludovicus LINDT.
De Aluminis virtute medica (Dissertatio inaug.)
Pagg. 81. Gottingæ, 1784. 4.

7. *Vitriolum.*

Theophrastus PARACELSUS.
Von dem Vitriol, und seinen kranckheyten. impr. cum ejus Holzbüchlin; sign. C v—E v. 1565. 8.

Raimundus MINDERERUS.
De Calcantho, seu Vitriolo, ejusque qualitate, virtute, ac viribus, nec non medicinis ex eo parandis
Pagg. 113. Aug. Vindel. 1617. 4.

Johann-Georgius TRUMPHIUS.
Scrutinium chimicum Vitrioli. Dissertatio Præside? Guern. Rolfincio. Plagg. 8. Jenæ, 1666. 4.
——— Brückmann's Magnalia Dei, 2 Theil, p. 287—350.

Conrad HORLACHER.
Dissertatio de Vitriolo. Resp. Chph. Mich Horlacher.
Pagg. 25. Erfordiæ, 1687. 4.

Melchior Philippo HARTMANN
Præside, Dissertatio de Vitriolo. Resp. Joh. Fab. Goltz.
Pagg. 38. Regiomonti, 1714. 4.

8. *Vitriolum Ferri.*

Philippus Fridericus GMELIN.
Dissertatio de usu interno Vitrioli Ferri factitii adversus hæmorrhagias spontaneas largiores. Resp. Car. de Olnhausen. 1763.
Schlegel Thes. Mat. Med. Tom. 2. p. 453—476.

9. *Vitriolum Zinci.*

Carolus Henricus STOLTE.
De Vitriolo albo, ejusque usu medico et chirurgico, Dissertatio inaug. Pagg. 60. Goettingæ, 1787. 8.
——— ab auctore nunc correcta et aucta. Schlegel Thes. Mat. Med. Tom. 1. p. 327—362.

10. *Nitrum.*

Friderico HOFFMANNO
Præside, Disputatio de Nitro, ejusque natura et usu in Medicina. Resp. Chr. Gunth. Schmalkalden. Pagg. 20. Halæ, 1694. 4.
Dissertatio sistens circa Nitrum observationes physico-medicas. Resp. Ferd. Ge. Narcissus. Pagg. 20. ib. 1712. 4.
Theodoro ZVINGERO
Præside, Dissertatio de Nitro, ejusque natura et usu in medicina. Resp. Chph. Harderus. Plagg. 3¼. Basileæ, 1708. 4.
——— Zvingeri Fascicul. Dissertat. medic. select. p. 162—221.
Remigius Seiffart DE KLETTENBERG.
Dissertatio inaug exhibens Nitrum præcipuorum morborum methodo methodica conscriptorum medelam. Pagg. 20. Altdorfii, 1716. 4.
Rudolpho Jacobo CAMERARIO
Præside, Dissertationes duæ de Nitro. Resp. Chph. Dav. Brodbeck. Pagg. 46. Tubingæ, 1718. 4.
Johannes Rudolphus BRANDMULLERUS.
Dissertatio inaug. de Nitro. Pagg. 27. Basileæ, 1737. 4.
Joanne Hieronymo KNIPHOFIO
Præside, Dissertatio de Nitro. Resp. Dietr. Dav. Becker. Pagg. 24. Erfordiæ, 1753. 4.
Philippi Caroli PROSKY
Dissertatio inaug. de Nitro. Pagg. 74. Vindobonæ, 1765. 8.
Franciscus MUTZER.
Dissertatio inaug. de Nitro. Pagg. 28. ib. 1776. 8.

11. *Sulphur.*

Gustavo HARMENS
Præside, Dissertatio de Suphure minerali, ejusque usu præcipue medico. Resp. Hans Erl. Bremer.
Pagg. 27. Londini Goth. 1757. 4.

12. *Succinum.*

Theodulo KEMPERO
Præside, Dissertatio de Succino. Resp. Gottfr. Wilh. Blumenberg. Pagg. 44. Jenæ, 1682. 4.

Melchior Philippus HARTMANN.
Dissertatio inaug. de Succino, ejusque summa in medicina efficacia. Pagg. 28. Lugd. Bat. 1710. 4.

Michaele ALBERTI
Præside, Dissertatio de Succino. Resp. Jo. Baumer.
Pagg. 37. Halæ, 1750. 4.

13. *Petroleum.*

Francisci ARIOSTI
De oleo Montis zibinii, seu Petroleo agri Mutinensis libellus, editus ab Olig. Jacobæo.
Pagg. 79. Hafniæ, 1690. 8.
———— ad fidem Codicis M. S. ex bibliotheca Estensi recognitus, adjecta ejusdem argumenti epistola *Bernardini* RAMAZZINI.
Pagg. 67 et 35. Mutinæ, 1698. 12.

Georgio Wolffgango WEDELIO
Præside, Dissertatio de Petroleo. Resp. Joh. Chph. Sproegelius. Pagg. 28. Jenæ, 1709. 4.

14. *Aurum.*

Abrahamus E PORTA LEONIS.
De Auro dialogi tres.
Pagg. 178. Venetiis, 1584. 4.
(Dedicatio data est 16. Cal. Januar. 1584, hinc anni impressionis, in Gronovii bibliotheca, p. 212, falsi.)

Hermanno Friderico TEICHMEYER
Præside, Dissertatio de Auro. Resp. Joh. Godofr. Helcher. Pagg. 39. Jenæ, 1730. 4.

15. *Hydrargyrum.*

Johannes DAPPER.
Disputatio inaug. de Mercurio.
Pagg 23. Harderovici, 1708. 4.

Hermannus KAAU.
Dissertatio inaug. de Argento vivo.
Pagg. 21. Lugduni Bat. 1729. 4.

Johannes Fredericus HERRENSCHWANDT.
Dissertatio inaug. sistens historiam Mercurii medicam.
Pagg. 22. ibid. 1737. 4.

Ernestus Godofredus BALDINGER.
Historia Mercurii et mercurialium medica.
Libellus 1. Pagg. 72. Goettingæ, 1783. 8.
2. Pagg. 79. 1785.

Robertus MAYWOOD.
Conamen inaug. de actione Mercurii in corpus humanum.
Pagg. 40. Glasguæ, 1786. 8.

16. *Cinnabaris.*

Daniel LUDOVICI.
De Cinnabari nativa, ejusque purificatione. Ephem. Ac. Nat. Cur. Dec. 1. Ann. 9 & 10. p. 337—341.

Godofredus SCHULZIUS.
Scrutinium Cinnabarinum, seu triga Cinnabriorum, quæ sistit naturam Cinnabaris Antimonii, nativæ et factitiæ vulgaris. Pagg. 192. Hall. Saxon. 1680. 8.

Gabrielis CLAUDERI
Inventum Cinnabarinum, hoc est, Dissertatio de Cinnabari nativa Hungarica, longa circulatione in majorem efficaciam fixata et exaltata.
Pagg. 68. Jenæ, 1683. 4.

Johannes Fridericus CARTHEUSER.
Dissertatio de Cinnabaris inertia medica. Resp. Jo. Chr. Lindner. in ejus Dissertationibus selectior. p. 1—27.
Francofurti ad Viadr. 1775. 8.

17. *Ferrum.*

Johanne MICHAELIS
Præside, Anatomia Martis, seu Dissertatio medico-chymica de Ferro. Resp. El. Schmidt.
Plag. 7½. Lipsiæ, 1658. 4.

Etienne François GEOFFROY.
Observations sur le Vitriol et sur le Fer.
Mem. de l'Acad. des Sc. de Paris, 1713. p. 170—188.

Johannes Hieronymus ZANICHELLI.
De Ferro, ejusque nivis præparatione.
Ephem. Ac. Nat. Cur. Cent. 7 et 8. App. p. 25—70.

Michaele ALBERTI
Præside, Dissertatio de Ferro. Resp. Joh. Chph. Find-Eisen. Pagg. 19. Halæ, 1738. 4.

Andreas LAVINGTON.
Dissertatio inaug. de Ferro.
Pagg. 30. Lugduni Bat. 1739. 4.

Josephus DEHN.
Dissertatio inaug. de Ferro, chymice et medice considerato. Pagg. 28. Erfordiæ, 1742. 4.

Hubertus LABEE.
Specimen inaug. de Marte.
Pagg. 36. Lugduni Bat. 1761. 4.

Joannes Siegfried KÆHLER.
Dissertatio inaug. de Ferro ejusque præcipuis præparatis.
Pagg. 32. Lipsiæ, 1768. 4.

Henricus HASKEY.
Disputatio inaug. de Ferro, ejusque in morbis curandis usu. Pagg. 26. Edinburgi, 1777. 8.

Johanne Gottfried LEONHARDI
Præside, Animadversiones chemico therapeuticæ de Ferro. Resp. Jo. Paul. Diersch.
Pagg. 28. Wittenbergæ, 1785. 4.

18. *Plumbum, Cerussa.*

Joanne Hadriano SLEVOGTIO
Præside, Dissertatio medica de Cerussa. Resp. Jo. Sebast. Albrecht. Pagg. 32. Jenæ, 1718. 4.

Joanne Andrea FISCHER
Præside, Specimen chymico-medicum de Saturno. Resp. Joh. Chph. Orth. Pagg. 24. Erfordiæ, 1720. 4.

19. *Zincum.*

Isaacus LAWSON.
Dissertatio inaug. sistens Nihil.
Pagg. 14. Lugduni Bat. 1737. 4.

Gerhardus Ludovicus HURLEBUSCH.
Dissertatio inaug. Zincum medicum inquirens.
Pagg. 44. Helmstadii, 1776. 4.

Fridericus Degenhard KERCKSIG.
Dissertatio sistens observationes et experimenta circa usum medicum calcis Zinci et Bismuthi. (1792.)
Schlegel Thes. Mat. Med. Tom. 2. p. 291—330.

20. *Antimonium.*

Johannes Conradus AXTIUS.
Epistola de Antimonio. impr. cum ejus Tractatu de arboribus coniferis, p. 119—131. Jenæ, 1679. 12.

LAMY.
Dissertation sur l'Antimoine.
Pagg 183. Paris, 1682. 12.

Ludovico Friderico JACOBI
Præside, Dissertatio de regulo Antimonii stellato. Resp. Barthol. Casp. Pittstædt.
Pagg. 28. Erfordiæ, 1692. 4.

Henricus STEINERUS.
Dissertatio inaug. de Antimonio, plerisque ejus præparationibus atque virtutibus.
Plagg. 4. Basileæ, 1699. 4.

Joanne Philippo EYSELIO
Præside, Disputatio exhibens Antimonium, et nonnulla ex hoc præparata medicamenta. Resp. Joh. Wilcke.
Plagg. 2. Erfurti, 1711. 4.

Johannes Casparus DIETHELM.
Dissertatio inaug. de selectis ex Antimonio remediis.
Pagg. 22. Basileæ, 1726. 4.

Alexandro CAMERARIO
Præside, Disputatio de Antimonio. Resp. Dav. Geiger.
Pagg. 32. Tubingæ, 1735. 4.

Joanne Friderico FURSTENAU
Præside, Dissertatio de Antimonio crudo, ejusque usu interno salutifero, selectioribus observationibus comprobato. Resp. Henr. Heisenius.
Pagg. 62. Rintelii, 1748. 4.

John HUXHAM.
Medical and chemical observations upon Antimony.
Philosoph. Transact. Vol. 48. p. 832—869.

Gulielmus SAUNDERS.
Dissertatio inaug. de Antimonio.
Pagg. 60. Edinburgi, 1765. 8.

Christiano Amadeo KRATZENSTEIN
Præside, Dissertatio medicamentorum Antimonialium conspectum sistens. Resp. Joh. Müller.
Pagg. 85. Havniæ, 1787. 8.
——— Schlegel Thes. Mat. Med. Tom. 1. p. 363—420.

21. *Arsenicum.*

Georgio Wolffgango WEDELIO
Præside, Dissertatio de Arsenico. Resp. Joh. Frid. Buschka. Pagg. 20. (Jenæ,) 1719. 4.

Joannis Hadriani SLEVOGTII
Invitatio ad inaug. Dissertationem de Arsenico, cui modesta ejus excusatio præmittitur.
Pagg. 8. ib. 1719. 4.

Georgio Christophoro DETHARDINGIO
Præside, Disputatio de Arsenico. Resp. Aug. Koebeke.
Pagg. 36. Buetzovii, 1777. 4.

22. *Venena Mineralium.*

Joanne Henrico SCHULZE
Præside, Dissertatio de Adamante. Resp. Jo. Fabri.
Pagg. 30. Halæ, 1737. 4.
(Adamantem non esse venenum.)

DE BEUNIE
Sur la qualité veneneuse du Plomb.
Mem. de l'Acad. de Bruxelles, Tome 3. p. 185—205.
——— : Ueber die giftige eigenschaft des Bleyes.
Crell's chem. Annalen, 1784 2 Band, p. 245—249.

James WATT, *jun.*
On the effects produced by different combinations of the Terra ponderosa, given to animals.
Mem. of the Soc. of Manchester, Vol. 3. p. 609—618.

PARS IV.

ŒCONOMICA.

1. *Usus Mineralium Œconomicus.*

Eric KIELLBERG.
Rön och försök, anstälte til landthushålningens och handaslögdernas uphjelpande och förbättrande.
1 Flock. Pagg. 28. Stockholm, 1747. 4.

Baron Samuel Gustaf HERMELIN.
Tal om de i hushållningen nyttige Svenske sten-arter.
Pagg. 38. Stockholm, 1771. 8.

Jean Etienne GUETTARD.
Memoire sur le prejugé où l'on est encore en France au sujet de la preeminence de certaines pierres tires des pays etrangers, sur celles de France qui sont du meme genre.
dans ses Memoires, Tome 4. p. 669—684.

2. *Sal culinare.*

Wolfgang Thomas RAU.
Versuch einer abhandlung von dem nuzen und gebrauche des Kochsalzes. Abhandl. der Churbaier. Akad. 2 Bands 2 Theil, p. 141—198.

Johann Gottlieb GEORGI.
Von den unreinigkeiten des kochsalzes, sonderlich im Russischen reiche, und den mitteln es davon zu reinigen.
Naturforscher, 15 Stück, p. 184—208.

3. *Filtrum.*

Michaele Bernhardo VALENTINI
Præside, Dissertatio de Filtro lapide. Resp. Joh. Ge. Freüdenberg. Pagg. 22. Giessæ, 1702. 4.

Tobias Conrad HOPPE.
Bericht von dem ohnlängst in Chursächsischen landen

entdeckten Filtrir-steine, dessen gebrauch und woraus selbiger bestehet. Pagg. 8. Leipzig, 1748. 4.

4. *Terræ Geoponicæ.*

Torbern BERGMAN.
De terris geoponicis.
in ejus Opusculis, Vol. 5. p. 59—110.

5. *Marga.*

Lorenz Wilhelm ROTHOF.
Jordmärg, flerestädes i Sverige funnen, samt til dess art och nytta beskrefven.
Pagg. 263. Göteborg, 1773. 8.

Sören ABILDGAARD.
Afhandling om Mergel. Danske Landhuush. Selsk. Skrift. 1 Deel, p. 147—286.

Benedikt Franz HERMANN.
Abhandlung von den kennzeichen und der gewinnung des Mergels.
Pallas Neu. Nord. Beytr. 3 Band, p. 18—36.
——— Hermann's Beyträge, 1 Band, p. 347—375.
(Paulo diversa a priori editione.)

6. *Usus Mineralium Architectonicus.*

Georg Adolph SUCKOW.
Mineralogische beschreibung der baumaterialien, insbesondere aus dem steinreiche. Bemerk. der Kurpfälz. Phys. Ökonom. gesellsch. 1778. p. 234—320.
1779. p. 3—132.

Olof ESPLING.
Dissertatio de usu mineralium in Architectura, Præside Joh. Lostbom. Pars 1.
Pagg. 14. Upsaliæ, 1782. 4.
Om mineraliers användande i Byggnings-konsten. Första Fortsättningen. Resp. Pehr Rundberg.
Pagg. 26. ib. 1784. 4.

———

DE PUYMAURIN *le fils.*
Extrait d'un memoire contenant l'analyse d'une pierre

calcaire du lieu de Puymaurin en Gascogne, des observations sur la maniere de la reduire en chaux, et son usage dans l'art de batir.
Mem. de l'Acad. de Toulouse, Tome 3. p. 20—28.

Johann Samuel SCHRÖTER.
Versuche mit dem Tophstein, und dessen bessere benuzung zum bauen.
Schröter's Journal, 3 Band, p. 241—262.

Johann Daniel FLAD.
Untersuchung über die verwandtschaft des Trasses und Bimssteines, besonders in absicht des nuzens, den beide zur errichtung der wassergebäude äusern. Bemerk. der Kurpfälz. Phys. Ökonom. Gesellsch. 1776. p. 165—199.

DESMAREST.
Lettre sur les differentes sortes de Pozzolanes, et particulierement sur celles qu'on peut tirer de l'Auvergne.
Journal de Physique, Tome 13. p. 192—204.
———: Ueber die verchiedenen sorten von Puzzolanen, besonders in Auvergne.
Sammlungen zur Physik, 2 Band, p. 105—114.

ANON.
Memoire sur la maniere de reconnoitre les differentes especes de Pouzzolane, et de les employer dans les constructions sous l'eau et hors de l'eau.
Pagg. 52. tabb. æneæ 2. Paris, 1780. 8.

Henric KALMETER.
Tak-skifer funnen i *Hälsingeland.*
Vetensk. Acad. Handling. 1750. p. 305—309.

Pehr. KALM.
(Disputation) om Tak-skifvers upletande, igenkännande och nytta. Resp. Jac. Benedictius.
Pagg. 10. Åbo, 1757. 4.

Baron Samuel Gustaf HERMELIN.
Beskrifning om Tak-skiffers egenskaper och brytningssatt.
Vetensk. Acad. Handling. 1771. p. 271—294.

7. *Lapides Molares.*

Jean Etienne GUETTARD.
Sur la pierre meuliere.
Mem. de l'Acad. des Sc. de Paris, 1758. p. 203—236.

ANON.
Description des carrieres des Pierres à meule qui existent dans la commune des Molieres, departement de Seine et Oise.
Journal des Mines, an 4. Messidor, p. 25—36.

DECHAN.
Rapport sur la situation des carrieres, qui sont au dessus de la Ferté-sur-Marne, departement de Seine et Marne. ibid. p. 37—40.

8. *Mineralia Foco idonea.*

Geschichte der Steinkohlen und des Torfs.
Pagg. 104. Mannheim, 1775. 8.

Karl Freyherrn und Ritters VON MEIDINGER
Ökonomisch-praktische abhandlung von dem Torfe oder der brennbaren erde.
Pagg. 52. Prag, 1775. 8.

Johan FISCHERSTRÖM.
Anmärkningar om Bränn-torf.
Vetensk. Acad. Handling. 1781. p. 255—279.
———— : Anmerkungen vom Torf.
Crell's chem. Annalen, 1784. 1 Band, p. 457—462.

Carl August THERKORN.
Gedanken über die sogenannten Berg-oder Erdkohlen.
Neu. Samml. der Naturf. Gesellsch. in Danzig, 1 Band, p. 200—208.

9. *Usus Mineralium Tinctorius.*

Johan HESSELIUS.
Om några fargande jordarter ifrån Nerike.
Vetensk. Acad. Handling. 1750. p. 19—25.

Johann KÖNIG.
Versuch über die Torferde. Abhandl. einer privatges. in Böhmen, 6 Band, p. 321—324.

10. *Sapo.*

Edward SMITH.
An account of a strange kind of earth, taken up near Smyrna, of which is made Soap.
Philosoph. Transact. Vol. 19. n. 220. p. 228—230.

11. *Argilla Fullonum.*

Bengt Reinhold GEYER.
Försök at af Svenska jordarter tilverka Valklera för klädesfabriker.
Vetensk. Acad. Handling. 1792. p. 316—320.

12. *Usus Mineralium Figulinus.*

Henric Theophilus SCHEFFER.
Hvad Petuntse är.
Vetensk. Acad. Handling. 1753. p. 220—224.
——— : Onderzoek wat de stoffe zy, daar het Oostindisch Porselein van gemaakt wordt.
Uitgezogte Verhandelingen, 2 Deel, p. 227—232.
Jean Etienne GUETTARD.
Histoire de la decouverte faite en France, de matieres semblables à celles dont la Porcelaine de la Chine est composée. Pagg. 23. Paris, 1765. 4.
——— avec les disputes que ce Memoire a suscitees à l'auteur.
dans ses Memoires, Tome 1. p. 91—226.
Balthazar George SAGE.
Examen de quelques pierres et terres employées à faire des Poteries.
Journal de Physique, Tome 39. p. 199—203.
J. H. HASSENFRATZ.
Memoire sur les Argiles, sur leur emploi dans les verreries, dans les fabriques de porcelaines, dans les fabriques de fayance à pate blanche, dite anglaise.
Annales de Chimie, Tome 14. p. 132—146.
15. p. 3—22.

Jakob REINEGGS.
Von den meerschaumenen und andern Türkischen Pfeifenkopfen.
Voigt's Magazin, 4 Band. 3 Stück, p. 13—19.

13. *Pumex.*

Johann BECKMANN.
Bimstein. in sein. Waarenkunde, 2 Band, p. 40—53.

14. *Silex Pyromachus.*

Balthasar HACQUET.

Einige nachrichten über ein mächtiges lager von Flintensteinen in Pokutien, und deren zurichtung.

Crell's chem. Annalen, 1789. 1 Band, p. 102—105.

Physische und technische beschreibung der Flinstensteine, wie sie in der erde vorkommen, und dessen zurichtung zum ökonomischen gebrauch.

Pagg 64. tabb. æneæ 2. Wien, 1792. 8.

Deodat DOLOMIEU.

Extrait d'un memoire sur la nature des pierres à fusil, et l'art de les tailler.

Magazin encycloped. 3 Année, Tome 2. p. 319—322.

15. *Metallurgi.*

Alexandre MICHÉ.

Essai d'un manuel du voyageur metallurgiste.

Journal des Mines, an 3. Ventose, p. 3—25.

Vannoccio BIRINGUCCIO.

De la pirotechnia libri 10, dove ampiamente si tratta non solò di ogni sorte et diversita di miniere, ma anchora quanto si ricerca intorno à la prattica di quelle cose di quel che si appartiene à l'arte de la fusione over gitto de metalli, come d'ogni altra cosa simile à questa.

Venetia, 1540. 4.

Foll. 168; cum figg. ligno incisis.

——— ib. 1558. (in calce 1559.) 4.

Foll. 168; cum figg. ligno incisis.

———: La pyrotechnie, ou art du feu, traduite en François par feu maistre Jaques Vincent.

Foll. 168; cum figg. ligno incisis. Paris, 1572. 4.

———: Of the generation of metalles and their mynes with the maner of fyndinge the same. printed with the Decades of the new worlde by P. Martyr, translated by R. Eden; fol. 325 verso—342.

Continet hæc versio tantum proœmium et Cap. 1. et 2. Libri 1.

De libro hoc, et ejus editionibus, eruditissime agit Beckmann. in Beytr. zur Gesch. der Erfindungen, 1 Band. p. 133—148.

Georgii AGRICOLÆ
De re metallica libri 12, quibus officia, instrumenta, machinæ, ac omnia denique ad metallicam spectantia, non modo describuntur, sed et per effigies ob oculos ponuntur. (Dedicatio anni 1550.) Basileæ, 1657. fol.
Pagg. 478; cum figg. ligno incisis; præter reliquos ejus libros mineralogicos, de quibus suis locis.

Bernardo PEREZ DE VARGAS.
De re metalica.
Foll. 206. Madrid, 1569. 8.
———: Traite singulier de metallique.
Paris, 1743. 12.
Tome 1. pagg. 380. Tome 2. pagg. 371.

Lazarus ERCKER.
Beschreibung aller fürnemisten mineralischen ertzt unnd bergkwercks arten, wie dieselbigen auff alle metaln probirt, und im kleinen fewer sollen versucht werden, mit erklärung etlicher fürnemer nützlicher schmeltzwerck, im grossen fewer, auch scheidung goldts, silbers, und anderer metaln, sampt einem bericht dess Kupffersaigerns, messing brennens, und salpeter siedens.
Franckfurt am Mayn, 1580. fol.
Foll. 134; cum figg. ligno incisis.
——— ib. 1629. fol.
Foll. 134; cum figg. ligno incisis.
———: Fleta minor. The laws of art and nature, in knowing, judging, assaying, fining, refining and inlarging the bodies of confin'd metals; by Sir John Pettus, Kt. London, 1683. fol.
Pagg. 345; cum figg. æri incisis; præter Lexicon mineralogicum, de quo supra pag. 2.

Albaro Alonso BARBA.
Arte de los metales, en que se ensena el verdadero beneficio de los de oro, y plata por acogue, el modo de fundir los todos, y como se han de refinar, y apartar unos de otros. (Libri 5.)
Foll. 120; cum figg. ligno incisis. Madrid, 1640. 4.
——— ib. (1729.) 4.
Pagg. 224; cum figg. ligno incisis.
———: Metallurgie, ou l'art de tirer et de purifier les les metaux, (traduite par Gosford.)
La Haye; 1752. 12.
Pagg. 393. tabb. æneæ 2; præter alios tractatus mineralogicos.

——— : The first book of the art of mettals (translated by Edward Earl of Sandwich.) Pagg. 156.
The second book. Pagg. 91. tab. ænea 1.
London, 1670. 8.
——— ——— ——— Pagg. totidem. ib. 1674. 8.
——— ——— ——— in a Collection of scarce treatises upon minerals, edit. 1739. p. 1—170.
1740. p. 1—194.
——— : Traité de l'art metalique, extrait des oeuvres d'A. A. Barba Paris, 1730. 12.
Pagg. 221. tabb. æneæ 7; præter Memoire concernant les mines de France, de quo infra pag. 371.

Marchese Marco Antonio DELLA FRATTA ET MONTALBANO.
Catascopia minerale, ouero modo di far saggio d'ogni miniera metalica. Bologna, 1676. 4.
Pagg. 39; cum figg. æri incisis.
——— cum libro sequenti.
Eadem editio, novo titulo.
Pratica minerale. ib. 1678. 4.
Pagg. 183; cum figg. æri incisis.

Georg Engelhard VON LÖHNEYSS.
Gründlicher und aussführlicher bericht von bergwercken.
Pagg. 343. tabb. æneæ 16. Leipzig, 1690. fol.

Joannes Conradus BARCHUSEN.
De re metallica, in ejus Pyrosophia, (vide Vol. 1. p. 282.) p. 381—421.

Jean Gottlob LEHMANN.
L'art des mines, ou introduction aux connoissances necessaires pour l'exploitation des mines metalliques. dans ses Traités de physique, Tome 1. p. 1—226.

Johann Friedrich HENCKEL.
Henckelius in mineralogia redivivus, das ist, Hencklischer unterricht von der mineralogie, nebst angefügtem unterrichte von der chymia metallurgica, wie selbigen J. F. Henckel so wohl scholaren discursive ertheilet, als auch in manuscripto hinterlassen, ediret von J. E. Stephani.
Pagg. 344. Dresden, 1759. 8.

Johannes Gotschalk WALLERIUS.
Elementa metallurgiæ, speciatim chemicæ.
Pagg. 440. tab. ænea 1. Holmiæ, 1768. 8.
Disputationes: De metallorum calcinatione in igne. Resp. Car. Petersen.
in ejus Disput. Academ. Fasc. 2. p. 217—245.

De utilitate tostionis minerarum metallicarum. Resp. Gust. Fries.
in ejus Disputat. Academ. Fasc. 2. p. 246—257.
De fusionibus minerarum metallicarum. Resp. Joh. Öhrgren. ib. p. 277—291.

Johann Joachim LANGE.
Einleitung zur mineralogia metallurgica, herausgegeben, und mit anmerkungen versehen von Madihn.
Pagg. 288. Halle, 1770. 8.

William PRYCE.
The plan of a work, entituled Mineralogia Cornubiensis.
Pagg. 48. Falmouth. 8.
Mineralogia Cornubiensis, a treatise on minerals, mines and mining.
Pagg. 331. tabb. æneæ 7. London, 1778. fol.

16. *Metallurgi Topographici.*

Petrus ALBINUS.
Meissnische bergk chronica: darinnen furnemlich von den bergwercken des landes zu Meissen gehandelt wirdt; mit welcher ursach und gelegenheit auch anderer benachbarten, und zum teil abgelegenen bergkwercken, fast in ganz Europa, etwas gedacht wird. impr. cum ejus Meissnische land chronica.
Pagg. 204. Dressden, 1590. fol.

Franciscus Ernestus BRÜCKMANN.
Magnalia Dei in locis subterraneis, oder unterirdische schaz-cammer aller königreiche und länder, in ausführlicher beschreibung aller, mehr als M D C. bergwercke durch alle vier welt-theile. Braunschweig, 1727. fol.
Pagg. 368. tabb. æneæ 13.
2 Theil. Pagg. 1136. tabb. 38. 1730.
1 Supplement. Pagg. 64. tabb. 3. 1734.

Gabriel JARS.
Voyages metallurgiques, en Allemagne, Suede, Norwege, Angleterre et Ecosse.
Pagg. 416. tabb. æneæ 10. Lyon, 1774. 4.
Tome 2. pagg. 612. tabb. 28. Paris, 1780. 4.
3. pagg. 568. tabb. 14. 1781.

17. *Magnæ Britanniæ et Hiberniæ.*

Sir John PETTUS, *Knight.*
Fodinæ regales, or the history, laws and places of the chief

mines and mineral works in England, Wales, and the english pale in Ireland.
Pagg. 108. tabb. æneæ 2. London, 1670. fol.

Christopher MERRET.
A relation of the Tinn-mines of *Cornwal.*
Philosoph. Transact. Vol. 12. n. 138 p. 949—952.
———: Relation des mines d'Etain de Cornouaille. impr. avec la Metallurgie de Barba; Tome 2. p. 330—336.

Frank NICHOLLS.
Some observations towards composing a natural history of mines and metals. (in Cornwall.)
Philosoph. Transact. Vol. 35. n. 401. p. 402—407.
403. p. 480—485.

John STURDIE.
Extracts of some letters concerning Iron ore, and more particularly of the Hæmatites, wrought into Iron at Milthrop-forge in *Lancashire.* ib. Vol. 17. n. 199. p. 695—699.

William WALLER.
An essay on the value of the mines, late of Sir Carbery Price. (in *Wales.*) Pagg. 55. London, 1698. 8.

ANON.
Notice sur les mines de Cuivre de Cronebane et Bally-Murtagh, près de la côte orientale de l'*Irlande.*
Journal des Mines, an 4. Nivose, p. 77—88.

18. *Galliæ.*

Martine de Bertereau, Barone DE BEAU-SOLEIL.
Declaration des tresors nouvellement decouverts dans le royaume de France. impr. avec la Metallurgie de Barba; Tome 2. p. 39—55.
La restitution de Pluton au Cardinal de Richelieu. ib. p. 56—151.

ANON.
Memoire concernant les mines de France. impr. avec le Traité de l'art metalique extrait des oeuvres d'A. Barba; p. 223—264.
Apperçu de l'extraction et du commerce des substances minerales en France avant la revolution.
Journal des Mines, an 3. Vendemaire, p. 55—92.

MESAIZE, BREMONTIER, VARIN et NOEL.

Rapport sur l'existence des mines de Fer dans le departement de la *Seine inferieure.*

Magasin encyclop. 3 Année, Tome 6. p. 289—299.

BAILLET.

Extrait d'un rapport sur les mines de Fer du district de *Domfront.*

Journal des Mines, an 4. Germinal, p. 61—64.

Renseignemens et observations sur les mines de Plomb de *Sirault.* ib. an 3. Fructidor, p. 33—36.

Rapport sur les mines de Plomb de *Vedrin.* ib. p. 17—32.

BEURARD.

Rapport sur la mine de Cuivre de *Fischbach.* ib. an 5. p. 797—804.

Georg Adolph SUCKOW.

Beobachtungen über einige *Kurpfälzische* Quecksilberwercke.

Crell's Beyträge, 1 Band. 2 Stück, p. 3—13.

* * *

Description des mines de Mercure du Palatinat et du pays de Deux-Ponts, extraite des rapports des C. MATHIEU et SCHREIBER.

Journal des Mines, an 3. Ventose, p. 69—78.
Germinal, p. 3—24.

SCHREIBER.

Rapport sur les mines situées dans le grand bailliage de *Trarbach,* faisant partie du duché de Deux-Ponts. ibid. Thermidor, p. 43—68.

Rapport sur les mines de Mercure de *Landsberg* près d'Obermoschel. ib. an 4. Pluviose, p. 33—51.

Rapport sur les mines de Mercure de *Stahlberg,* situées dans le grand bailliage de Meisenheim, faisant partie du duché de Deux-Ponts. ib. an 5. p. 33—48.

BEURARD.

Rapports sur quelques mines de Mercure situées dans les nouveaux departemens de la rive gauche du Rhin. ib. an 6. p. 321—360.

Philippe Frederic Baron DE DIETRICH.

Description des gîtes de minerai, forges, salines, verreries, trefileries, fabriques de fer-blanc, porcelaine, faïance &c. de la Haute et Basse-*Alsace.*

3 et 4 Parties. Pagg. 417. Paris, 1789. 4.

(1 & 2 Pars desiderantur.)

GUILLOT-DUHAMEL *fils.*

Rapport sur les mines de *Giromagny,* situées dans les

Vosges, departement du Haut-Rhin, canton de Giromagny.
Journal des Mines, an 6. p. 213—240.

DE GENSANNE.
Sur l'exploitation des mines d'Alsace et comté de *Bourgogne.*
Mem. etrangers de l'Acad. des Sc. de Paris, Tome 4. p. 141—181.

J. G. SCHREIBER.
Memoire sur la mine d'Or de la *Gardette* en Oisans.
Journal de Physique, Tome 36. p. 353—360.
Nachricht von dem Goldbergwerke bey la Gardette.
Bergbaukunde, 2 Band, p. 3—22.

Deodat DOLOMIEU.
Extrait du rapport fait au Conseil des mines, sur les mines du Departement de la *Lozere,* dependant de la concession dite de Villefort.
Journal des Mines, an 6. p. 577—604.

DE MALUS.
Avis des riches mines des monts Pyrenées. impr. avec la Metallurgie de Barba; Tome 2. p. 3—38.

DE LA PEIROUSE, BARON DE BAZUS.
Traité sur les mines de Fer et les forges du Comté de Foix. Pagg. 388. tabb. æneæ 6. Toulouse, 1786. 8.

19. *Hispaniæ.*

Don Alonso CARRILLO LASO.
Descripcion breve de las antiguas minas de Espana. impr. cum Arte de los metales por A. A. Barba, Madrid, 1729; p. 195—224.
————: Description abregée des anciennes mines d'Espagne. impr. avec la Metallurgie de Barba; Tome 1. p. 407—456.

20. *Italiæ.*

GIROUD.
Observations sur une mine de Fer en sable, qui se trouve aux environs de Naples, et sur l'usage qu'on en fait dans la forge d'Avellino.
Journal des Mines, an 4. Pluviose, p. 15—22.

21. *Germaniæ.*

Franz Ludwig CANCRINUS.
Beschreibung der vorzüglichsten bergwerke in Hessen, in

dem Waldekkischen, an dem Haarz, in dem Mansfeldischen, in Churchsachsen, und in dem Saalfeldischen. Pagg. 429. tabb. æneæ 11. Frankf. am Main, 1767. 4.

RHODE.
Waldeckische und Cölnische bergwerke. Klipstein's Mineralog. Briefwechsel, 2 Band, p. 395—414.

Walter POPE.
Letter concerning the mines of Mercury in *Friuli*. Philosoph. Transact. Vol. 1. n. 2. p. 21—25.
——— : Description des mines de Mercure de Frioul. impr. avec la Metallurgie de Barba; Tome 2. p. 301—307.

Edward BROWN.
A relation concerning the Quicksilver mines in Friuli. Philosoph. Transact. Vol. 4. n. 54. p. 1080—1083.

Johann Jacob FERBERS
Beschreibung des Quecksilber-bergwerks zu Idria in Mittel-Cräyn.
Pagg. 76. tabb. æneæ 4. Berlin, 1774. 8.

Karl PLOYER.
Beschreibung des Bleybergwerks zu *Bleyberg* unweit Villach im herzogthum Kärnten. Physik. Arbeit. der eintr. Fr. in Wien, 1 Jahrg. 1 Quart. p. 26—54.
——— Fragmente zur mineralog. und botan. geschichte Steyermarks und Kärnthens, 1 Stuck, p. 34—83.

C. L. A. WILLE.
Vom bergbau am Ærzberge im herzogthum *Kärnthen*. Crell's Beyträge, 1 Band. 2 Stück, p. 21—31.
Vom bergbau am Arzberge bei Eisenärz in *Steyermark*. Hessische Beyträge, 1 Band, p. 436—447.

ANON.
Osservazioni metallurgico-mineralogiche, sopra le minere di Ferro di Eisenarz nella Stiria, e sopra i modi praticati nell'escavarle, e fonderle, e nel ridurre il ferro crudo, o di prima fusione in ferro buono malleabile, ed in Acciaro.
Raccolta di memorie dal Sig. Gio. Arduino, p. 37—93.

Caspar Melchior Balthasar SCHROLL.
Geographisch-mineralogische übersicht der *Salzburgischen* berg und hüttenwerke.
Moll's Oberdeutsche beyträge, p. 168—202.
Abhandl. einer privatges. in Oberdeutschland, 1 Band, p. 261—307.

Matthias Flurl.
Beschreibung der gebirge von *Bajern* und der Oberen Pfalz, mit den darinn vorkommenden fossilien, aufläs- sigen und noch vorhandenen berg-und hüttengebäuden, ihrer älteren und neueren geschichte, dann einigen nach- richten über das porzellan-und salinenwesen.
Pagg. 642. tabb. æneæ 5. München, 1792. 8.

Friederich Kapff.
Verzeichnis der in den drey berg-revieren des fürstenthums *Fürstenberg* gegenwartig im betriebe stehenden berg- werke. Klipstein's Mineralog. Briefwechsel, 2 Band, p. 363—386.

Johann Samuel Schröter.
Nachricht von den ehemaligen bergbau zu *Illmenau*, und besonders von denen damals gebrochenen erzen und minern. in sein. Neu. Litteratur, 3 Band, p. 189—243.

Christoph Ludwig Dörring.
Historische nachricht von sämtlichen in beiden herzog- thümern *Gülch* und *Berg* befindlichen bergwerken. Bemerk. der Kurpfälz. Phys. Ökonom. Gesellsch. 1775. p. 170—212.

Johannes Henricus Jung.
Specimen inaug. de historia martis *Nassovico*-Siegenensis.
Pagg. 52. Argentorati, 1772. 4.

Becher.
Kupferbergwerke im *Nassau-Dillenburgischen*. Klip- stein's Mineralog. Briefwechsel, 2 Band, p. 239—257.

Johannis Ernesti Brauns
Amoenitates subterraneæ, id est, de metalli-fodinarum *Harcicarum*, cum inferiorum, tum superiorum, prima origine, progressu atque præstantia.
Pagg. 60. Goslariæ, 1726. 4.

Johann Alberti Bieringens
Historische beschreibung des *Mansfeldischen* bergwercks.
Pagg. 174. Leipzig und Eissleben, 1734. fol.

Johann Jacob Ferber.
Beobachtungen in den *Sächsischen* gebürgen. in sein. Neu. Beytr. zur mineralgesch. p. 51—314.

Anon.
Nachricht von dem Eisenwerke zu Zehdenick.
Physikal. Belustigungen, 1 Band, p. 643—653.

Johann Jacob Ferbers
Beytrage zu der mineral-geschichte von Böhmen.
Pagg. 162. tabb. æneæ 2. Berlin, 1774. 8.
Zusäze. in sein. Neu. Beytr. zur mineralgesch. p. 1—24.

ROSENBAUM.
Ueber die Quecksilbererzeugung und den Zinoberbergbau zu Horzowitz im Beraunerkreise in Böhmen. Bergbaukunde, 1 Band, p. 200—216.

Aloys DAVID.
Nachricht von dem Spiessglasbergwerke im flözgebirge über Michelsberg bey Tomaschlag, unweit des stifts Tepl. Mayer's Samml. physikal. Aufsäze, 4 Band, p. 17—40.

22. *Norvegiæ.*

Gabriel JARS
Memoire sur les mines de la Norwege. Mem. etrangers de l'Ac. des Sc. de Paris, Tome 9. p. 451—469.

Henrich Frantzen BLICHFELD.
Kort efterretning om bergverket i *Sundbordlebn* udi Bergens stift i Norge.
Pagg. 109. Kiöbenhavn, 1771. 8.

23. *Sveciæ.*

Petro ELVIO
Præside, de re metallica Sveo-Gothorum schediasma. Resp. Laur. Benzelius. (Upsaliæ, 1703.)
Brückmann's Unterird. schaz-cammer, 2 Theil, p. 873—897.

Gustavo HARMENS
Præside, Dissertatio de Ferro Tabergensi. Resp. Leonh. Scheele. Lund. 1749. 4.
Pagg. 26. tab. ligno incisa 1.

Johanne Gotschalk WALLERIO
Præside, Dissertatio historico-mineralogica de Aurifodina *ädelfors*. Resp. Joh. Colliander.
Pagg. 26. tabb. æneæ 2. Upsaliæ, 1764. 4.

Laurentio ROBERG
Præside, Dissertatio de metallo *Dannemorensi*. Resp. Magn. Haqu. Sunborg. Upsalis, 1716. 4.
Pagg. 20; cum figg. ligno incisis.

Andrea GRÖNWALL
Præside, Dissertatio: Argentifodinæ et urbis *Salanæ* delineatio. Resp. Petr. O. Wollenius. (Upsaliæ, 1725.)
Pagg. 72. Editio altera. 1730. 4.
———— Brückmann's Unterird. schaz-cammer, 1 Suppl. p. 1—44.

Johanne Gotschalk WALLERIO
Præside, Dissertatio historico-metallurgica de monte argenteo occidentali, vulgo dicto *Westra Silfberget*. Resp. Jac. Reinh. Lundh.
Pagg. 34. tabb. æneæ 2. Holmiæ, 1755. 4.

Olaus NAUCLERUS.
Delineatio magnæ fodinæ *Cuprimontanæ*. Dissertatio, Præside Petro Elvio.
Pagg. 70. tabb. æneæ 3. Upsaliæ, 1702. 4.
Delineatæ magnæ fodinæ Cuprimontanæ pars posterior chalcurgica, sive officina æraria cuprimontana. Dissertatio, Præside Johanne Upmarck.
Pag. 71—101. 1703.

Johanne LÅSTBOM
Præside, Dissertatio de cultura mineralium in *Lapponia* reipublicæ admodum profutura. Resp. Nath. Fjellström.
Pagg. 19. Upsaliæ, 1770. 4.

Carolo Friderico MENNANDER
Præside, Specimen acad. historicam delineationem officinarum Ferrariarum in *Finlandia* sistens. Resp. Mich. Grubb.
Pagg. 84. Aboæ, 1748. 4.

24. *Hungariæ.*

Edward BROWN.
Concerning the mines, minerals, &c. of Hungary and Transylvania.
Philosoph. Transact. Vol. 5. n. 58. p. 1189—1198.
An accompt concerning the Copper-mine at Herrn-ground in Hungary. ib. n. 59. p. 1042—1044.
——— ———: Relation touchant les mines de Hongrie. impr. avec la Metallurgie de Barba; Tome 2. p. 283—300.

Johann Jacob FERBER.
Physikalisch-metallurgische abhandlungen über die gebirge und bergwerke in Ungarn.
Berlin u. Stettin, 1780. 8.
Pagg. 328. tabb. æneæ 4.

C. D. B.
Nachricht von dem Kupferbergwerke zu *Szamobor* in Kroatien.
Ungrisches Magazin, 3 Band, p. 501—512.

25. *Imperii Russici.*

Benedict Franz Johann HERMANN.
Versuch einer mineralogischen beschreibung des *Uralischen* erzgebürges. Berlin, 1789. 8.
1 Band. pagg. 430. 2 Band. pagg. 464.

ANON.
Neueste beschreibung der *Nertschinskischen* berg und hüttenwerke im ostlichen Sibirien. (aus einer Russischen urschrift, 1780.)
Pallas Neu. Nord. Beytr. 4 Band, p. 199—238.

26. *Asiæ.*

George Fredrik DUHR.
Bericht angaande de Goud-mynen op de kust van *Celebes.* Verhandel. van het Bataviaasch Genootsch. 3 Deel, p. 166—184.

27. *Amalgamatio.*

Johann BECKMANN.
Scheidung des Goldes und Silbers durch Quecksilber. in sein. Beytr. zur Gesch. der Erfind. 1 Band, p. 44—55.
———— : Refining Gold and Silver ore by Quicksilver. in his Hist. of Inventions, Vol. 1. p. 23—31.

Ignaz VON BORN.
Ueber das anquicken der gold-und silberhältigen erze, rohsteine, schwarzkupfer und hüttenspeise.
Pagg. 227. tabb. æneæ 21. Wien, 1786. 4.

Johann Jacob FERBER.
Nachricht von dem anquicken der gold-und silberhaltigen erze, kupfersteine und speisen in Ungarn und Böhmen.
Pagg. 200. tabb. æneæ 2. Berlin, 1787. 8.

Don Fausto D'ELHUYAR.
Theorie der amalgamation; aus dem Spanischen.
Bergbaukunde, 1 Band, p. 238—263.
2 Band, p. 200—296.

Friedrich Wilhelm Heinrich VON TREBRA.
Beyträge zu den fortschritten in der amalgamation. ibid. 1 Band, p. 264—282.

Carl Anton RÖSSLER.
Geschichte der amalgamation, zu Joachimsthal in Böhmen. ib. 2 Band, p. 121—199.

Baron Samuel Gustaf HERMELIN.
Berattelse om amalgamations inrättningen vid ädelfors guldverk.
Vetensk. Acad. Handling. 1792. p. 153—159.

Anton SWAB.
Om amalgations inrättningen vid ädelfors guldverk, ibid. 1794. p. 39—66.

28. *Argentum.*

M. F. DA CAMARA DE BETHENCOURT.
Rapport des resultats des experiences chimiques et metallurgiques, faites dans l'intention d'epargner le plomb dans la fonte des minerais d'argent.
Pagg. 80. Vienne, 1795. 8.

29. *Cuprum.*

Emanuelis SWEDENBORGII
Regnum subterraneum sive minerale de Cupro et Orichalco, deque modis liquationum Cupri per Europam passim in usum receptis, de secretione ejus ab argento, de conversione in Orichalcum, inque metalla diversi generis, &c. Dresdæ et Lipsiæ, 1734. fol.
Pagg. 534; cum tabb. æneis.

Johannes Gotschalk WALLERIUS.
Disputatio de experimentis, pro facilitanda præcipitatione fusoria Cupri e minera Magni Cuprimontii frustra tentatis. Resp. Joac. Moræus.
in ejus Disputat. Academ. Fascic. 2. p. 349—367.

Johann Friederich LE PETIT.
Abhandlung von den Kupfererzen, worinnen die ursachen, warum das kupfer aus denselben so schwer heraus zu bringen, und darzustellen ist, naher untersuchet werden.
Abhandl. der Churbajer. Akad. 2 Bands 2 Theil, p. 247—260.

30. *Ferrum.*

Laurentio ROBERG
Præside, Dissertatio de Ferri confectione, ejusque usu vario. Resp. Er. Schepperus. Upsalis, 1725. 4.
Pagg. 21; cum figg. ligno incisis.

Andrea GRÖNWALL
Præside, Dissertatio de Ferro Svecano Osmund. Resp. Petr. Saxholm. Pagg. 31. tab. ænea 1. ib. 1725. 4.

René Antoine Ferchault DE REAUMUR.
Que le fer est de tous les metaux celui qui se moule le plus parfaitement, et quelle en est la cause.
Mem. de l'Acad. des Sc. de Paris, 1726. p. 273—287.

Emanuelis SWEDENBORGII
Regnum subterraneum sive minerale de Ferro, deque modis liquationum ferri per Europam passim in usum receptis, deque conversione ferri crudi in Chalybem, de vena ferri et probatione ejus, &c.
Dresdæ et Lipsiæ, 1734. fol.
Pagg. 386; cum tabb. æneis.

Johannes Gotschalk WALLERIUS.
Disputationes: de ustulatione minèræ ferreæ. Resp. Dan. Thelaus.
in ejus Disputat. Academ. Fascic. 2. p. 258—276.
De calcarei lapidis usu in fusionibus minerarum ferri. Resp. Joh. Dan. Christiernin. ib. p. 292—304.
De Patroni officinarum ferri necessaria inspectione in operationes metallurgicas, in officinis fusoriis et malleatoriis ferri. Resp. Dan. Krapp. ib. p. 324—348.

L. F. HERMANN.
Nachricht von der Eisen-und Stahlmanipulation bey den graflich Lodronschen eisenhütten in Kärnten.
Schr. der Berlin. Ges. Naturf. Fr. 2 Band, p. 349—368.

Sven RINMAN.
Försök til Järnets historia, med tillämpning för slögder och handtwerk. Stockholm, 1782. 4.
1 Bandet. pagg. 471. 2 Bandet. pag. 473—1083. tabb. æneæ 2.
——— : Versuch einer geschichte des Eisens, mit anwendung für gewerbe und handwerker, übersezt von Joh. Gottl. Georgi. Berlin, 1785. 8.
1 Band. pagg. 512. tab. ænea 1. 2 Band. pagg. 456. tab. 1.

Johan Carl GARNEJ.
Handledning uti Svenska Masmästeriet.
Pagg. 513. tabb. æneæ 16. Stockholm, 1791. 4.

Johanne GADOLIN
Præside: Chemisk afhandling om flussers värkan vid Järnmalmers proberande genom smältning. Resp. Carl Otto Bremer.
Pagg. 32. Åbo, 1794. 4.

BAILLET et RAMBOURG.
Extrait d'un memoire sur la fabrication des Aciers de fonte du departement de l'Isere.
Journal des Mines, an 3. Nivose, p. 3—23.

Joseph COLLIER.
Observations on Iron and Steel.
Mem. of the Soc. of Manchester, Vol. 5. p. 109—122.

ADDENDA.

Pag. 4. ante sect. 5.
Sur les substances minerales.
Journal des Mines, an 6. p. 99—104.
Robert TOWNSON.
Philosophy of mineralogy.
Pagg. 219. tabb. æneæ 3. London, 1798. 8.
ibid. ad calcem sect. 5.
Deodat DOLOMIEU.
Sur la couleur comme caractere des pierres.
Nouv. Journal de Physique, Tome 3. p. 302—305.
Pag. 6. ante sect. 8.
Louis Jean Marie DAUBENTON.
Observations sur les noms imposés aux pierres nouvellement decouvertes.
Magazin encycloped. 4 Année, Tome 2. p. 7—23.
Pag. 14. lin. ult. sect. 8. adde: p. 457—478, p. 497—546, p. 575—618, et p. 655—692.
ibid. ante sect. 9.

Affinitates Mineralium.

Comte Gregoire DE RAZOUMOWSKY.
Essai d'un systeme des transitions de la nature dans le regne mineral. Pagg. 184. Lausanne, 1785. 12.
Pag. 17. post lin. ult.
——— dans ses Opuscules, Tome 2. p. 143—212.
Pag. 20. ad calcem.
Nicolas VAUQUELIN.
Analyses de mineraux, faites dans le laboratoire de l'agence des mines.
Journal des Mines, an 3. no. 9. p. 1—8.
Analyses de quelques minerais du grand baillage de Trarbach. ib. Thermidor, p. 69—74.
Pag. 32. post lin. 3 a fine.
PALASSO.
Voyage de Paris à Perpignan. impr. avec sa Mineralogie des Monts-Pyrenées; p. 329—346.

Pag. 33. post lin. 15.
Departement des Alpes (basses.) ib. p. 619—650.
(hautes.) p. 761—790.
maritimes. ib. an 6. p. 27—34.
de l'Ardeche. p. 615—643.
ibid. ante lin. 18 a fine.
BAILLET.
Sur les mines d'Alun du pays de *Liege*.
Journal des Mines, an 3. Messidor, p. 83—87.
ibid. ad calcem paginæ.
* * *
Memoire sur la mineralogie du *Boulonois*, tiré des memoires des citoyens Duhamel, Mallet, Monnet et Tiesset.
Journal des Mines, an 3. Vendemiaire, p. 34—54.
GIRARD.
Observations sur l'histoire physique de la vallée de *Somme*.
ib. Messidor, p. 15—82.
LAMBLARDIE.
Vues economiques et geologiques, relatives à la vallee de la Somme. ib. an 4. Frimaire, p. 31—51.
F. LEMAISTRE.
Essai sur la topographie mineralogique du ci-devant-district de *Laon*, et d'une partie de celui de Chauny, où se trouvent la Fere et Saint-Gobain. ib. an 5. p. 853—878.
Pag. 34. post lin. 7.
ANON.
Memoire sur la mineralogie du departement de la *Manche*.
Journal des Mines, an 3. no. 7. p. 25—63.
8. p. 1—32.
Deodat DOLOMIEU.
Observations sur la pretendue mine de charbon de terre dite de la Desirée, commune de Saint-Martin-la-Garenne, district de *Mantes*. ib. no. 9. p. 45—58.
ibid. post lin. 24.
Alexandre BRONGNIART.
Note lithologique sur la colline de *Champigny* près de Paris.
Journal des Mines, an 5. p. 479—487.
Pag. 35. ad calcem.
LEFEBURE (*d'Hellancourt.*)
Observations mineralogiques faites à Sainte-Mayence, près Rouvray, en Bourgogne.
Journal des Mines, an 3. Fructidor, p. 43, 44.

Pag. 36. post lin. 11.
PASSINGES.
Memoire pour servir à l'histoire naturelle du departement de la Loire, ou du ci-devant Forez.
Journal des Mines, an 5. p. 813—852.
6. p. 117—144, et p. 181—212.
ibid. ante lin. 9 a fine.
RAMOND.
Extrait d'une lettre sur deux voyages au Mont-Perdu, sommet le plus elevé des monts Pyrenées.
Journal des Mines, an 6. p. 35—38.
Philippe PICOT-LAPEYROUSE.
Voyage au Mont-Perdu, et observations sur la nature des crêtes les plus elevés des Pyrenées. ibid. p. 39—66.
ibid. ad calcem paginæ.
(PALASSO.)
Essai sur la mineralogie des Monts-Pyrenées.
Paris, 1781. 4.
Pagg. 296. tabb. æneæ 22; præter catalogum plantarum, de quo Tomo 3. p. 142; et iter Lutetia, de quo supra pag. 382.
Pag. 39. post lin. 14.
———: Ueber einige besondre silber-und quecksilbererze, die sich in den gängen von Chalanches, bey Allemont in Dauphine finden.
Crell's Beyträge, 2 Band, p. 202—207.
ibid. post lin. 24.
(*Charles* COCQUEBERT.)
Memoire pour servir à la description mineralogique du departement du *Mont-blanc*.
Journal des Mines, an 3. Nivose, p. 47—84.
Pluviose, p. 13—50.
BERTHOUT.
Description methodique d'une suite de fossiles du Montblanc, et des montagnes avoisinantes.
Journal des Mines, an 3. Germinal, p. 65—79.
Messidor, p. 12—14.
Pag. 40. post lin. 1.
MUTHUON.
Tableau mineralogique du *Guipuscoa*, et de la partie de la Navarre qui joint la France.
Journal des Mines, an 3. Thermidor, p. 25—42.

Pag. 67. post lin. 20.
W. Hisinger.
Minerographiska anmärkningar öfver en del af Skaraborgs län, i synnerhet Halle och Hunneberg.
Vetensk. Acad. Handling. 1797. p. 28—43.
Pag. 69. post lin. 13.
Lefebure (*d'Hellancourt.*)
Description de la montagne du calvaire près de Schemniz en Hongrie.
Journal des Mines, an 3. Fructidor, p. 37—42.
Observations generales sur la nature des monts Crapacks en haute Hongrie, suivies d'une description abregée de la montagne où le schorl rouge a eté trouvé. ibid. p. 49—54.
Pag. 73. post lin. 12 a fine.
Dupuget.
Extrait d'un memoire intitulé: Coup-d'oeil rapide sur la physique generale et la mineralogie des Antilles.
Journal des Mines, an 4. Ventose, p. 43—60.
Pag. 86. ad calcem sect. 56.
Analyse de la Thallite.
Journal des Mines, an 5. p. 415—420.
Nicolas Vauquelin.
Analyse du Pyroxene de l'Etna. ibid. an. 6. p. 172—180.
Pag. 88. ad calcem sect. 60.
Louis Bernard Guyton.
Analyse de la Calcedoine du Creuzot.
Journal de l'ecole polytechnique, Tome 1. p. 287—297.
Pag. 93. post lin. 4.
Anders Gustaf Ekeberg.
Ytterligare undersökningar af den svarta stenarten från Ytterby, och den däri fundna egna jord.
Vetensk. Acad. Handling. 1797. p. 156—164.
Pag. 96. post lin. 10 a fine.
——— dans ses Memoires, Tome 1. p. 102, 103.
Pag. 97. post lin. 7.
Deodat Dolomieu.
Description du Beril.
Journal des Mines, an 4. Ventose, p. 11—39.
ib. post lin. 11.
——— Journal des Mines, an 6. p. 553—564.
———: Analysis of the Aqua-marine or Beryl, and the discovery of a new earth in that stone. Nicholson's Journal, Vol. 2. p. 358—363, et p. 393—396.

Pag. 98. post lin. 4 a fine.

——— dans ses Memoires, Tome 1. p. 39—62.

Pag. 99. ante sect. 82.

Nicolas VAUQUELIN.

Analyse de la Stilbite.

Journal des Mines, an 6. p. 161—166.

Analyse de la Zeolithe de Ferroe. ib. p. 576.

Pag. 101. ad calcem sect. 88.

RAMOND.

Note sur des cristaux dodecaedres, à plans rhombes, les uns noirs et opaques, les autres blancs et transparens, trouvés dans la pierre calcaire, au pic d'Eres-Lids, pres Bareges, dans les monts pyrenées.

Journal des Mines, an 6. p. 565—570.

Nicolas VAUQUELIN.

Analyse d'une varieté de Grenats noirs du pic d'Eres-Lids. ibid. p. 571—573.

Analyse des Grenats rouges du pic d'Eres-Lids. ib. p. 574, 575.

Pag. 103. ad calcem sect. 92.

———: Analyse du Saphir oriental, traduite par le C. Hecht.

Journal des Mines, an 4. Nivose, p. 3—8.

ibid. ad calcem paginæ.

Nicolas VAUQUELIN.

Analyse du Rubis Spinelle.

Annales de Chimie, Tome 27. p. 3—18.

——— Journal des Mines, an 6. p. 81—92.

Pag. 104. ad calcem sect. 94.

Nicolas VAUQUELIN.

Analyse de l'Emeraude du Perou.

Journal des Mines, an 6. p. 93—98.

——— Annales de Chimie, Tome 26. p. 259—265.

Ex analysi Vauquelini Smaragdus Beryllo proximus, hinc ad pag. 97 amandandus.

Pag. 105. ad calcem sect. 96.

——— Journal des Mines, an 5. p. 421—428.

Pag. 107. ad calcem sect. 100.

Adolphe BEYER.

Description de la Lepidolite ou pierre d'ecaille d'Uto dans le Sudermanland en Suede.

Annales de Chimie, Tome 29. p. 108—112.

Pag. 107. ad calcem.

——— Nicholson's Journal, Vol. 2. p. 477—485, et p. 536—544. Vol. 3. p. 5—13.

Pag. 112. ad calcem.

Bertrand PELLETIER.

Memoire sur un genre de pierre particulier, connu sous divers noms, tels que Trapp, Variolite, Loadstone ou pierre de crapaud, lapis amygdaloides ou pierres d'amandes, schistes cornes des Allemands, &c.

dans ses Memoires, Tome 1. p. 332—348.

Pag. 118. post lin. 1.

Richard CHENEVIX.

Analyse de quelques pierres magnesiennes.

Annales de Chimie, Tome 28. p. 189—204.

Pag. 119. ante lin. 1.

Chlorites.

Nicolas VAUQUELIN.

Analyse de la Chlorite verte pulverulente.

Journal des Mines, an 6. p. 167—171.

Pag. 121. post lin. 6.

——— dans ses Opuscules, Tome 2. p. 108—142.

Pag. 125. post lin. 16.

Petro Adriano GADD

Præside Dissertatio: Upgifter i lithologien, at rätt kunna känna och pröfva Kalkartige stenarter. Resp. Gabr. Aspegren. Pagg. 25. Åbo, 1768. 4.

Pag. 130. ad calcem.

F. P. N. GILLET-LAUMONT.

Observations sur la Chaux carbonatée compacte.

Journal des Mines, an 5. p. 487—490.

Pag. 131. post lin. 14.

——— dans ses Opuscules, Tome 2. p. 41—107.

Pag. 133. post lin. 9.

——— Hunter's Georgical essays, Vol. 3. p. 25—108.

Pag. 135. ante sect. 153.

FLEURIAU-BELLEVUE.

Notice sur une pierre de Vulpino dans le Bergamasc.

Journal des Mines, an 5. p. 805—808.

——— Nouv. Journ. de Physique, Tome 4. p. 99—101.

Nicolas VAUQUELIN.

Essai de cette substance.

Journal des Mines, an 5. p. 808, 809.

——— Nouv. Journ. de Physique, Tome 4. p. 101, 102.

René Just HAÜY.
Observations mineralogiques sur le même objet.
Journal des Mines, an 5. p. 809—811.
——— Nouv. Journ. de Physique, Tome 4. p. 102, 103.
Pag. 138. post lin. 21.
——— dans ses Memoires, Tome 1. p. 374—382.
ibid. post lin. 23.
——— Memoires de Pelletier, Tome 1. p. 382, 383.
ibid. post lin. 12 a fine.
——— Memoires de Pelletier, Tome 1. p. 295—311.
ibid. ad calcem sect. 156.
——— Journal des Mines, an 6. p. 19—26.
———: Analysis of the Chrysolite of the jewellers, proving it to be Phosphate of Lime.
Nicholson's Journal, Vol. 2. p. 414—417.
Pag. 139. ante lin. 6 a fine.
Charles COQUEBERT.
Sur la Strontianite.
Journal des Mines, an 3. Pluviose, p. 70—81.
Pag. 140. post lin. 8.
——— dans ses Memoires, Tome 2. p. 435—476.
ibid. ante sect. 159.
Nicolas VAUQUELIN.
Analyse du Sulfate de Strontiane de France, suivie de l'exposition des proprietés des principaux sels que forme cette terre avec les acides, et des proportions de leurs principes.
Journal des Mines, an 6. p. 3—18.
ibid. ad calcem sect. 159.
George Smith GIBBES.
Discovery of Sulphate of Strontian, near Sodbury in Gloucestershire.
Nicholson's Journal, Vol. 2. p. 535, 536.
Pag. 141. post lin. 4 a fine.
——— dans ses Memoires, Tome 1. p. 384—387.
ibid. ad calcem paginæ.
Charles COCQUEBERT.
Sur la Witherite.
Journal des Mines, an 3. Pluviose, p. 61—70.
Pag. 154. post lin. 8 a fine.
——— Journal des Mines, an 5. p. 429—444.
Pag. 155. post lin. 5.
——— Journal des Mines, an 5. p. 445—456.

Pag. 155. ante lin. 8 a fine.

GIROUD.

Essai de la terre alumineuse de *Royat*, departement du Puy-de-Dôme. Journ. des Mines, an 3. Fructid. p. 3, 4.

Pag. 160. post lin. 4 a fine.

——— dans ses Memoires, Tome 2. p. 477—479.

Pag. 175. ante lin. 10 a fine.

Barthelemy FAUJAS.

Memoire sur la terre d'ombre, ou terre brune de Cologne. Journal des Mines, an 5. p. 893—914.

Pag. 179. ad calcem.

BEURARD.

Rapport abrege sur les mines de Houille des environs de Meisenheim, ci-devant pays de Deux-Ponts. Journal des Mines, an 6. p. 609—614.

Pag. 199. ad calcem.

———: Tentamen de minera Hydrargyri. Journal des Mines, an 5. p. 915—938.

Pag. 211. post lin. 18 a fine.

——— dans ses Opuscules, Tome 2. p. 1—40.

Pag. 218. post lin. 3.

Pierre BAYEN.

Recherches sur l'Etain. dans ses Opuscules, Tome 2. p. 213—460.

Pag. 234. ad calcem sect. 273.

———: Analysis of the Red Lead of Siberia; with experiments on the new metal it contains. Nicholson's Journal, Vol. 2. p. 387—393, et p. 441—446.

Pag. 246 ad calcem sect. 6.

MAISONNEUVE.

Conjectures sur l'origine des bancs de Grès situés sur des montagnes schisteuses. Journal des Mines, an 6. p. 605—608.

Pag. 264. post lin. 19.

——— Nicholson's Journal, Vol. 2. p. 540—544.
3. p. 5—10.

Pag. 273. ante sect. 35.

ANON.

Notice sur des Marnes en prismes reguliers, trouvées dans une carriere près d'Argenteuil, à 16 kilometres de Paris. Journal des Mines, an 6. p. 479—483.

Balthazar George SAGE.

Examen du sel marin cuivreux vert, qui accompagne une lave scoriforme du Vesuve. Nouv. Journal de Physique, Tome 4. p. 379—383.

Pag. 299. post lin. 12.

E. PEYRE, HAPEL, AMIC, FONTELLIAU, et CODE.

Rapport fait aux C. Victor Hugues et Lebas, par la commission etablie en vertu de leur arreté ou 12 vendemiaire, an 6, pour examiner la situation du volcan de la *Guadeloupe*, et les effets de l'eruption qui a eu lieu dans la nuit du 7 au 8 du meme mois.

Pagg. 84. Port de la liberté-Guadeloupe, an 6. 4.

Pag. 354. post lin. 9.

Michaelis Bernhardi VALENTINI

Relatio de Magnesia alba, novo pharmaco purgante.

Pagg. 15. Gissæ, 1707. 4.

Pag. 365. post lin. 21.

Jean Marie ROLAND DE LA PLATIERE.

L'art du Tourbier, ou traité des differentes manieres d'extraire la Tourbe, et de l'employer; precedé d'une dissertation sur sa formation et les changemens qu'elle subit.

Pag. 473—558. tabb. æneæ 3. 4.

Partie du Tome 19. de l'edition de Neuchatel, des Arts et Metiers, publiés par l'Academie des Sciences de Paris.

Pag. 388. ante lin. 10 a fine.

William CLAYFIELD.

An account of several veins of Sulphate of Strontian, found in the neighbourhood of Bristol, with an analysis of the different varieties.

Nicholson's Journal, Vol. 3. p. 36—39.

INDEX.

Index.

Index.

Index.

Printed in the United States
By Bookmasters